U0738109

彩图1　白坯染整印花面料

彩图2　棉经与涤纶长丝交织面料

彩图3　色织府绸

彩图4　牛津布

彩图5　青年布

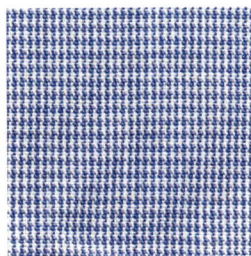

彩图6　米通布

彩图7　纱罗（绞综）布

彩图8　纬纱强捻绉布

彩图9　弹性绉布

彩图10　碱处理绉布

彩图11　机械抓绉布

彩图12　表里换层织物

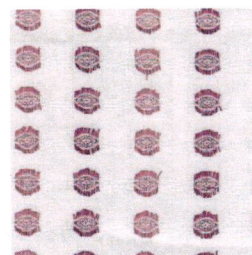

彩图13　经剪花府绸

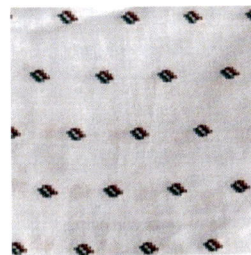

彩图14　纬剪花府绸

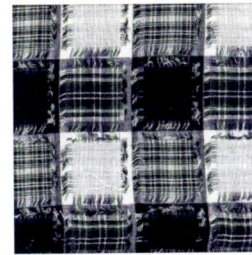

彩图15　双层剪花府绸

彩图16　泡泡纱

彩图17　纬管状布

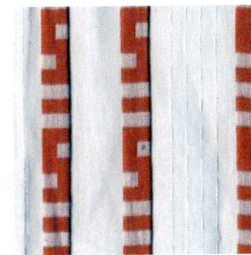

彩图18　纬弹经管状布

彩图19　乱管布

彩图20　棉麻布

彩图21　稀密筘巴厘纱

彩图22　绒布

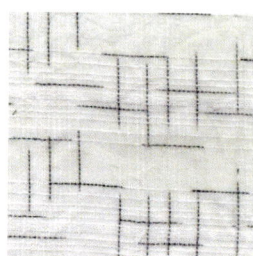
彩图23　段染（印节）纱织物

彩图24　曲线布

彩图25　双刺轴浮纹织物

彩图26　压纹整理织物

彩图27　烂花整理织物

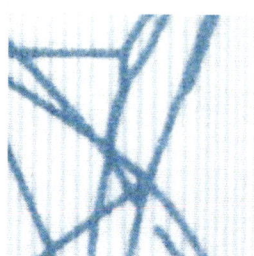
彩图28　静电植绒织物

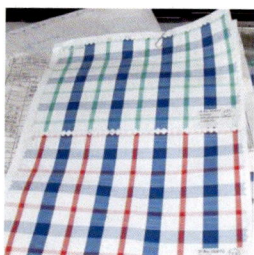
彩图29　客户来样（一花二色）

彩图30　客户条格府绸纸板样

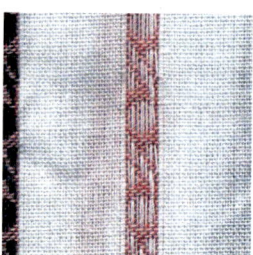
彩图31　经起花织物一花循环

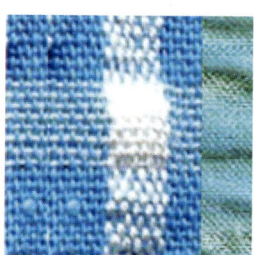
彩图32　色织泡泡纱一花循环

彩图33　绞纱染色后复摇成筒

彩图34　浆纱机伸缩筘排花

彩图35　阔条织物

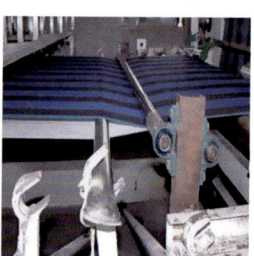
彩图36　综合排花法

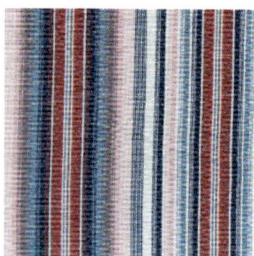
彩图37　中细条织物

彩图38　金银丝府绸

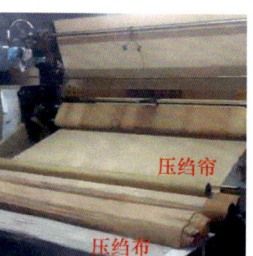
彩图39　压绉机械

彩图40　朝阳格

彩图41　配色模纹
呈现立体感

彩图42　色条宽度
渐变形成球状感

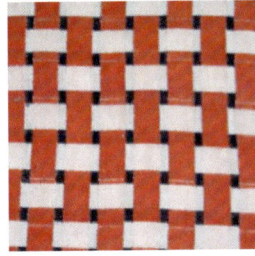

彩图43　表里换层
呈现编织感

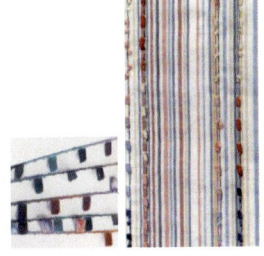

彩图44　牙刷纱及面料

彩图45　雪尼尔纱织物

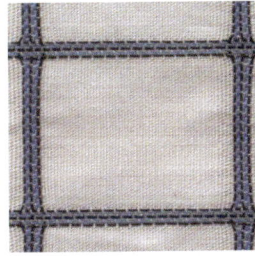

彩图46　嵌线府绸

彩图47　高收缩纱泡绉布

彩图48　绉组织织物

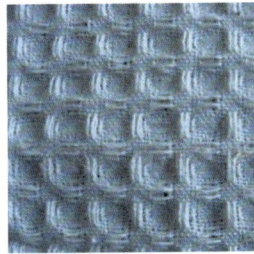

彩图49　蜂巢组织织物

彩图50　凸条组织织物

彩图51　纬起花织物

彩图53　立体风格
青花面料

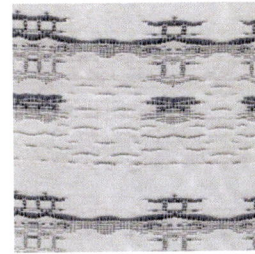

彩图54　青花风格面料

彩图55　青花剪花风格

彩图52　多臂织机织造青
花瓷风格仿大提花面料

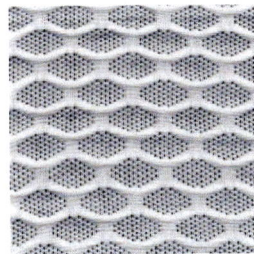

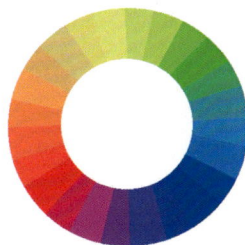

彩图56　色相环

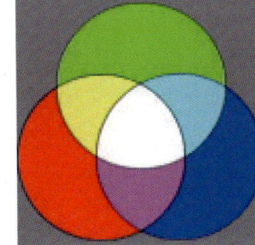

彩图57　色彩空间混合

彩图58　冷色
（白、蓝、青）

彩图59　中间色
（黄、绿、赭石）

彩图60 暖色（红、橙、亮黄）

彩图61 苏格兰格

彩图62 渐变格

彩图63 渐变条

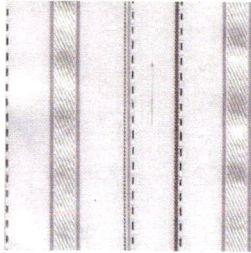
彩图64 有光人丝布

彩图65 千鸟格

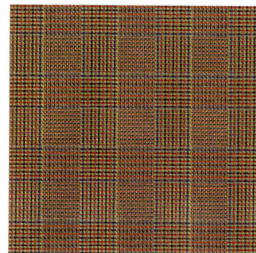
彩图66 格林格（1）

彩图67 格林格（2）

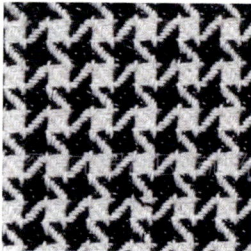
彩图68 犬牙格

彩图69 彩色块格

彩图70 彩色渐变块格

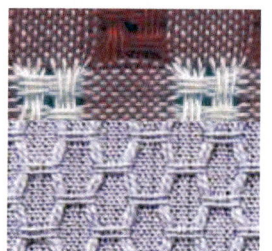
彩图71 透孔与网目组织

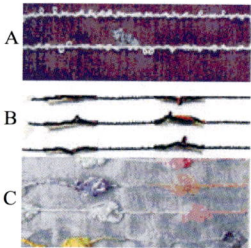
彩图72 A圈纱 B羽毛纱 C彩节纱

彩图73 并列法设计经起花织物

彩图74 对称法设计经起花织物

彩图75 多臂织机仿大提花面料

彩图76 仿针织面料

彩图77 波纹曲线效应织物

彩图78 圆形提花曲线效应织物

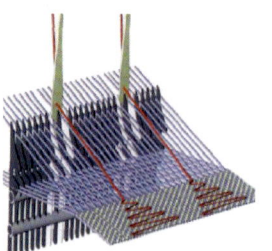
彩图79 仿刺绣浮纹织造原理

彩图80　开口筘织造
浮纹织物

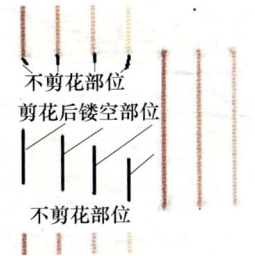
图81　局部双层剪花
镂空法

不剪花部位
剪花后镂空部位
不剪花部位

彩图82　四大云锦之库缎

彩图83　四大云锦之库金

彩图84　四大云锦之库锦

彩图85　四大云锦之妆花

彩图86　云锦妆花之
妆花缎（1）

彩图87　云锦妆花之
金宝地

彩图88　云锦妆花之
妆花缎（2）

彩图89　云锦妆花之
妆花绸

彩图90　云锦妆花之
妆花罗

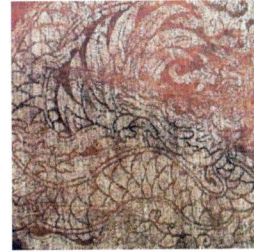
彩图91　云锦妆花之
妆花绢

彩图92　现代云锦之织金妆花

彩图93　现代织机织造
云锦纹样

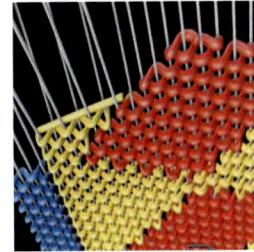
彩图94　缂丝"通经
断纬"示意图

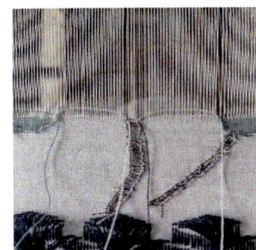
彩图95　缂丝的反织操作

彩图96　缂丝细节（1）

彩图97　缂丝细节（2）

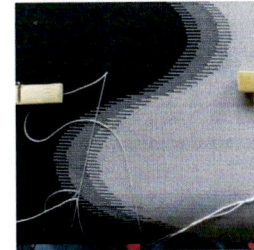
彩图98　缂丝细节（3）

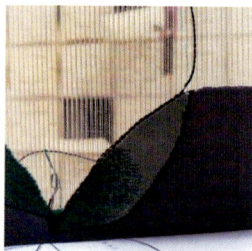
彩图99　缂丝细节（4）

彩图100　缂丝细节（5）

彩图101　缂丝细节（6）

彩图102　缂丝细节（7）

彩图103　缂丝龙袍
（局部）

彩图104　缂丝织造练习

彩图105　缂丝
"出水芙蓉"

彩图106　广西宾阳竹笼
壮锦织机

彩图107　竹笼织机
织造的壮锦

彩图108　壮锦万字纹样

彩图109　壮锦象形纹样

彩图110　壮锦几何纹样

彩图111　壮锦纹样

彩图112　侗锦之素锦

彩图113　侗锦之彩锦

彩图114　侗锦龙凤纹

彩图115　侗锦鱼纹

彩图116　侗锦蜘蛛纹

彩图117　侗锦葫芦纹

彩图118 侗锦竹笼
（帘）机

彩图119 蜀锦小花楼织机模型

彩图120 蜀锦织造之拽花

彩图121 蜀锦织造之投梭

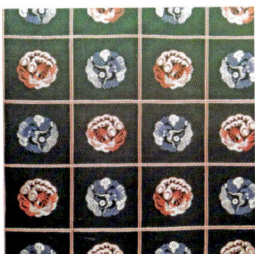

彩图122 蜀锦之方方锦

彩图123 蜀锦之雨丝锦

彩图124 蜀锦之月华锦

彩图125 蜀锦之浣花锦

彩图126 蜀锦之通海缎

彩图127 锦之民族缎

彩图128 蜀锦之铺地锦

图129 汉代"五星出东方
利中国"

彩图130 宋锦之重锦

彩图131 宋锦"福寿
全宝"细锦

彩图132 宋锦"环藤莲
花"细锦

彩图133 宋锦"金钱
如意"细锦

彩图134 宋锦之匣锦

彩图135 素色漳绒
（天鹅绒）

彩图136 花色漳绒
（天鹅绒）

彩图137　漳绒织造

彩图138　漳绒织机经纱供纱架

彩图139　漳绒大花楼织机拽花工和
织造工配合

彩图140　古代纺织图之络丝

彩图141　古代纺织图之牵经
（整经）

彩图142　古代纺织图之攀花
（提花）织造

八宝吉瓶

棒槌瓶

凤尾尊

观音瓶

葫芦瓶

天球瓶

玉壶春瓶

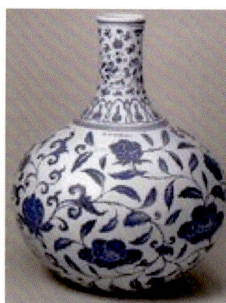

蒜头瓶

梅瓶

六棱瓶

彩图143　青花风格面料设计之青花瓷器形参考

"十三五"江苏省高等学校重点教材　　"十三五"职业教育部委级规划教材

实用机织面料设计与创新

佟　昀　主　编

管蓓莉　徐　原　副主编

中国纺织出版社

内 容 提 要

本书内容包括白坯棉织面料设计与工艺、色织面料仿样设计、典型色织面料设计、面料创新设计、化纤与毛织物设计以及非物质文化遗产纺织品设计、织造与赏析,涉及云锦、缂丝、壮锦、侗锦、蜀锦、宋锦、漳绒等,部分内容由相关国家非遗大师、非遗传承人提供资料。

本书编写采用工作任务引领形式,内容连贯,并且附有大量实物和现场图片,典型案例均来自企业实践,使内容具有实践性和实用性,更贴近市场和企业生产。

本书可作为纺织院校面料设计和相关专业的教材,也可供企业相关技术人员参考。

图书在版编目(CIP)数据

实用机织面料设计与创新/佟昀主编. —北京:中国纺织出版社,2018.6(2025.1重印)

"十三五"江苏省高等学校重点教材 "十三五"职业教育部委级规划教材

ISBN 978-7-5180-4514-3

Ⅰ. ①实… Ⅱ. ①佟… Ⅲ. ①机织物—设计—高等学校—教材 Ⅳ. ①TS105.1

中国版本图书馆 CIP 数据核字(2017)第 331382 号

策划编辑:孔会云 责任编辑:沈 靖 责任校对:武凤余
责任设计:何 建 责任印制:何 建

中国纺织出版社出版发行
地址:北京市朝阳区百子湾东里 A407 号楼 邮政编码:100124
销售电话:010—67004422 传真:010—87155801
http://www.c-textilep.com
中国纺织出版社天猫旗舰店
官方微博 http://weibo.com/2119887771
北京虎彩文化传播有限公司 各地新华书店经销
2025年1月第2次印刷
开本:787×1092 1/16 印张:16.5 插页4
字数:369千字 定价:49.00元

凡购本书,如有缺页、倒页、脱页,由本社图书营销中心调换

前言
Preface

本教材立足于以典型工作任务引领的项目化课程教学模式，本着"源自企业、服务企业、面向纺织高等院校学生、面向企业技术人员"的宗旨，力求突出实践性、实用性和创新性。

本书设置七个学习情境，每个学习情境由若干典型工作任务组成，学习任务视需要又可细分为若干工作项目。

学习情境分为白坯棉织面料设计与工艺、色织面料仿样设计、典型色织面料设计、面料创新设计、化纤织物设计、毛织物设计、非物质文化遗产纺织品设计、织造与赏析。内容涉及产品设计、生产工艺流程、生产工艺参数和技术关键等。

本书特点是采用工作任务引领，内容连贯，且附有大量实物图片。典型工作任务内容来自企业的真实设计和生产案例以及本书作者长期工作的经验积累，附有作者现场拍摄的丰富的图片和视频，具有实践性、实用性，更加贴近市场、贴近企业生产。

本书着重突出设计的创新性，包含很多新工艺、新技术及新产品设计内容。尤其新增了化纤织物设计内容，填补了以往教材的空白。为弘扬和传承我国非物质文化遗产的传统纺织技艺，本书首次增加纺织非遗技艺传承与创新内容，如云锦、缂丝、壮锦、侗锦、蜀锦、宋锦、漳绒等。

本书采用立体化教材模式，书中有图片 408 幅，其中彩图 143 幅，可以通过手机扫描二维码，观看相应的视频、动画、图片等，极大地增加了实际信息量，增强了学习效果。

本书编写分工如下。江苏工程职业技术学院佟昀负责编写情境一～情境五及情境七的任务二、任务五、任务七及全书彩图、视频采集和统稿；江苏工程职业技术学院管蓓莉负责编写情境三的任务七、任务八、任务九，情境七的任务一、任务四，并负责情境七任务一的视频采集和编辑以及全书统稿；新疆轻工职业技术学院徐原负责编写情境六的任务一、任务二。江苏工程职业技术学院宋波负责编写情境六的任务三、任务四；南通通州区德胜纺织品有限公司王平平负责编写情境三的任务一～任务六；广西纺织工业学校石树莲、陆冰莹、李伟义负责编写情境七的任务三、任务四。

国家级纺织非物质文化遗产云锦传承人金文大师、国家级纺织非物质文化遗产南通本缂丝流派传承人王玉祥大师、国家级纺织非物质文化遗产广西来宾竹笼壮锦传承人梁恒源为本书提供了宝贵的资源和操作演示。中国锦纶产品研发基地福华织造有限公司研发部梁伟、杭州福恩纺织有限公司胡宝栓、南通新飞纺织有限公司陈振和陈红、南通迈步纺织有限公司徐大秀等为本书提供了宝贵的案例和教学资源。

江苏工业职业技术学院尹桂波、马昀、蔡永东、陈志华、姜生、周祥、瞿建新、隋全侠、朱雪梅等以不同方式为本书的编写提供了大力支持，提供了宝贵的素材，并以自己长期、丰富的专业经验对本书编写的理念和体例起到了指引与把关作用。常州纺织服装职业技术学院朱红、西安工程大学戴鸿、陕西工业职业技术学院冯秋玲也对本书提出了宝贵的意见，这里一并致谢。

由于编者水平有限，缺点错误在所难免，敬请广大读者批评指正。

编者

2018 年 3 月

目录

Contents

情境一　白坯棉织面料设计与工艺

情境目标

白坯棉织企业内从事工艺设计、生产工艺、计划管理、生产跟单、贸易工作的人员应具备的岗位知识和技能。

任务一　白坯织物分析与识别

项目一　任务背景知识

1. 纱线的粗细程度

（1）线密度 Tt：指 1000m 长的纱线在公定回潮率时的重量（g），单位为特克斯（tex）。

$$\mathrm{Tt} = \frac{G}{L} \times 1000 \tag{1-1}$$

式中：G——纱线的公定重量，g；

　　　L——纱线的长度，m。

（2）英制支数 N_e：指 1 磅（1 磅 = 0.4536kg）公定重量的纱线所具有的长度为 840 码（1 码 = 0.9144m）的倍数。

$$N_e = \frac{L}{G \times 840} \tag{1-2}$$

式中：L——纱线的长度，码；

　　　G——纱线的公定重量，磅。

（3）丹尼尔 D：指 9000m 长的纱线在公定回潮率时的重量（g），单位为旦尼尔（旦）。

$$D = \frac{G}{L} \times 9000 \tag{1-3}$$

（4）公制支数 N_m：指公定重量为 1g 的纱线所具有的长度，单位为公支。

$$N_m = \frac{L}{G} \tag{1-4}$$

式中：L——纱线的长度，m；

　　　G——纱线的公定重量，g。

（5）换算关系：
$$D = 9\mathrm{Tt} \tag{1-5}$$
$$\mathrm{Tt} \times N_m = 1000 \tag{1-6}$$

纯棉织物：
$$Tt = \frac{583.1}{N_e} \tag{1-7}$$

化纤织物：
$$Tt = \frac{590.5}{N_e} \tag{1-8}$$

$$股线支数 = \frac{1}{\frac{1}{N_1} + \frac{1}{N_2} + \cdots + \frac{1}{N_n}} \tag{1-9}$$

注：实际生产中股线换算还要考虑捻缩率等。

例：42 英支/2 棉股线、16/32 英支花线与 45 英支涤棉纱的并线，求其并线支数。

解：42 英支/2 折算支数为 21 英支，

$$16/32\ 英支花线的支数 = \frac{1}{\frac{1}{16} + \frac{1}{32}} = 10.7$$

$$并线支数 = \frac{1}{\frac{2}{42} + \frac{1}{10.7} + \frac{1}{45}} = 6$$

2. 织物密度　织物公制密度用根/10cm 表示，英制密度用根/英寸表示。

$$公制密度 = \frac{英制密度}{2.54} \times 10 \tag{1-10}$$

注：1 英寸 = 2.54cm。

3. 织物紧度　织物紧度也叫织物覆盖系数，是衡量织物紧密和充实程度的重要指标，对织物风格和服用性能指标（如手感、质地、牢度、透气性等）有重要影响。紧度值与织物的线密度和织物经纬密度成正相关，紧度计算公式为：

经向紧度：
$$E_j(\%) = 0.037 \times P_j \times \sqrt{Tt_j} \tag{1-11}$$

纬向紧度：
$$E_w(\%) = 0.037 \times P_w \times \sqrt{Tt_w} \tag{1-12}$$

总紧度：
$$E(\%) = E_j + E_w - \frac{E_j + E_w}{100} \tag{1-13}$$

这里，E_j、E_w 及 E 分别为织物的经向、纬向和总紧度；P_j 和 P_w 分别为经纱、纬纱密度，单位为根/10cm。

例：JC 14.6/14.6tex，523/282 根/10cm，府绸。

$$E_j = 0.037 \times P_j \times \sqrt{Tt_j} = 0.037 \times 523 \times \sqrt{14.6} = 74\%$$

即经纱之间的充满率为 74%，经纱之间的空隙率为 26%。

$$E_w(\%) = 0.037 \times P_w \times \sqrt{Tt_w} = 0.037 \times 282 \times \sqrt{14.6} = 40\%$$

即纬纱之间的充满率为 40%，纬纱之间的空隙率为 60%。

$$E(\%) = E_j + E_w - \frac{E_j \times E_w}{100} = 74\% + 40\% - \frac{74 \times 40}{100} = 84\%$$

即织物经纬纱之间的充满率为 84%，织物经纬纱之间的空隙率为 16%。

项目二　面料分析

一、白坯面料特点

白坯面料是指织造后未经过印染加工的本色坯布（图1-1，彩图1）。此种生产方式简称"先织后染"，即先织成织物，然后再在印染厂进行缝头、烧毛、退浆、煮练、丝光、染色、印花、拉幅、烘干、热定型等连续、平幅染整方式，也可能根据需要进行其他特种整理，如磨毛、预缩、水洗、轧光等。这种加工方式具有批量大、生产效率高、成本低、质量好、便于染色及印花的优势。

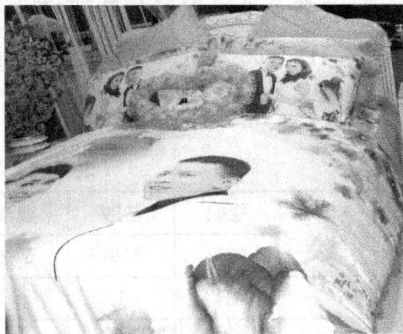

图1-1　白坯织物印花后的家纺面料

二、白坯棉织面料分类

1. 纯纺织物　构成织物的经纬纱原料都采用同一种纤维。

2. 混纺织物　构成织物的纱线内含有两种或两种以上不同种类的纤维，经混纺成纱线，再织造成织物，如T/C（涤65%与棉35%混纺）织物。

3. 交织织物　经纬两个方向系统的原料分别采用不同纤维（长丝）纱线，如家纺面料常用的经纱为本白纯棉纱，纬纱为不同颜色的有光涤纶长丝、黏胶人造长丝或纯真丝，采用纬二重或纬三重组织织造的多色大提花床品面料，此类织物由于是白经色纬，可以在白坯织造企业生产（图1-2，彩图2）。

图1-2　棉经与涤纶纬长丝交织面料

三、面料规格

面料规格要素包括：纤维原料、经纬纱线密度、织物经纬向密度、幅宽、织物组织等，如某幅宽为160cm的精梳纯棉府绸的规格表述如下页。

1. 公制规格 JC 14.6/14.6tex，523/282 根/10cm，160cm，平纹。

2. 英制规格 贸易和企业生产中也常采用英制形式，JC 40 英支×40 英支，133×72 根/英寸，63 英寸，平纹。

四、面料分析要素

1. 原料分析 原料分析方法有燃烧法、显微镜观测法、溶解法、荧光法等，其中燃烧法、显微镜观测法和荧光法可用于纤维的定性鉴别，溶解法可用于定性和定量测量（表1-1，图1-3）。

表1-1　常见纤维在化学溶剂中的溶解性能

试剂\纤维	盐酸 20%	盐酸 37%	硫酸 60%	硫酸 70%	硫酸 98%	氢氧化钠 5%	甲酸 85%	间甲酚 浓	二甲苯 浓
棉	I	I	I	S	S	I	I	I	I
毛	I	I	I	I	I	S	I	I	I
蚕丝	SS	S	S	S	I	S	I	I	I
麻	I	I	I	S	S	I	I	I	I
黏胶	I	S	S	S	S	I	I	I	I
涤纶	I	I	I	I	S	SS	I	S	I
锦纶	S	S	S	S	S	I	S	S	I
腈纶	I	I	I	SS	S	I	I	I	I
维纶	S	S	S	S	S	I	S	S	I
丙纶	I	I	I	I	I	I	I	I	S
氯纶	I	I	I	I	I	I	I	I	I

注　S—溶解，I—不溶解，SS—微溶。

2. 正反面判断 斜纹类织物通常单纱织物以左斜纹路的一面作为正面，股线类织物以右斜纹路的一面作为正面。

3. 经纬向判断

（1）含有浆份的是经纱，不含浆份的则是纬纱。

（2）一般织物密度大的是经纱，密度小的是纬纱，平衡织物和纬起毛织物（如灯芯绒）及部分纬二重织物除外。

（3）筘痕明显的织物，筘痕方向为织物的经向。

（4）织物中若一组纱线是股线，另一组是单纱时，通常股线为经纱，单纱为纬纱。

（5）当单纱织物的成纱捻向不同时，Z捻纱为经纱，S捻纱为纬纱。

（6）当织物成纱的捻度不同时，捻度大的多数为经纱，捻度小的为纬纱。

（7）若织物的经纬纱线密度、捻向、捻度都差异不大，则条干较均匀、光泽较好的纱线为经纱。

（8）毛巾类织物，起毛圈的纱线为经纱，不起圈的纱线为纬纱。

（9）条子织物，条子方向通常是经纱。

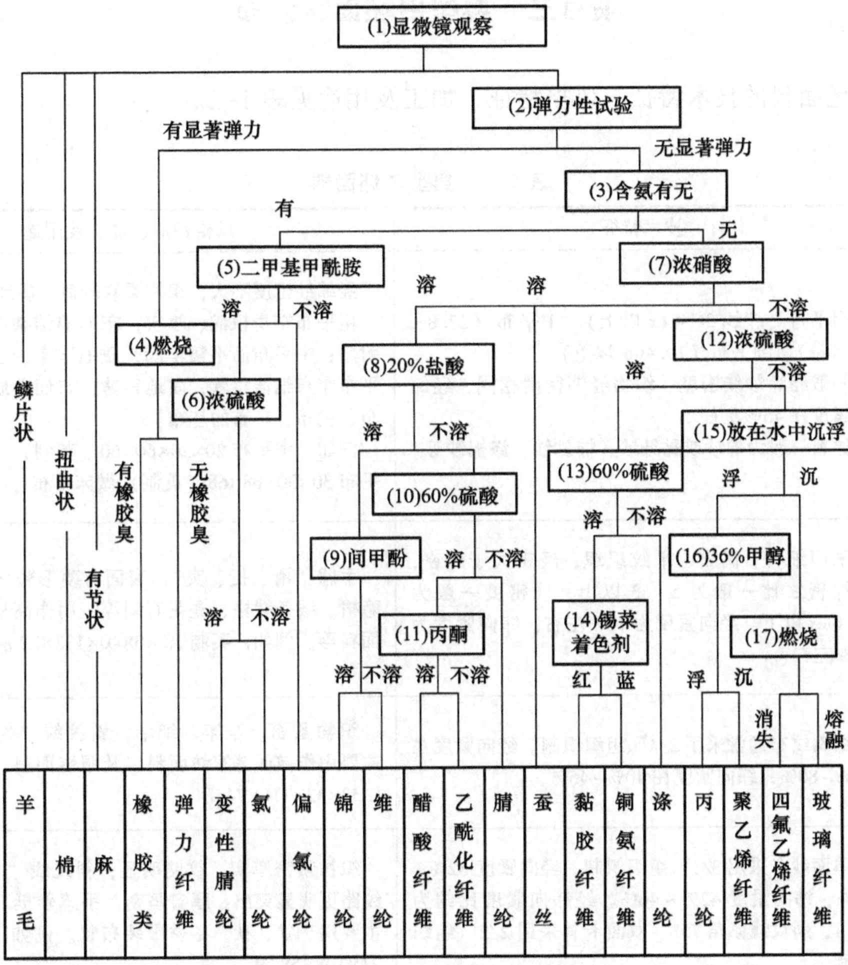

(1)显微镜观察

(2)弹力性试验

有显著弹力　无显著弹力

(3)含氨有无

有　无

(5)二甲基甲酰胺　(7)浓硝酸

溶　不溶　　溶　溶　　不溶

(4)燃烧　(8)20%盐酸　(12)浓硫酸

(6)浓硫酸　溶　不溶　　溶　不溶

(10)60%硫酸　(15)放在水中沉浮

(13)60%硫酸　浮　沉

(9)间甲酚　溶　不溶

溶　不溶　　溶　不溶　　(16)36%甲醇

(11)丙酮　(14)锡莱着色剂

溶　不溶　溶　不溶　　红　蓝　　浮　沉

(17)燃烧

浮　沉　　消失　熔融

鳞片状　扭曲状　有节状　有橡胶臭　无橡胶臭

羊毛　棉　麻　橡胶类　弹力纤维　变性腈纶　氯纶　偏氯纶　锦纶　维纶　醋酸纤维　乙酰化纤维　腈纶　蚕丝　黏胶纤维　铜氨纤维　涤纶　丙纶　聚乙烯纤维　四氟乙烯纤维　玻璃纤维

图1-3　纺织纤维系统鉴别法

（10）若织物有一个系统的纱线具有多种不同线密度时，这个方向的纱线多为经纱。

（11）纱罗织物，有扭绞的纱线为经纱，无扭绞的纱线为纬纱。

4.线密度分析　采用测长称重法（式1-1），如测得公定回潮率下10m长纱线为0.146g，则纱线每1000m重为14.6g，根据Tt定义可知该纱线的线密度为14.6tex。

5.织物密度分析　采用密度镜法或者拆纱计数法，为避免误差，可以采用增加测量宽度、多次测量再平均的方法。

6.织物平方米无浆重

$$G = \frac{g \times 10^4}{L \times B} \tag{1-14}$$

式中：G——平方米重量，g/m^2；

　　　g——样品无浆重量，g；

　　　L——样品长度，cm；

　　　B——样品宽度，cm。

项目三　典型白坯面料认知

典型白坯面料的技术特征、风格特征、加工及用途见表1-2。

表1-2　典型白坯面料

名称	技术特征	风格特征、加工及用途
平布	粗平布（纱线36.4tex以上）、中平布（27.8～36.4tex）、细平布（19.4tex以下） 一般经纬纱线密度、织物经纬密度相同，经纬向紧度在45%左右 原料一般为棉纱或黏纤纱、棉黏纱、涤棉纱等	经纬纱密度不大，织物柔软舒适、质地平整 粗平布布身粗糙、厚实，布面棉结杂质较多，坚牢耐用；中平布面平整丰满，质地坚牢，手感较硬；细平布布身细洁柔软，质地轻薄，布面杂质少，用作漂布、色布、花布的坯布 例如，中平布20×20×60×60（英制）做被里布，细平布30×30×68×68（英制）做床单布
府绸	采用细特、高密、平纹组织，经密大于纬密，经纬密之比一般为5∶3以上，线密度一般为14.6tex以下。经向紧度为70%左右，纬向紧度为40%左右	手感"滑、挺、爽"，表面有菱形粒效应。有隐条隐格、缎条缎格、提花府绸等，用作高档衬衫、家纺面料等。例如，英制JC 40×40×133×72府绸
斜纹布	细斜纹布通常采用2/1↗组织织制。经向紧度在70%～80%，纬向紧度在40%～45%	织物紧密、坚牢、细洁，斜纹线"匀、深、直"。主要用作被面等家纺面料以及服装面料。例如，英制C 32×32×116×74等
卡其	单面纱卡采用3/1↗组织织制。经向紧度82%～86%，纬向紧度42%～46%。经纬向紧度比约为2∶1，斜纹线倾角75°。双面卡其采用2/2↗组织织制	织物紧密厚实、纹路明显，斜纹线"匀、深、直"纹路更明显突出，厚实坚密，手感硬挺。染色加工后主要用于春、秋、冬季服装布料。例如，英制C 21×21×108×58等
羽绒布	精梳细特纱、高密、平纹组织，经纬纱密度高于府绸，可防止羽绒纤维外钻。原料为纯棉或涤棉	质地坚牢致密、富有光泽，手感滑爽，透气而又防羽绒。用作羽绒服装、羽绒被面料等。 例如，英制JC 40×40×139×94防羽绒绸
巴厘纱	采用精梳细特纱、低经纬密度、经纬纱强捻、平纹组织，轻薄透明，也称玻璃纱	采用平纹组织，质地"薄、透、露"，手感挺爽，布孔清晰，透明透气，不贴身。有染色、漂白、印花、色织提花等。用作夏令衬衣、头巾等。例如，JC 80×80×60×60女夏装面料
麻纱	采用纬重平组织，细特棉纱或涤棉纱织制，且经纱捻度比纬纱高，比平布用经纱的捻度也高	具有像麻织物般挺爽的特点，表面纵向呈现宽狭不等的细条纹。质地轻薄，条纹清晰，挺爽透气，穿着舒适。有漂白、染色、印花、色织、提花等品种，用作夏令衬衫、裙料
华达呢	采用斜纹2/2↗组织织制。经密比纬密大一倍左右，斜纹线倾角63°。织物紧密程度小于卡其而大于哔叽。布身比哔叽挺括而不如卡其厚实	布面平整光洁，斜纹纹路清晰细致，挺括结实，色泽柔和，多为素色，经向强力较高，坚牢耐穿。坯布须经丝光、染色等整理加工

名称	技术特征	风格特征、加工及用途
哔叽	分为纱哔叽（经纬均用单纱）和线哔叽（经向股线，纬向单纱）两种。前者用2/2↖，后者用2/2↗。哔叽比相似品种的卡其、华达呢结构松，经纬向紧度接近，斜纹线倾斜角45°	布面光洁平整，纹路清晰，质地较厚而软，紧密适中，悬垂性好
横贡缎	采用5/3纬面缎纹组织。纬密与经密的比约为5：3。织物表面大部分由纬纱覆盖。经纬纱均经精梳加工。采用优质细支棉纱作经纬	织物表面光洁，手感柔软，富有光泽，结构紧密。布面匀整细致。织造后经染色或印花，再经轧光、电光整理，也可加以树脂整理，增加防缩和防皱性能，用作服装及家纺面料
直贡缎	采用5/3经面缎纹组织。表面大多被经浮线覆盖。经向紧度为68%~100%，纬向紧度为45%~55%，经纬向紧度比大约为3：2。直贡常用经纬纱为10~42tex（60~14英支）单纱或7.5tex×2~18tex×2（80英支/2~32英支/2）股线	质地紧密厚实，手感柔软，布面光洁，富有光泽。按所用纱线不同，分为纱直贡和半线直贡；按印染加工不同，分为色直贡和花直贡，一般经电光或轧光整理
灯芯绒	灯芯绒是割纬起绒，纬起毛组织织制。纬密大于经密。纬起绒方法，按每英寸宽绒条数，分为特细条灯芯绒（≥19条）、细条灯芯绒（15~19条）、中条灯芯绒（9~14条）、粗条灯芯绒（6~8条）和阔条灯芯绒（<6条）等规格	质地厚实，保暖性好，适宜制作秋冬季外衣。布面呈灯芯状绒条的织物，又称条绒布
绒布	绒布是坯布经拉绒机拉绒后呈现蓬松绒毛的织物，通常采用斜纹织制，纬粗而经细，纬纱采用较低捻度棉纱	绒布手感松软，保暖性好，吸湿性强，穿着舒适
烂花布	经纬纱一般为涤棉包芯纱，利用涤纶耐酸，而棉不耐酸的特性，根据布面花型设计的要求，将含酸印花糊料印到坯布上，并经焙烘、水洗，使腐蚀、焦化后的棉纤维被洗除，得到半透明的花纹图案。烂花布所用的原料，除涤棉外，还有涤黏、维棉、丙棉等	具有半透明的花纹图案，花纹有立体感，透明部分如蝉翼，透气性好，布身挺爽，弹性良好。主要用作夏季服装、童装等
水洗布	水洗布有纯棉、涤棉等织物。采用细特、紧捻纱、平纹组织、高密度织造。利用染整技术使织物洗涤后具有水洗风格。有漂白、染色、印花等品种	手感柔软，尺寸稳定，外观有轻微绉纹，免烫。主要用作各种外衣、衬衫、连衣裙、睡衣等
纱罗	用纱罗组织织制的一种透孔效应的织物，也叫绞综布，其特点是由地经、绞经这两组经纱与一组纬纱交织	采用细特纱，并用较小密度织制。透气性好，纱孔清晰，布身挺爽。主要用作夏季衣料
纬长丝织物	经向为纯棉纱或者涤棉混纺纱，纬向为涤纶长丝、有光黏胶人造长丝，或者真丝，是一种交织织物。纬长丝织物一般以色织工艺加工，并采用提花组织织制，使纬丝在织物表面形成花纹效果，以突出其光泽	以贡缎或者府绸为多。织物质地轻薄，挺括滑爽，手感滑糯，光泽好，色泽柔和，丝绸感强，易洗快干，用作家纺床品面料等

续表

名称	技术特征	风格特征、加工及用途
氨纶弹力织物	采用氨纶丝包芯纱（如棉氨包芯纱）作经或纬，与棉纱或混纺纱交织而成的织物，也可以是经纬均用氨纶丝包芯纱织制	利用氨纶的弹性，形成非常优良的适体性织物。常见的品种有弹力牛仔布、弹力泡泡纱、弹力灯芯绒、弹力府绸等
中长纤维织物	采用中长化学纤维混纺纱织制的织物的总称。这类织物大多在棉纺织厂生产。所用经纬纱线多数是股线，少数是单纱。按加工不同，白织匹染的主要品种有平纹呢、隐条呢、隐格呢、凡立丁、哔叽和华达呢	主要有涤腈中长和涤黏中长两大类。前者有良好的抗皱性和免烫性，毛型感强，手感柔糯，质地挺括，弹性好，易洗快干，缩水率小。缺点是布面比较毛糙，染色牢度较差。后者有良好的手感和弹性，吸湿性好，缺点是免烫性差

任务二　白坯织物工艺设计

项目一　制订技术条件

技术条件是工艺设计的前提，技术条件包括染整幅缩率、经纱织缩率、纬纱织缩率、每筘穿入数及边组织等。

一、染整幅缩率

1. 定义　坯布经染整加工后，成品幅宽相对于坯布幅宽变化的百分率。

2. 影响因素　根据纬纱纤维原料（如纬弹织物幅缩率可达20%~25%）、织物组织结构、织物密度、后整理工序多少而有所不同。组织结构紧密、织物密度大、后整理工序少（如丝光整理较拉绒整理工序少），则幅缩率较小。

3. 测试方法

$$染整幅缩率 = \frac{坯布幅宽-成品幅宽}{坯布幅宽} \times 100\% \tag{1-15}$$

4. 具体应用　染整幅缩率主要用于根据成品幅宽计算坯布幅宽。对于常规棉型织物，染整幅缩率为6%~7%，如可选6.5%。

$坯布幅宽 = \dfrac{成品幅宽}{1-染整幅缩率}$，由此看出，如果设计中所选的染整幅缩率低于实际值，会导致坯布幅宽过小，染整过程的拉幅热定型工序中，为得到规定的成品幅宽，就会不适当地加大拉幅强度，造成织物损伤或者成品缩水率过高。

二、经纱织缩率

1. 定义　经纱织缩率是指织造过程中经纱长度缩短的百分率，用公式表示如下：

$$经纱织缩率 = \frac{织物中经纱长度-织物长度}{经纱长度} \times 100\% \tag{1-16}$$

注：经纱长度可以使用纱线捻度仪施预加张力后测试，从而估算经织缩率。

2. 主要影响因素

（1）纬纱线密度：纬纱线密度越大，则经纱与纬纱交织时屈曲波高越大，经纱织缩率就越大。

（2）纬纱密度：纬纱密度越大，则经纱与纬纱交织频次越高，经纱织缩率就越大。

（3）织物组织：平纹组织较斜纹组织、斜纹组织较缎纹组织、缎纹组织较一般提花组织在一个组织循环内交织点多，经纱织缩率大。

（4）车间温湿度：车间温湿度高，则经纱易伸长，经纱织缩率就小。

（5）上机张力：上机张力大，经纱屈曲波小，经纱织缩率就小。

3. 经纱织缩率的试验方法　工厂通常采用先锋试验法，试验步骤如下。

（1）浆纱墨印长度 L_1：

$$L_1=\frac{L_0\times(1+\delta)}{1-a} \tag{1-17}$$

式中：L_0——织物公称坯长；

　　　a——预测经纱织缩率；

　　　δ——自然缩率和放码损失率，平纹选 1.5%，斜纹选 0.8%。

（2）在坯布整理车间，量取坯布墨印间的长度 L_2。

（3）实际经纱织缩率：

$$a_j=\frac{L_1-L_2}{L_1}\times100\% \tag{1-18}$$

例如，某平纹细布公称坯长 L_0 为 40m，预测经纱织缩率 a 为 9.5%。则浆纱墨印长度 L_1（m）$=\frac{40\times(1+1.5\%)}{1-9.5\%}\approx49$，如实测坯布墨印长度为 $L_2=45.4$m，则实际经纱织缩率 $a_j=\frac{L_1-L_2}{L_1}\times100\%=\frac{49-45.4}{49}\times100\%=7.34\%$。

4. 经纱织缩率的估算方法　一般采用经验公式法可以较准确地估算经纱织缩率。

$$经纱织缩率=纬密(根/英寸)\times\frac{织物组织系数}{\sqrt{纬纱平均支数}}\times100\% \tag{1-19}$$

织物的组织系数见表1-3。

表1-3　织物组织系数

档次	织物组织	织物组织系数		备注
		纱经	线经	
1	$\frac{1}{1}$平纹	0.6948	0.7643	蜂巢组织亦按此计算
2	$\frac{2}{1}$或$\frac{1}{2}$或$\frac{1}{2}\ \frac{2}{1}$斜纹	0.6370	0.7007	绉组织亦按此计算

档次	织物组织	织物组织系数		备注
		纱经	线经	
3	$\frac{2}{2}$ 或 $\frac{1}{3}$ 或 $\frac{3}{1}$ 或 $\frac{3}{2}\frac{1}{1}$	0.6240	0.6864	
4	$\frac{2}{3}$ 或 $\frac{3}{2}$ 或 $\frac{4}{1}$ 或 $\frac{1}{4}$ 或 $\frac{3}{2}\frac{1}{4}$ $\frac{2}{4}\frac{4}{3}$ 或 $\frac{4}{2}$ 或 $\frac{2}{4}$ 或 $\frac{3}{4}\frac{3}{2}$ 等组织	0.6110	0.6721	
5	七页及以上缎纹组织	0.5450	0.5995	二六元直贡按此计算

例：$\frac{3}{1}$ 斜纹卡其布，织物规格为 57/58 英寸，21×21 英支，108×58 根/英寸，估算其经纱织缩率。

解：根据表 1-3 和式 1-19 可得，经纱织缩率 $=\frac{58}{\sqrt{21}}\times 0.6240\times 100\%=7.9\%$。

5. 具体应用 经纱织缩率主要用于计算 1m 经长（织造 1m 织物需要的经纱长度）和百米织物经纱用纱量（kg/100m）。

（1）经纱织缩率直接影响织物的计算长度和经纱用纱量计算的准确度。经纱织缩率大，则一定长度的经纱可织造的织物长度短，织造单位长度的织物用纱量就大，成本增加。

（2）如经纱织缩率实际值小于选取值，则会造成织物长度大于规定值的长码布，产生不必要的浪费；反之，则会造成短码次布。

三、纬纱织缩率

1. 定义 纬纱织缩率是织造过程中纬向幅宽的变化（变窄）百分率，也叫织造幅缩率。

$$纬纱织缩率=\frac{纬纱长度-织物的纬向长度}{纬纱长度}\times 100\% \qquad (1-20)$$

2. 主要影响因素

（1）经纱线密度：经纱线密度越大，则纬纱与经纱交织时的屈曲波高越大，纬纱织缩率就越大。

（2）经纱密度：经纱排列密度越大，则纬纱与经纱交织频次越高，纬纱织缩率就越大。

（3）织物组织：平纹组织较斜纹组织、斜纹组织较缎纹组织、缎纹组织较一般提花组织在一个组织循环内交织点多，纬纱织缩率大。

（4）车间温湿度：车间温湿度高，则经纱易伸长，布面易变窄，纬纱织缩率高。

（5）上机张力：上机张力大，纬纱屈曲波大，纬纱织缩率大。

3. 纬纱织缩率的试验方法 工厂采用先锋试验法，试验公式如下：

$$纬纱织缩率=\frac{上机穿筘幅-坯布标准幅宽}{上机穿筘幅}\times 100\% \qquad (1-21)$$

注：准确的坯布幅宽应当在整理车间，织物平衡 24h 后量取，不能在织机卷布辊上量取，更不能在织机的边撑附近量取。这是因为织物下机后，由于经向张力解除，织物幅宽会有所增加，根据经验，一般纯棉织物可增加 1%，涤棉织物可增加 0.5%。

4. 纬纱织缩率的估算方法

根据公制筘号 $M=\dfrac{P_j \times (1-a)}{N}$，则 $a=1-\dfrac{M \times N}{P_j}$　　　　　　　　　　　（1-22）

式中：P_j——坯布经密，根/10cm；

　　　a——纬纱织缩率，%；

　　　N——地组织每筘穿入数，查表 1-4，将相关参数带入式 1-22。

例如，某织物经密为 260 根/10cm，每筘齿穿 2 根，查得筘号为 121.5，带入式 1-22

得：$a=1-\dfrac{121.5 \times 2}{260}=6.53\%$。

注：常用筘号经密对照表参见表 1-4。

表 1-4（a）　常用经密、筘号对照表（2 根穿）

经密	筘号	经密	筘号	经密	筘号	经密	筘号
109~109.5	50	137.5~138	63.5	165.5~166.5	77	195~196	91
110~110.5	50.5	138.5~139	64	167~167.5	77.5	196.5~197	91.5
111~112	51	139.5~140	64.5	168~168.5	78	197.5~198	92
112.5	51.5	140.5~141	65	170~170.5	79	198.5~199	92.5
113~114	52	141.5~142	65.5	171~171.5	79.5	199~200	93
114.5	52.5	142.5~143.5	66	172~173	80	200.5~201	93.5
115~116	53	144	66.5	173.5	80.5	201.5~202.4	94
116.5~117	53.5	144.5~145.5	67	174~175	81	203	94.5
117.5~118	54	146~146.5	67.5	175.5	81.5	203.5~204.5	95
118.5~119	54.5	147~147.5	68	176~177	82	205	95.5
119.5~120	55	148~148.5	68.5	177.5~178	82.5	205.5~206.5	96
120.5~121	55.5	149~149.5	69	178.5~179	83	207~207.5	96.5
121.5~123.5	56	150~150.5	69.5	179.5~180	83.5	208~208.5	97
123	56.5	151~152	70	180.5~181	84	209~209.5	97.5
123.5~124.5	57	152.5	70.5	181.5~182	84.5	210~210.5	98
125	57.5	153~154	71	182.5~183.5	85	211~211.5	98.5
125.5~126.5	58	154.5	71.5	184	85.5	212~213	99
127~127.5	58.5	155~156	72	184.5~185.5	86	213.5	99.5
128~128.5	59	156.5~157	72.5	186~186.5	86.5	214~215	100
129~129.5	59.5	157.5~158	73	187~187.5	87	215.5	100.5
130~130.5	60	158.5~159	73.5	188~188.5	87.5	216~217	101
131~131.5	60.5	159.5~160	74	189~189.5	88	217.5~218	101.5
132~133	61	160.5~161	74.5	190~190.5	88.5	218.5~219	102
133.5	61.5	161.5~162.5	75	191~192	89	219.5~220	102.5
134~135	62	163	75.5	192.5	89.5	220.5~221	103
135.5	62.5	163.5~164.5	76	193~194	90	221.5~222	103.5
136~137	63	165	76.5	194.5	90.5	222.5~223.5	104

经密	筘号	经密	筘号	经密	筘号	经密	筘号
224	104.5	262.5~263.5	123	301.5~302	141.5	340.5~341	160
224.5~225.5	105	264	123.5	302.5~303.5	142	314.5~342	160.5
226~226.5	105.5	264.5~265.5	124	304	142.5	342.5~343.5	161
227~227.5	106	266~266.5	124.5	304.5~305.5	143	344	161.5
228~228.5	106.5	267~267.5	125	306~306.5	143.5	344.5~345.5	162
229~229.5	107	268~268.5	125.5	307~307.5	144	346~346.5	162.5
230~230.5	107.5	269~269.5	126	308~308.5	144.5	347~347.5	163
231~232	108	270~270.5	126.5	309~309.5	145	348~348.5	163.5
232.5	108.5	271~272	127	310~310.5	145.5	349~349.5	164
233~234	109	272.5	127.5	311~312	146	350~350.5	164.5
234.5	109.5	273~274	128	312.5	146.5	351~352	165
235~236	110	274.5	128.5	313~314	147	352.5	165.5
236.5~237	110.5	275~276	129	314.5	147.5	353~354	166
237.5~238	111	276.5~277	129.5	315~316	148	354.5	166.5
238.5~239	111.5	277.5~278	130	316.5~317	148.5	355~356	167
239.5~240	112	278.5~279	130.5	317.5~318	149	356.5~357	167.5
240.5~241	112.5	279.5~280	131	318.5~319	149.5	357.5~358	168
241.5~242.5	113	280.5~281	131.5	319.5~320	150	358.5~359	168.5
243	113.5	281.5~282.5	132	320.5~321	150.5	359.5~360	169
243.5~244.4	114	283	132.5	321.5~322.5	151	360.5~361	169.5
245	114.5	283.5~284.5	133	323	151.5	361.5~362.5	170
245.5~246.5	115	285	133.5	323.5~324.5	152	363	170.5
247~247.5	115.5	285.5~286.5	134	325	152.5	363.5~364.5	171
248~248.5	116	287~287.5	134.5	325.5~326.5	153	365	171.5
249~249.5	116.5	288~288.5	135	327~327.5	153.5	365.5~366.5	172
250~250.5	117	289~289.5	135.5	328~328.5	154	367~367.5	172.5
251~251.5	117.5	290~290.5	136	329~329.5	154.5	368~368.5	173
252~253	118	291~291.5	136.5	330~330.5	155	369~369.5	173.5
253.5	118.5	292~293	137	331~331.5	155.5	370~370.5	174
254~255	119	293.5	137.5	332~333	156	371~371.5	174.5
255.5	119.5	294~295	138	333.5	156.5	372~373	175
256~257	120	295.5	138.5	334~335	157	373.5	175.5
257.5~258	120.5	296~297	139	335.5	157.5	374~375	176
258.5~259	121	297.5~298	139.5	336~337	158	375.5	176.5
259.5~260	121.5	298.5~299	140	337.5~338	158.5	376~377	177
260.5~261	122	299.5~300	140.5	338.5~339	159	377.5~378	177.5
261.5~262	122.5	300.5~301	141	339.5~340	159.5	378.5~379	178

续表

经密	筘号	经密	筘号	经密	筘号	经密	筘号
379.5~380	178.5	389~389.5	183	397.5~398	191	407~407.5	195.5
380.5~381	179	390~390.5	183.5	398.5~399	191.5	408~408.5	196
381.5~382	179.5	391~392	184	399.5~400	192	409~409.5	196.5
382.5~383.5	180	392.5	184.5	400.5~401	192.5	410~410.5	197
384	180.5	393	185	401.5~402.5	193	411~411.5	197.5
384.5~385.5	181	393.5~394	189	403	193.4	412~413	198
386~386.5	181.5	394.5	189.5	403.5~404.5	194		
387~387.5	182	395~396	190	405	194.5		
388~388.5	182.5	396.5~397	190.5	405.5~406.5	195		

表1-4 (b) 常用经密、筘号对照表 (3根穿)

经密	筘号	经密	筘号	经密	筘号	经密	筘号
193~194	60	232.5~233.5	72.5	271.5~273	85	311.5~312.5	97.5
194.5~195.5	60.5	234~235.5	73	273.5~274.5	85.5	313~314	98
196~197.5	61	236~236.5	73.5	275~276.5	86	314.5~315.5	98.5
198~198.5	61.5	237~238.5	74	277~277.5	86.5	316~317.5	99
199~200.5	62	239~239.5	74.5	278~279.5	87	318~318.5	99.5
201~201.5	62.5	240~241.5	75	280~280.5	87.5	319~310.5	100
202~203.5	63	242~243	75.5	281~282.5	88	321~322	100.5
204~205	63.5	243.5~244.5	76	283~284	88.5	322.5~323.5	101
205.5~207	64	245~246	76.5	284.5~286	89	324~325	101.5
207.5~208	64.5	246.5~248	77	286.5~287	89.5	325.5~327	102
208.5~210	65	248.5~249	77.5	287.5~289	90	327.5~328	102.5
210.5~211	65.5	249.5~251	78	289.5~290	90.5	328.5~330	103
211.5~213	66	251.5~252.5	78.5	290.5~292	91	330.5~331	103.5
213.5~214.5	66.5	253~254	79	292.5~293.5	91.5	331.5~333	104
215~216.5	67	254.5~255.5	79.5	294~295.5	92	333.5~334.5	104.5
217~217.5	67.5	256~257.5	80	296~296.5	92.5	335~336.5	105
218~219.5	68	258~258.5	80.5	297~298.5	93	337~337.5	105.5
220~220.5	68.5	259~260.5	81	299~299.5	93.5	338~339.5	106
221~222.5	69	261~262	81.5	300~301.5	94	340~340.5	106.5
223~224	69.5	262.5~263.5	82	302~303	94.5	341~342.5	107
224.5~226	70	264~265	82.5	303.5~304	95	343~344	107.5
226.5~227	70.5	265.5~267	83	305~306	95.5	344.5~346	108
227.5~229	71	267.5~268	83.5	306.5~308	96	346.5~347	108.5
229.5~230	71.5	268.5~270	84	308.5~309	96.5	347.5~349	109
230.5~232	72	270.5~271	84.5	309.5~311	97	349.5~350	109.5

实用机织面料设计与创新

续表

经密	筘号	经密	筘号	经密	筘号	经密	筘号
350.5~352	110	376~377.5	118	401~402.5	130	426.5~428	138
352.5~353.5	110.5	378~378.5	118.5	403~404	130.5	428.5~429	138.5
354~355.5	111	379~380.5	119	404.5~406	131	429.5~431	139
356~356.5	111.5	381~382	119.5	406.5~407	131.5	413.5~432.5	139.5
357~358.5	112	382.5~383.5	120	407.5~409	132	433~434	140
459~359.5	112.5	384~385	120.5	409.5~410	132.5	434.5~435.5	140.5
460~361.5	113	385.5~387	121	410.5~412	133	436~437.5	141
362~363	113.5	387.5~388	121.5	412.5~413.5	133.5	438~438.5	141.5
363.5~364.5	114	388.5~390	122	414~415.5	134	439~440.5	142
365~366	114.5	390.5~391	122.5	416~416.5	134.5	441~441.5	142.5
366.5~368	115	391.5~393	123	417~418.5	135	442~443.5	143
368.5~369	115.5	393.5~394.5	127.5	419~419.5	135.5	444~445	143.5
369.5~371	116	395~396.5	128	420~421.5	136	445~447	144
371.5~372.5	116.5	397~397.5	128.5	422~423	136.5		
373~374	117	398~399.5	129	423.5~424.5	137		
374.5~375.5	117.5	400~400.5	129.5	425~426	137.5		

表1-4（c） 常用经密、筘号对照表（4根穿）

经密	筘号		经密	筘号	
	其他	府绸		其他	府绸
281~283	66	70	317~318.5	74.5	78.5
283.5~284.5	66.5	70.5	319~321	75	79
285~287	67	71	321.5~322.5	75.5	79.5
287.5~289	67.5	71.5	323~325	76	80
289.5~291.5	68	72	325.5~326.5	76.5	80.5
292~293	68.5	72.5	327~329.5	77	81
293.5~295.5	69	73	330~331	77.5	81.5
296~297	69.5	73.5	331.5~333.5	78	82
297.5~300	70	74	334~335	78.5	82.5
300.5~301.5	70.5	74.5	335.5~337.5	79	83
302~304	71	75	338~339.5	79.5	83.5
304.5~305.5	71.5	75.5	340~342	80	84
306~308	72	76	342~343.5	80.5	84.5
308.5~310	72.5	76.5	344~346	81	85
310.5~312.5	73	77	346.5~347.5	81.5	85.5
313~314	73.5	77.5	348~350.5	82	86
314.5~316.5	74	78	351~352	82.5	86.5

014

经密	筘号		经密	筘号	
	其他	府绸		其他	府绸
352.5~354.5	83	87	373.5~375.9	88	92
355~356	83.5	87.5	376~377	88.5	92.5
356.5~358.5	84	88	377.5~380	89	93
359~360.5	84.5	88.5	380.5~381.5	89.5	93.5
361~363	85	89	382~384	90	94
363.5~364.5	85.5	89.5	384.5~385.5	90.5	94.5
365~367	86	90	386~388	91	95
367.5~369	86.5	90.5	388.5~390	91.5	95.5
369.5~371.5	87	91	390.5~392.5	92	96
372~373	87.5	91.5	393	92.5	96.5

经密	筘号	经密	筘号	经密	筘号
393.5~394	96.5	445~447	109	498~499.5	121.5
394.5~396.5	97	447.5~449	109.5	500~502	122
397~398.5	97.5	449.5~451.5	110	502.5~503.5	122.5
399~401	98	452~453	110.5	504~506	123
401.5~402.5	98.5	453.5~455.5	111	506.5~507.5	123.5
403~405	99	456~457	111.5	508~510.5	124
405.5~406.5	99.5	457.5~460	112	511~512	124.5
407~409.5	100	460.5~461.5	112.5	512.5~514.5	125
410~411	100.5	462~464	113	515~516	125.5
411.5~413.5	101	464.5~465.5	113.5	516.5~518.5	126
414~415	101.5	466~468	114	519~520.5	126.5
415~417.5	102	468.5~470	114.5	521~523	127
418~419.5	102.5	470.5~472.5	115	523.5~524.5	127.5
420~422	103	473~474	115.5	525~527	128
422.5~423.5	103.5	474.5~476.5	116	527.5~529	128.5
424~426	104	477~478.5	116.5	529.5~531.5	129
426.5~427.5	104.5	479~481	117	532~533	129.5
428~430.5	105	481.5~482.5	117.5	533.5~535.5	130
431~432	105.5	483~485	118	536~537	130.5
432.5~434.5	106	485.5~486.5	118.5	537.5~540	131
435~436	106.5	487~489.5	119	540.5~541.5	131.5
436.5~438.5	107	490~491	119.5	543~544	132
439~440.5	107.5	491.5~493.5	120	544.5~545.5	132.5
441~443	108	494~495	120.5	546~548	133
443.5~444.5	108.5	495.5~497.5	121	548.5~550	133.5

续表

经密	筘号	经密	筘号	经密	筘号
550.5~552.5	134	578~579.5	140.5	622~624	151
553~554	134.5	596.5~598.5	145	624.5~625.5	151.5
554.5~556.5	135	599~600.5	145.5	626~628	152
557~558.5	135.5	601~603	146	628.5~630	152.5
559~561	136	603.5~604.5	146.5	630.5~632.5	153
561.5~562.5	136.5	605~607	147	633~634	153.5
563~565	137	607.5~609	147.5	634.5~635.5	154
565.5~566.5	137.5	609.5~611.5	148	637~633	154.5
567~569.5	138	612~613	148.5	639~641	155
570~571	138.5	613.5~615.5	149	641.5~642.5	155.5
571.5~573	139	616~617	149.5	643~645	156
574~575	139.5	617.5~620	150		
575.5~577.5	140	620.5~621	150.5		

5.具体应用　纬纱织缩率主要用于筘号、筘幅的计算，如果生产中实际纬纱织缩率小于设计值，会造成经密下降，门幅变宽；反之，经密偏大，门幅变窄。

四、每筘穿入数及边组织（表1-5）

1.每筘穿入数　每筘穿入数影响经纱断头率、织疵和织物外观。每筘穿入数影响经纱与筘齿的摩擦程度，从而影响织造断头率，如每筘穿入数多，若总经根数不变，穿筘所用综筘齿数少（筘号小），经纱与筘齿的摩擦几率下降，织造断头少，但筘号小，单位宽度内筘齿数少，筘齿较厚，高密织物会产生筘痕现象，外观受影响。

对于毛羽较多的纱线，如涤棉纱、毛纱，每筘穿入数多，经纱间容易粘连，产生吊经纱、开口不清等问题。

2.边组织设计　布边作用是保护布身，承受印染加工中拉幅定型机针铗链（图1-4）对布面的伸幅作用。

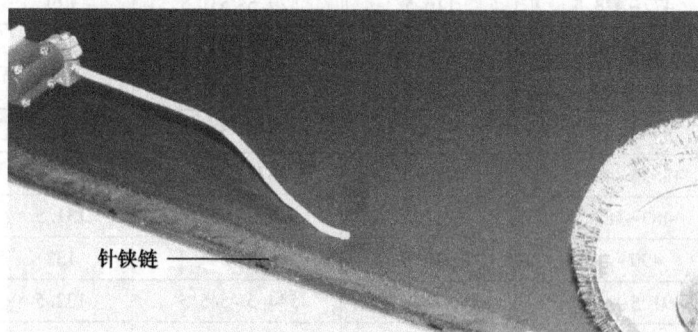

图1-4　拉幅定型机的针铗链

拉幅定型中针铗链对布边的作用

保证布边组织紧密的同时，还要使边组织与地组织交织频率接近，以保证布边张力与布身张力一致，不致发生卷边、纬弧问题。边组织与地组织的组织配合和相应每筘穿入数见表 1-5。

表 1-5 地组织与布边配合

织物类别	地组织	地组织每筘穿入数	边组织	边组织每筘穿入数	特点
平布	1/1	2/筘	1/1 纬重平	4	布边密、断头少
府绸	1/1	4/筘	1/1	4	相当于不设布边
斜纹	2/1	3/筘	2/1	3	相当于不设布边
卡其	3/1	4/筘	3/1 反斜纹	4	省综，但易卷边
			2/2 方平	4	布边平整
缎纹	4/1	3~5/筘	变化经重平或方平组织	5	布边交织频次与地组织接近

（1）平布类。对于经密不高的平布类织物，如粗平布、中平布、细平布等，地组织 2 根/筘，布边必须增加密度，以抵抗印染加工过程中，来自拉幅定型机的针铗链深入布边的钢针拉幅作用。因而边组织穿入数为 4 根/筘，由于边部经密较地部大一倍，为了减少边部经纱断头，边组织采用纬重平组织，有利于减少边部经纱间的摩擦，从而减少边纱断头率。

（2）府绸类。由于府绸是高支高密织物，对于纯棉府绸，地组织穿法为 4 根/筘，相比于 2 根/筘，织造相同的总经根数的织物，需要的总筘齿数数少一半，因而织造时经纱与筘齿的摩擦几率下降一倍，织造断头少，这对于线密度较低、经纬纱密度大、打纬频繁的织物尤其重要，但是由于筘号降低，筘齿变厚，织物可能产生筘痕，一般可采取较高后梁织造工艺，使得上层经纱张力下降，上层经纱彼此容易相互靠拢，以减轻筘痕现象。

对于涤棉府绸，由于纱线毛羽较长，宜采用每筘齿穿 2 根以减轻纱线之间的彼此粘连现象，减少织造时因开口不清产生的疵点。此外，由于府绸是高密织物，布边不必刻意加密，也采用 4 根/筘的穿法，即府绸可以不设布边。

（3）斜纹布。2/1 斜纹织物经向紧度可达 90%，高于府绸，属于高密织物，可不设布边。

（4）卡其。3/1 卡其布边可以采用反斜纹或者方平组织，前者的优点是节省综页，缺点是容易卷边；后者的优点是布边平整，但会增加两页综用于织造布边。

（5）缎纹织物。缎纹织物属于高密织物，地组织穿法为 3~5 根/筘，边组织穿法为 5 根/筘，为保证边组织和地组织交织频率接近，边组织一般采用 2/3、3/2 变化方平组织或变化经重平组织。

项目二 白坯织物工艺设计与计算

一、工艺设计内容

白坯织物工艺设计与计算的内容包括上机图以及根据技术条件计算 1m 经长、总经根数、筘号、筘幅、上机筘幅、用纱量、平方米干重、紧度等。

1. 1m 经长

$$1\text{m 经长} = \frac{1}{1-\text{经纱织缩率}} \quad (1-23)$$

说明：计算结果取小数点后 3 位。

2. 总经根数

$$\text{总经根数} = \text{坯布幅宽} \times \text{坯布经密} + \text{边纱根数} \times \left(1 - \frac{\text{地组织每筘穿入数}}{\text{边组织每筘穿入数}}\right) \quad (1-24)$$

3. 筘号

（1）公制筘号（齿/10cm）。

$$\text{公制筘号} = \frac{\text{坯布公制经密} \times (1-\text{纬纱织缩率})}{\text{地组织每筘穿入数}} \quad (1-25)$$

（2）英制筘号（齿/2 英寸）。

$$\text{英制筘号} = \frac{\text{坯布英制经密} \times (1-\text{纬纱织缩率})}{\text{地组织每筘穿入数}} \times 2 \quad (1-26)$$

$$= \frac{\text{公制筘号}}{10} = 0.508 \times \text{公制筘号} \quad (1-27)$$

注：①公制筘号是指每 10cm 的筘齿数，英制筘号是指每 2 英寸的筘齿数，两者可相互转换。

②按规定，经密变化允许范围为 ±1%，因而实际筘号与理论筘号偏差不能超过 ±1%。

③筘号除了影响经密，还影响织物幅宽。如果实际筘号大于理论计算筘号，则经密增大，筘幅变窄，需增加总经根数以增加幅宽；反之，经密减小，筘幅变宽，需适当减小总经根数。总的原则是筘号引起的幅宽变化不超过 ±1%。

④按相关标准，筘号的计算结果应取小数点后两位进行舍去或进位，如计算公制筘号为 108.80，则取 108.75 号，计算结果为 108.9，则取 109 号，但是企业根据自身的经济合理的钢筘储备情况，一般为计算结果取整，如计算结果 108.8，则取 109 号。

4. 穿筘幅

（1）计算穿筘幅（cm）。

$$\text{计算穿筘幅} = \frac{\text{坯布幅宽}}{1-\text{纬纱织缩率}} \quad (1-28)$$

（2）实际穿筘幅（cm）。

$$\text{实际穿筘幅} = \frac{\text{总经根数} - \text{边纱根数}\left(1 - \frac{\text{地组织每筘穿入数}}{\text{边组织每筘穿入数}}\right)}{\text{地组织每筘穿入数} \times \text{筘号（公制）}} \times 10 \quad (1-29)$$

（3）修正筘幅（cm）。实际穿筘幅与计算穿筘幅差异一般不超过 0.6%，否则要通过增减总经根数来调整筘幅。

5. 上机筘幅

$$\text{上机筘幅} = \text{穿筘幅} + 7.5 - 10\text{cm}(3 \sim 4 \text{英寸}) \quad (1-30)$$

6. 用纱量（计算结果取小数点后四位）。

（1）经用纱量（kg/100m）。

$$经用纱量 = \frac{特数（g/km）×总经根数×100m×（1+自然缩率及放码损失率）}{1000g×1000m×（1-经纱织缩率）×（1+经纱伸长率）×（1-经纱回丝率）}$$

$$= \frac{特数×总经根数×（1+自然缩率及放码损失率）×10^{-4}}{（1-经纱织缩率）×（1+经纱伸长率）×（1-经纱回丝率）} \tag{1-31}$$

（2）纬用纱量（kg/100m）。

$$纬用纱量 = \frac{特数×纬密（根/10cm）×100m×坯布幅宽（cm）×（1+自然缩率及放码损失率）}{1000g×1000m×10cm×（1-纬纱织缩率）×（1-纬纱回丝率）×（1+纬纱伸长率）}$$

$$= \frac{特数×纬密（根/10cm）×100m×上机筘幅（cm）×（1+自然缩率及放码损失率）}{1000g×1000m×10cm×（1-纬纱回丝率）×（1+纬纱伸长率）}$$

$$= \frac{特数×纬密（根/10cm）×上机筘幅（cm）×（1+自然缩率及放码损失率）×10^{-5}}{（1-纬纱回丝率）×（1+纬纱伸长率）}$$

$$\tag{1-32}$$

（3）总用纱量（kg/100m）。

$$总用纱量 = 经用纱量 + 纬用纱量$$

注：①经纱伸长主要发生在具有"湿、热、张力三要素"的浆纱工序，即经纱伸长率近似等于浆纱伸长率。

低特纱（14.6tex以下）的经纱伸长率一般控制在0.5%；细特纱（19.4tex左右）选1%；中高特纱（27.8tex以上）选1.2%。纬纱伸长率一般忽略不计。

②根据企业情况经纬纱回丝率有所不同，经纱回丝率一般选1.2%，纬纱回丝率选0.8%。

7. 平方米无浆干重（g/m²）

$$平方米干重 = \frac{经用纱量+纬用纱量}{坯布幅宽}×（1-总飞花率）×10 \tag{1-33}$$

注：①用纱量单位为kg/100m，幅宽的单位为m，取小数点后一位。

②纯棉低特纱（14.6tex以下）总飞花率造0.6%，细特纱（19.4tex左右）选1.0%，中高特纱（27.8tex以上）选1.2%；涤棉纱选0.5%。

8. 紧度 计算见式1-11、式1-12、式1-13。

二、设计案例

设计CVC 14.6/14.6tex，432.5/299根/10cm，幅宽150cm，匹长36.57m的府绸工艺。

解：CVC织物原料纤维配比为C55%/T45%，是以棉占主导的涤棉织物，旨在保留涤棉织物易洗、快干、免烫、抗皱性好的特点的同时，提高织物吸湿、柔软的舒适性。

$$纬纱英制支数 = 590.5/14.6 = 40.5（英支）$$

$$织物英制经密 = \frac{432.5}{10}×2.54 = 110（根/英寸）$$

$$织物英制纬密 = \frac{299}{10} \times 2.54 = 76(根/英寸)$$

$$英制幅宽 = \frac{150}{2.54} = 59(英寸)$$

1. 确定技术条件

（1）确定每筘穿入数：根据织物为细特高密的府绸织物的特点，确定地组织穿入数为4/筘，边组织4/筘，可降低筘号，减少全幅总筘齿数，降低经纱和筘齿的摩擦几率，提高织造效率。

（2）估算经纱织缩率 a_j：依据式1-19和表1-3。

$$a_j = \frac{英制纬密}{\sqrt{纬纱支数}} \times 组织系数 = \frac{76}{\sqrt{40.5}} \times 0.6948 = 8.29\%$$

（3）估算纬纱织缩率 a_w 依据式1-22和表1-4。

$$公制筘号 \ M = \frac{P_j \times (1-a_w)}{N}$$

式中，$P_j = 432.5$ 根/10cm，$N = 4$ 根/筘，带入上述公式，查表1-4，公制筘号 $M = 106$，则 $a_j = 1 - \frac{M \times N}{P_j} \times 100\% = 1 - \frac{106 \times 4}{432.5} \times 100\% = 1.96\%$。

（4）边纱根数：根据织物幅宽，边纱根数定为20×2。

（5）边组织：地组织为平纹，织物为高密织物，边组织穿入数为4/筘，为减少边纱断头，布边选纬重平组织。

2. 工艺计算

（1）1m 经长 $= \frac{1}{1-经纱织缩率} = \frac{1}{1-8.29\%} = 1.090(m)$

（2）总经根数 = 坯布幅宽×坯布经密+边纱根数 $\times \left(1 - \frac{地组织每筘穿入数}{边组织每筘穿入数}\right)$

$$= 150 \times 432.5/10 + 40 \times \left(1 - \frac{4}{4}\right) = 6488(根)$$

（3）公制筘号 $= \frac{坯布经密 \times (1-纬纱织缩率)}{地组织每筘穿入数} = \frac{432.5 \times (1-1.96\%)}{4} = 106(齿/10cm)$

英制筘号 = 0.508×公制筘号 = 53.85（齿/2英寸），修正为54号。

（4）穿筘幅。

$$计算筘幅 = \frac{坯布幅宽}{1-纬纱织缩率} = \frac{150}{1-1.96\%} = 153(cm)$$

$$实际筘幅 = \frac{总经根数 - 边纱根数\left(1 - \frac{地组织每筘穿入数}{边组织每筘穿入数}\right)}{地组织每筘穿入数 \times 筘号(公制)} \times 10$$

$$= \frac{6488 - 40\left(1 - \frac{4}{4}\right)}{4 \times 106/10} = 153.01(cm)$$

修正筘幅。实际筘幅与初算筘幅差异为 0.01cm，0.01cm<0.6cm，不需修正。

（5）上机筘幅 = 穿筘幅 + 7.5 = 153 + 7.5 = 160.5（cm）

（6）用纱量。

$$经用纱量 = \frac{特数 \times 总经根数 \times (1+自然缩率及放码损失率) \times 10^{-4}}{(1-经纱织缩率) \times (1+经纱伸长率) \times (1-经纱回丝率)}$$

$$= \frac{14.6 \times 6488 \times (1+1.5\%) \times 10^{-4}}{(1-8.29\%) \times (1+0.5\%) \times (1-1.2\%)} = 10.5582（kg/100m）$$

$$纬用纱量 = \frac{特数 \times 纬密（根/10cm）\times 上机筘幅（cm）\times (1+自然缩率及放码损失率) \times 10^{-5}}{(1-纬纱回丝率) \times (1+纬纱伸长率)}$$

$$= \frac{14.6 \times 299 \times 160.6 \times (1+1.5\%) \times 10^{-5}}{(1-0.8\%) \times (1+0)} = 7.1734（kg/100m）$$

注：低特纱（14.6tex 以下）经纱伸长率一般控制在 0.5%，直纺纬纱无伸长，经纱回丝率一般选 1.2%，纬纱回丝率选 0.8%。

总用纱量 = 经用纱量 + 纬用纱量 = 10.5582 + 7.1734 = 17.7316（kg/100m）

（7）平方米无浆干重。

$$平方米无浆干重 = \frac{经用纱量 + 纬用纱量}{坯布幅宽} \times (1-总飞花率) \times 10$$

$$= \frac{10.5582 + 7.1734}{1.5} \times (1-0.5\%) \times 10 = 117.62（g/m^2）$$

注：用纱量单位为 kg/100m，幅宽的单位为 m；涤棉纱总飞花率选 0.5%。

（8）织物紧度。根据式 1-11、式 1-12 和式 1-13 有：

$$E_j = 0.037 \times P_j \times \sqrt{Tt_j} = 0.037 \times 432.5 \times \sqrt{14.6} = 61\%$$

$$E_w = 0.037 \times P_w \times \sqrt{Tt_w} = 0.037 \times 299 \times \sqrt{14.6} = 42\%$$

$$E = E_j + E_w - \frac{E_j \times E}{100} = 61\% + 42\% - \frac{61\% \times 42\%}{100} = 77\%$$

（9）产品工艺设计单。见表 1-6。

表 1-6　产品工艺设计单

织物规格	线密度	经纱	tex	14.6
		纬纱	tex	14.6
	坯布密度	经密	根/10cm	432.5
		纬密	根/10cm	299
	幅宽		cm	150
	匹长		m	36.57
	织物组织			平纹
技术条件	每筘穿入数	地组织	根/筘齿	4
		边组织	根/筘齿	4

技术条件	织缩率	经纱	%	8.29
		纬纱	%	1.96
	边纱根数		根	20×2
	边组织			平纹
工艺设计	1m 经长		m	1.090
	总经根数		根	6488
	筘号	公制	根/10cm	106
		英制	根/2 英寸	54
	筘幅	穿筘幅	cm	153
		上机筘幅	cm	160.5
	用纱量	经	kg/100m	10.5582
		纬	kg/100m	7.1734
		总	kg/100m	17.7316
	紧度	经向	%	61
		纬向	%	42
		总紧度	%	77
	平方米干重		g/m²	117.62

任务三　白坯织物生产工艺

项目一　确定白坯织物生产工艺流程

1. 经纱准备　络筒→分批整经→浆纱→穿经→织造→验布→修补→后整理（烧毛、退浆、煮练、丝光、染色、印花、拉幅定型、预缩、压光）

2. 纬纱准备　络筒→（定捻、并线、卷纬）

注：弹性纱、强捻纱要经过定捻工序，股线要并线，有梭织机要卷纬。

白坯织物适宜量大面广的产品生产，具有成本低、质量好的特点。

项目二　白坯织物生产工艺参数设计

一、白坯织物工艺参数设计

白坯织物生产工艺参数包括络筒、分批整经、浆纱、穿经、织造等工序的参数，各工序工艺设计（续前设计案例）见表 1-7。

表 1-7 CVC 14.6tex/14.6tex 府绸（总经根数 6488 根，公称坯长 40 码）

工序项目 1 络筒		
项目	数值	说明
机型	Autoconer 338 自动络筒机	Autoconer 338 自动络筒机是德国赐来福公司产品
线速度（m/min）	1200	1. 速度高，产量高，但速度高，络纱张力大，细特纱强力低，容易断头 2. 普通络筒机速度 600m/min 左右，自动络筒机速度为 1200m/min 左右
张力（g）	12	张力影响卷绕密度和筒子成形
电清工艺 S 短粗节（%，cm）	150，2.0	清纱工艺参数要依据织物质量要求而定，一般低特（高支）高档织物的纱疵截面增量（%）及纱疵长度（cm）参数设置值较低，以清除更多有害纱疵，但设置过低，则会造成清纱器不必要的频繁剪切，络筒机效率下降，能耗增加，不同品种参数设置，见图 1-6
电清工艺 L 长粗节（%，cm）	35，30	
电清工艺 T 长细节（-%，cm）	-50，40	
电清工艺 N 棉结（%）	300	
采用机械板式清纱器的隔距（mm）		现代络筒机不采用机械清纱器
卷绕密度（g/cm³）	0.4	整经用筒子卷绕密度依线密度而定
接头形式	空气捻接	现代络筒机主要采用空气捻接器，见图 1-6

工序项目 2 整经		
机型	GA121	
张力盘配置（g） 前	6	1. 采用间歇换筒的整经机也可不分段分区配置张力盘 2. 边纱张力可适当增加以保证布边平整 3. 如果采用贝宁格高速整经机，因速度高，可以提供整经张力，不需要张力盘，该机采用夹纱器
张力盘配置（g） 中	5	
张力盘配置（g） 后	4	
张力盘配置（g） 边	7.5	
整经线速度（m/min）	400	细特纱的整经速度不宜过高，以降低整经张力，减少经纱断头率
配轴（根数×轴数）	590×9+589×2	筒子架容量 640 根，计算见工序项目 2
卷绕密度（g/cm³）	0.48	整经轴卷绕密度论证见工序项目 2 说明
伸缩筘筘齿密度（齿/cm）	2.6	一般不调整，经纱在筘齿中应均布
经轴盘片直径（cm）	80	设备固有，可自行测量
经轴管直径（cm）	26.5	设备固有，可自行测量

工序项目 3 浆纱		
项目	数值	说明
机型	GA308	该机为全烘筒型，七单元伸长与张力控制，变频调速、高压上浆形式

工序项目 3　浆纱			
	项目	数值	说明
浆料配方	PVA-1799（kg）	37.5	PVA 成膜性好、浆膜强力高、断裂伸长率高、耐磨性好，对聚酯纤维有一定的黏附性，见工序项目3说明
	LMA-96（kg）	20	LMA-96 是固体聚丙烯酸酯，对聚酯纤维黏附性高、浆膜柔软有弹性、分纱阻力小、浆膜低强高伸
	TB225（kg）	40	TB225 是酸化淀粉，高浓低黏，浆液浸透性好
	SLMO-96（kg）	3	SLMO-96 为平滑剂，有利于增加纱线的弹性
	NL-4（mL）	400	NL-4 为防腐剂，有利于防止浆液腐败和坯布霉变
调浆参数	调浆体积（L）	750	调浆体积根据含固率而定
	熟浆温度（℃）	95	含淀粉浆液的熟浆温度为93℃以上，以利于淀粉浆的充分糊化
	熟浆黏度（s）	20	黏度影响因素有浆料性质和含固率等，一般 PVA 浆液黏度低于淀粉浆。浆液含固率高，黏度大
目标参数	上浆率（%）	10.5±1	上浆率根据纱线线密度、组织、织物密度、织机速度而定，见工序项目3说明
	回潮率（%）	3±0.5	回潮率根据纤维原料而定，见工序项目3说明
	伸长率（%）	0.5	伸长率主要根据纤维原料和纱线线密度而不同，见工序项目3说明
浸压方式	双浸双压		应根据纤维种类、线密度、总经根数选择浸压方式，见工序项目3说明
过程控制参数	浆液	含固量（%）	10.3	含固率主要根据目标上浆率和压出加重率而定，见工序项目3说明
		浆槽黏度（s）	8±1	浆槽黏度主要根据上浆率而定，见工序项目3说明
		温度（℃）	95~97	含淀粉的浆液主要采用高温上浆，以利于糊化和增加浆液的浸透性，见工序项目3说明
		pH	7~7.5	含淀粉浆液和棉纱上浆采用弱碱性上浆，以利于淀粉浆糊化，见工序项目3说明
	浆纱机	浸没辊深度	轴心与液面平齐	浸没辊深度增加，上浆率提高，但易恶化浆纱伸长
		车速（m/mim）	65	车速根据回潮率而定，采用等温变速法，保证回潮率达到标准
		压浆力（kN）　经轴侧	7.2	此种压力配置是先轻压，再重压，目的是强调浆液浸透作用
		压浆力（kN）　烘筒侧	20	
		烘筒温度（℃）　预烘区	120	预烘区温度高，目的是使浆纱中水分大量汽化
		烘筒温度（℃）　合并区	105	合并区温度较低，目的是避免已经形成的浆膜因高温损伤

续表

<table>
<tr><td colspan="6" align="center">工序项目3 浆纱</td></tr>
<tr><td colspan="3" align="center">项目</td><td align="center">数值</td><td colspan="2" align="center">说明</td></tr>
<tr><td rowspan="9">过程控制参数</td><td rowspan="9">浆纱机</td><td rowspan="6">浆纱各区张力（N）</td><td>退绕区</td><td>425</td><td>将整经轴从轴架上退绕下需要一定的张力，通过制动力保证各经轴伸长率一致，减少了机回丝</td></tr>
<tr><td>浆槽区</td><td>255</td><td>浆槽区张力小，有利于经纱在松弛状态下吸浆</td></tr>
<tr><td>预烘区</td><td>312</td><td>预烘区内纱线在湿热条件下容易伸长，张力宜小</td></tr>
<tr><td>分绞区</td><td>1078</td><td>为保证浆纱片纱出烘干房后分绞清晰，张力宜大</td></tr>
<tr><td>卷绕区</td><td>1362</td><td rowspan="2">为保证浆纱织轴卷绕紧密，此区张力是所有控制区的最高值</td></tr>
<tr><td>托纱辊</td><td>1900</td></tr>
<tr><td colspan="2" align="center">后上蜡（%）</td><td>0.3</td><td>后上蜡可以增加纱线平滑性，防止静电</td></tr>
<tr><td colspan="2" align="center">浆纱墨印长度（m）</td><td>40.5</td><td>工艺计算见工序项目3说明</td></tr>
</table>

<table>
<tr><td colspan="4" align="center">工序项目4 穿综</td></tr>
<tr><td colspan="2" align="center">参数</td><td align="center">数值</td><td align="center">说明</td></tr>
<tr><td colspan="2" align="center">机型</td><td>G177</td><td>半自动穿经架：自动拨纱、吸停经片、插筘</td></tr>
<tr><td colspan="2" align="center">公制经密（根/10cm）</td><td>432.5</td><td rowspan="10">相关计算和说明见情境一任务二项目二设计案例解析</td></tr>
<tr><td colspan="2" align="center">成品幅宽（cm）</td><td>150</td></tr>
<tr><td colspan="2" align="center">地组织每筘穿入数（根/D）</td><td>4</td></tr>
<tr><td colspan="2" align="center">边组织筘穿入数（根/D）</td><td>4</td></tr>
<tr><td colspan="2" align="center">边纱根数（根）</td><td>20×2</td></tr>
<tr><td colspan="2" align="center">纬纱织缩率（%）</td><td>1.96</td></tr>
<tr><td colspan="2" align="center">公制筘号（齿/10cm）</td><td>106</td></tr>
<tr><td colspan="2" align="center">穿筘幅（cm）</td><td>153</td></tr>
<tr><td colspan="2" align="center">上机筘幅（cm）</td><td>160.5</td></tr>
<tr><td rowspan="2">穿综次序</td><td>地组织</td><td>1、2、3、4</td><td>低特纱综丝密度为12根/cm，故采用4页综</td></tr>
<tr><td>边组织</td><td>1、1、2、2</td><td>布边组织为纬重平组织</td></tr>
<tr><td colspan="2" align="center">停机片穿法</td><td>顺穿法</td><td>纯棉高密织物可采用山形穿法以减少停经片积花现象，见工序项目4说明</td></tr>
</table>

<table>
<tr><td colspan="4" align="center">工序项目5 剑杆织造工艺</td></tr>
<tr><td rowspan="2" align="center">参数</td><td colspan="2" align="center">织机机型</td><td rowspan="2" align="center">说明</td></tr>
<tr><td align="center">GA747</td><td align="center">THEMA11</td></tr>
<tr><td align="center">开口时间（°）</td><td align="center">290</td><td align="center">300</td><td>较早开口时间有利于开清梭口，减少经纱间毛羽粘连</td></tr>
<tr><td rowspan="2" align="center">进剑时间（°）</td><td align="center">送纬剑 70</td><td align="center">64</td><td rowspan="2">进剑时间过早、过迟都会增加经纱的摩擦力，不利于织造，见工序项目5说明</td></tr>
<tr><td align="center">接纬剑 75</td><td align="center">68</td></tr>
<tr><td rowspan="2" align="center">停经架位置（mm）</td><td align="center">高低 185</td><td align="center">70</td><td>较高停经架位置有利于后部梭口清晰</td></tr>
<tr><td align="center">前后 300</td><td align="center">70</td><td>较短停经架前后位置有利于后部梭口清晰</td></tr>
</table>

<table>
<tr><td colspan="4" align="center">工序项目5　剑杆织造工艺</td></tr>
<tr><td rowspan="2" align="center">参数</td><td colspan="2" align="center">织机机型</td><td rowspan="2" align="center">说明</td></tr>
<tr><td align="center">GA747</td><td align="center">THEMA11</td></tr>
<tr><td align="center">后梁高度（mm）</td><td align="center">85</td><td align="center">+2格</td><td>较高后梁位置，减少箅痕</td></tr>
<tr><td align="center">上机张力</td><td align="center">重锤调节/较高</td><td align="center">张力弹簧/3号孔</td><td>较大上机张力，利于开清梭口，打紧纬纱</td></tr>
</table>

<table>
<tr><td colspan="4" align="center">工序项目6　喷气织造工艺</td></tr>
<tr><td colspan="2" align="center">项目</td><td align="center">数值</td><td align="center">说明</td></tr>
<tr><td colspan="2" align="center">机型</td><td align="center">JAT710</td><td>日本Toyota（丰田）公司生产的新型喷气织机</td></tr>
<tr><td colspan="2" align="center">织机转速（r/min）</td><td align="center">650</td><td>对细特高密府绸织造，喷气织机转速在500~750rpm</td></tr>
<tr><td colspan="2" align="center">开口时间（°）</td><td align="center">290</td><td>高密织物采用较早开口，有利于开清梭口</td></tr>
<tr><td colspan="2" align="center">开口量（mm）</td><td align="center">83，86，89，92</td><td>指梭口满开时上下层经纱综眼距离，决定梭口清晰度</td></tr>
<tr><td rowspan="9" align="center">引纬时间</td><td colspan="2" align="center">主喷嘴开闭时间（°）</td><td align="center">80~170</td><td rowspan="2">主喷嘴始喷时间早于挡纱针提起时间约10°，以利于纬纱先得气伸直；主喷嘴终喷时间晚于挡纱针落下时间约10°，以利于降低纬纱从自由到约束飞行状态的引纬张力峰值，减少断纬</td></tr>
<tr><td colspan="2" align="center">磁针起落时间（°）</td><td align="center">70~180</td></tr>
<tr><td rowspan="4" align="center">辅助喷嘴开闭
时间（°）</td><td align="center">第一组</td><td align="center">70~150</td><td rowspan="4">1.辅喷时间与主喷时间相同，后组始喷时间早于前组关闭时间40°~50°，保证各组辅助喷嘴的喷气时间有重叠区域，以保证持续的牵引力约束飞行的纬纱，减少纬纱弯曲飘飞形成的纬缩疵点或延迟滞后到达梭口对侧，如图1-39、图1-40所示
2.最后1~3组（视幅宽而定）喷嘴始喷时间早于前组关闭时间50°~60°，因纬纱质量逐渐增加，需增大牵引力</td></tr>
<tr><td align="center">第二组</td><td align="center">100~180</td></tr>
<tr><td align="center">第三组</td><td align="center">130~210</td></tr>
<tr><td align="center">第四组</td><td align="center">150~240</td></tr>
<tr><td colspan="2" align="center">纬纱到达角（°）</td><td align="center">220</td><td>末组辅助喷嘴（第4组）关闭时间（230°）晚于纬纱到达时间20°，以保证纬纱在对侧伸直状态直至梭口完全闭合</td></tr>
<tr><td rowspan="3" align="center">供气压力</td><td colspan="2" align="center">主喷嘴供气压力（MPa）</td><td align="center">0.3</td><td rowspan="2">1.辅助喷嘴喷气压力要大于主喷嘴压力，以保持足够的牵引力，避免纬纱产生前拥后堵的小毛圈。调节方法如图1-41所示
2.涤棉纱弹性好，增加辅喷压力增大牵引力，避免纬纱扭结</td></tr>
<tr><td colspan="2" align="center">辅助喷嘴供气压力（MPa）</td><td align="center">0.35</td></tr>
<tr><td colspan="2" align="center">主喷嘴微风供气压力（MPa）</td><td align="center">0.07</td><td>主喷微风压力也称剪切喷压力，目的是保持供纬侧纬纱的伸直状态，避免因剪刀剪掉纬纱头端而回缩扭结</td></tr>
<tr><td colspan="2" align="center">后梁高度（刻度值）</td><td align="center">0</td><td rowspan="2">以后墙板水平加工面为基准为"0"刻度，属于较高位置</td></tr>
<tr><td colspan="2" align="center">停经架高低（刻度值）</td><td align="center">+1</td></tr>
<tr><td colspan="2" align="center">上机张力（kg）</td><td align="center">176.2</td><td>计算见工序项目6说明</td></tr>
</table>

二、各工序参数设计说明

工序项目1　络筒工艺设计（图1-5）

1.络筒张力

（1）络筒张力大，则卷绕密度大，有利于成形良好，但络纱张力大，断头增加；络纱张力小，筒子松软，不利于成形良好，卷装容量小。

（2）络筒张力通常为单纱断裂强力的8%~12%。现代络筒机张力装置见图1-6。

（3）普通络筒机圆盘式络筒张力配置参数见表1-8。

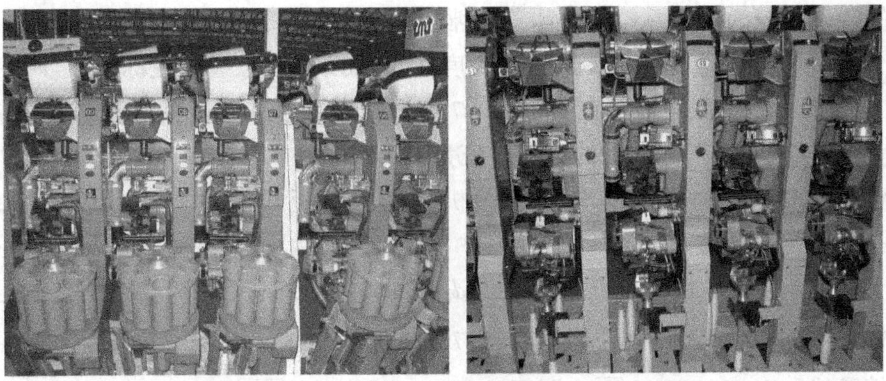

纱库型　　　　　　　　　　　　托盘型

图1-5　自动络筒机

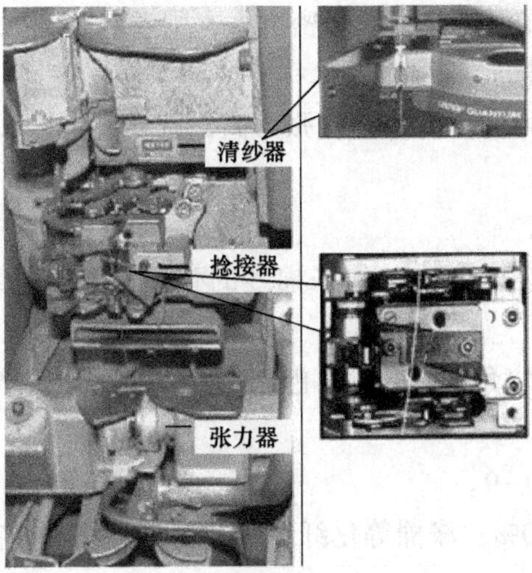

清纱器

捻接器

张力器

图1-6　现代络筒机工艺部件　　　　　　　　　　络筒工序

表1-8　普通络筒机圆盘式络筒张力配置参数

线密度（tex）	12以下	14~16	18~22	24~32	36~60
张力盘质量（g）	7~10	12~18	15~25	20~30	25~40

2. 电子清纱器清纱工艺参数设置　电子清纱器（图1-6）的清纱工艺参数设置（图1-7）要点如下。

（1）短粗节：纱疵截面增量在+100%以上、长度在1~8cm，称为短粗节，分为16级（A1、A2、A3、A4、B1、B2、B3、B4、C1、C2、C3、C4、D1、D2、D3、D4）。生产中常见短粗节为B1级和B2级。

（2）棉结：纱疵截面增量在+100%以上、长度在1cm以下的纱疵。

（3）长粗节：纱疵截面增量在+45%以上、长度在

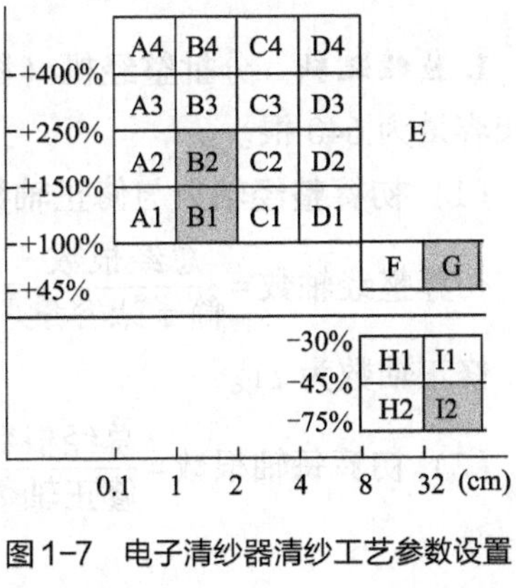

图1-7　电子清纱器清纱工艺参数设置

8cm 以上的纱疵。分为 F 级、G 级，生产中常见短粗节为 G 级。

其中，纱疵截面增量在+100%以上、长度在 8cm 以上的 E 级纱疵称为双纱。

（4）长细节：纱疵截面增量在-30%～-75%、长度在 8cm 以上的纱疵。长细节分为 4 级（H1、H2、I1、I2），生产中常见的有害纱疵为 I2 级。

3. 机械板式清纱器的隔距 传统络筒机采用机械板式清纱器（图 1-8）的隔距设置：

$\delta = 1.75 \times d_0$，这里 δ（mm）为板间距，d_0（mm）为纱直径。

对于棉纱：$d_0 = 0.037 \times \sqrt{Tt}$，因而 $\delta = 1.75 \times 0.037 \times \sqrt{Tt}$；

对于棉股线：$d_0 = 0.045 \times \sqrt{Tt}$，因而 $\delta = 1.75 \times 0.045 \times \sqrt{Tt}$。

图 1-8 机械板式清纱器

4. 卷绕密度

（1）筒子的卷绕密度直接影响到筒子的卷装容量，卷绕密度小，则卷装容量小，即卷装长度小，同时易造成筒子过于松软，成形不良；卷绕密度大，则卷装容量大，但过大的卷绕密度会导致退绕张力增大，整经断头增加。

（2）筒子卷绕密度间接反映络纱张力的高低，络纱张力高，则卷绕密度大。

（3）络纱线速度高，则卷绕密度大。

（4）纱线线密度小，则卷绕密度大。

（5）纤维弹性好、表面光滑，则卷绕密度大，如涤棉纱的弹性较高，卷绕密度较纯棉纱高 10%～15%。

（6）棉纺织生产中，整经筒子的卷绕角为 30°，染色用的松式筒子卷绕角为 55°左右，故后者的卷绕密度较前者小。

（7）整经用的筒子，卷绕密度见表 1-9。

注：股线较单纱卷绕密度高 10%～20%，涤棉等化纤纱较纯棉纱卷绕密度高约 10%。

表 1-9 筒子卷绕密度

线密度（tex）	31～42	20～30	13～19	13 以下
卷绕密度（g/cm³）	0.35～0.4	0.4～0.45	0.45～0.5	0.5～0.55

工序项目 2 整经工艺设计

1. 整经配轴 分批整经机（图 1-9）配轴工艺计算如下，假设总经根数为 6488 根，筒子架容量为 640 根。

（1）初算整经轴数与修正轴数。

$$初算整经轴数 = \frac{总经根数}{筒子架容量} = \frac{6488}{640} = 10.14 \qquad (1-34)$$

修正轴数为 11。

$$（2）初算每轴根数 = \frac{总经根数}{修正轴数} = \frac{6488}{11} = 589.82（根／轴） \qquad (1-35)$$

图1-9　分批整经机

整经

即每轴589根，余0.82×11（轴）＝9（根），将其平均分配于其中的9轴之上。

（3）修正配轴：590×9（轴）+589×2（轴）。

2.经轴卷绕密度　经轴卷绕密度设置见表1-10，在保证下道工序经轴退绕轻快均匀的情况下，经轴的卷绕密度应较筒子的卷绕密高10%～20%。

表1-10　分批整经经轴卷绕密度

纱线种类	卷绕密度（g/cm³）	纱线种类	卷绕密度（g/cm³）
19tex 棉纱	0.44～0.47	14tex×2 棉纱	0.50～0.55
14.5tex 棉纱	0.45～0.49	19tex 黏纤纱	0.52～0.56
10tex 棉纱	0.46～0.50	13tex 涤棉纱	0.43～0.55

经轴卷绕密度的影响因素如下。

（1）卷绕张力：卷绕张力由筒子架上张力盘的加压力和经纱与导纱瓷柱的包围角决定，卷绕张力越高，则卷绕密度越大。

（2）整经机的线速度：整经机整经的线速度越高，则相应整经张力越高，卷绕密度越高。

（3）经纱的线密度：纱线的线密度越低，则卷绕密度越高。

（4）纤维材料：涤棉纱表面较纯棉纱光滑且弹性较好，因而卷绕密度较纯棉纱大约10%。

工序项目3　浆纱工艺设计

浆纱机（图1-10）浆纱工序主要设计说明如下。

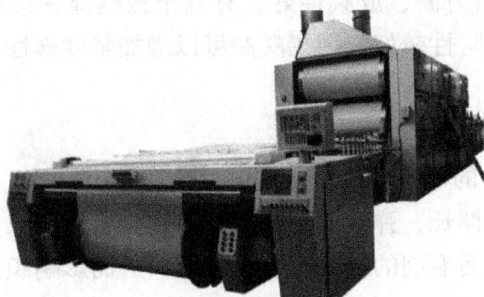

图1-10　浆纱机

浆纱

1. 浆料　黏着剂主要有淀粉类、PVA类、聚丙烯酸类三大类浆料，此外还有CMC、聚酯浆料等。

（1）淀粉类：淀粉有天然淀粉和变性淀粉两类。

①天然淀粉应用较为普遍的是玉米淀粉和马铃薯淀粉。玉米淀粉浆液浸透性、耐煮性好，浆膜强力高，但浆膜较硬脆；马铃薯淀粉的最主要优点是成膜性好，但耐煮性较差，黏度不稳定。根据相似相容原理，天然淀粉主要用于纤维素纤维（如棉、麻、黏胶）上浆。

②变性淀粉：有酸化淀粉、氧化淀粉、醚化淀粉、酯化淀粉、接枝淀粉。共同特点是高浓低黏、流动性好、浸透性好，黏附性提高，不易凝胶（酸化淀粉除外），此外还有特殊用途的交联淀粉。

酸化淀粉见表1-6项目3所述；醚化淀粉应用最多的是羧甲基淀粉CMS，主要特点是水溶性好，容易退浆，但是浆膜较柔软，容易起毛，一般与其他浆料复配使用；酯化淀粉含有酯基团，对聚酯纤维黏附力改善，主要有磷酸酯淀粉和醋酸酯淀粉；接枝淀粉具有疏水性共聚物，对疏水性的聚酯纤维有较强的黏附性，是新一代淀粉；交联淀粉黏度较大，可以形成较厚的浆膜，有利于被覆毛羽，适合麻、毛织物上浆。

（2）PVA类：PVA类主要有PVA1799、PVA1788、PVA205及PVA0588等种类。

①PVA1799：聚合度为1700，醇解度为99%。浆膜强力、耐磨性、耐屈曲性高于其他几种，应用较广，但是常压煮沸2小时以上才能溶解，分纱阻力大，细特高密织物上浆在分绞区容易造成纱线断头。

②PVA1788：醇解度为88%，对聚酯纤维的黏附性高于PVA1799，易溶解，浆液易起泡。

③PVA205：PVA205是日本可乐丽公司生产的部分醇解产品，醇解度为93%，聚合度为500，混溶性好、分纱阻力小，一般和PVA1799混合使用，降低分纱阻力。

④PVA0588：聚合度为500，醇解度为88%，性能与PVA205相近。

（3）聚丙烯酸酯：见表1-7工序项目3。

（4）浆液配方：

浆料总重（kg）= PVA+固体丙烯酸酯+酸化淀粉+助剂（SLMO96平滑剂+NL-4防腐剂）
= 37.5+20+40+3+0.4 = 100.9

黏着剂复配比例近似为：PVA：固体丙烯酸酯：酸性淀粉 = 40%：20%：40%，即化学浆（PVA+聚丙烯酸酯）：淀粉浆 = 6：4，符合涤棉经纱的"相似相容"浆料复配原则。PVA可以增加低特纱浆膜耐磨性，浆膜强力高、成膜性好，有利于被覆涤棉纱较多、较长的毛羽，淀粉浆液浸透性好，对棉纤维黏附性较好，丙烯酸酯可以增加浆纱弹性，降低浆纱分绞阻力。

2. 上浆率

（1）上浆率：上浆率是指上浆后浆料的干重对经纱干重的百分率。

①上浆率直接决定上浆后浆纱强力、伸长、弹性及耐磨性，最终决定织造效率的高低。

②上浆率过低会影响浆液对经纱外表面毛羽的被覆与浸透效果，进而影响织造时的开口清晰度，由此导致三跳（跳花、跳纱、星跳）、纬缩次布，最终影响产品质量（下机一等品率）。

③上浆率高低将影响浆料成本和染整工序的退浆成本。

（2）制订依据：上浆率根据纱线线密度、织物组织、织物密度、织机速度而定。

①低特织物经纱上浆率较高，以增加经纱耐磨性和强力。

②织物组织循环内交织点越多，则织造时经纱所受到的织机开口、打纬引起的摩擦越剧烈，上浆率应越高，平纹组织>2/1斜纹组织>3/1斜纹组织>缎纹组织>小提花组织。

③织物经纬密度大，则上浆率应高，以抵御经纱间摩擦作用及打纬时钢筘对经纱的摩擦。

④织机速度越高，则钢筘对经纱的摩擦加剧，上浆率越高，基础上浆率见表1-11。

表1-11 基础上浆率

线密度（tex）	浆槽黏度（s）	上浆率（%）	说明
14.6（40英支）	7±1	10±1	黏度高，浆膜厚度大，因而黏度和上浆率成正相关，但是黏度过高，浸透差，表面上浆严重，易造成落浆多
11.7（50英支）	8±1	11±1	
9.7（60英支）	9±1	12±1	
8.3（70英支）	10±1	13±1	
7.3（80英支）	11±1	14±1	

（3）生产中影响上浆率的因素。

①浆液浓度：浆液浓度是影响上浆率的决定性因素，浆液的浓度越高，上浆率越高。

②浆液黏度：浆液黏度是控制上浆率的重要手段，浆液的黏度越高，被覆上浆增加（浆膜变厚），则上浆率相应增大，同时落浆率可能增加。

③浆纱机速度：浆纱机的车速高，压浆后经纱上浆液的余留较多，上浆率较高。

④浸没辊深度：浸没辊的深度大，浸浆区长，上浆率较高，但调节浸没辊的高低位置会恶化浆纱伸长，一般使其中心位置与液面平齐。

⑤压浆辊的压力：压浆辊（图1-11）的压力越低，则压浆后浆液在纱线上的余留越多，被覆上浆越高，上浆率越高；反之，压浆辊的压力高，则浸透上浆高，被覆上浆低，即压浆后纱线上余留的浆液少，上浆率低。靠近烘房的压浆辊对上浆率起决定作用。

⑥经纱张力：经纱张力越低，经纱纤维间空隙越多，有利于浆液浸透与吸附，上浆率较高。

⑦压浆辊的表面状态：压浆辊表面弹性好，有微孔，将有利于浆液的吸附及压浆后浆液的二次分配，上浆率较高。压浆辊在使用过程中，橡胶层表面会逐渐老化，弹性下降，应该每六个月到一年研磨一次，以保证上浆效果。

图1-11 压浆辊

⑧浆液温度：一方面，浆液温度提高，浆液分子布朗运动加剧，有利于浆液浸透，对上浆率提高有积极作用；另一方面，浆液温度提高，会加速浆液分解，使浆液黏度降低，导致上浆率降低。上浆率最终结果取决于上述哪一方面占主导作用，一般后者起主导作用的情况

较多。

⑨经纱的性质：经纱表面毛羽较多（如气流纺纱），有利于对浆液的吸附，上浆率较高；经纱的捻度较小，经纱结构相对松散，将有利于对浆液的吸附，上浆率较高。

⑩纤维的性质：亲水性纤维如棉、麻、黏胶纤维由于含有大量的羟基，因而根据相似相容原理，对同样含有亲水性羟基的浆料（如淀粉、PVA、CMC 等）有很好的亲和性，上浆率较高；涤纶纱应该采用对其有一定黏附性的 PVA、聚丙烯酸酯上浆。

3. 回潮率

（1）回潮率：回潮率是浆纱中水分的重量占浆纱干重的百分率，其对织造的影响如下。

①纱线的弹性：如果回潮率过低，浆纱弹性下降，纱线将不能抵抗织造过程中的冲击、弯曲、摩擦而产生脆断头。

②浆膜性能：回潮率过高，则浆膜软，耐磨性较差，同样容易产生织造断头。

③织物疵点：回潮率过高，对棉织物来说会产生大量的布面棉球次布。

④开口清晰度：回潮率过高，经纱易粘连，开口清晰度差，易产生"三跳、纬缩"次布。

⑤浆纱回潮率过高，经纱更易产生伸长，产生窄幅长码布，且布面易发霉。

⑥对以淀粉为主的混合浆而言，回潮率过低，浆膜脆硬，被覆不牢、织造时落物率（落浆、落棉）高，恶化织造条件。

（2）制订依据：回潮率在一定程度上决定布机车间的温湿度控制范围。确定依据与范围如下。

①回潮率的大小应根据纱线原料、线密度和上浆率等情况来确定。一般黏胶纱的回潮率大，合成纤维纱较低，棉纱的回潮率居中。

②应尽量使织轴在布机车间处于放湿状态，因为过度干燥的浆纱很难在布机车间通过吸湿获得必要的回潮率。

③南方梅雨季节，回潮率应控制得低些（下偏差范围内），以避免棉球次布。

（3）控制范围：见表 1-12。

表 1-12 回潮率的一般控制范围

品种	回潮率（%）
纯棉纱	6.5±0.5
涤 65/棉 35 混纺纱	2.5±0.5
涤 65/黏 35 混纺纱	3.0±0.5
纯黏胶纱	10.5±0.5

（4）生产中影响回潮率的因素。

①烘筒温度：浆纱速度一定条件下，烘筒温度越高，则回潮率越低。

②浆纱机车速：烘燥温度一定的条件下，浆纱机车速越低，则回潮率越低。

③湿加重率与上浆率：湿加重率与上浆率越高，则烘筒负担越重，回潮率越高。

④生产中采用"定温变速"法控制回潮率。

4. 伸长率

（1）伸长率定义：指上浆后浆纱增加的长度相对于上浆前经纱长度的百分率。浆纱伸长率对织造效率、成布质量和生产成本有重要影响。

①织造效率：过高的浆纱伸长率将影响经纱的弹性回复性，最终增加织造断头率。

②织物缩水率：浆纱伸长率过高，织物的缩水率将增加，尺寸稳定性下降。

③布幅：伸长率过高，易出窄幅长码布。

④织物质量：伸长率将影响织物的内在质量，如服用牢度。

⑤生产成本：一方面，伸长率将影响经纱用纱量，从而直接影响产品的成本；另一方面，经纱伸长率将影响经纱弹性与织造断头率，从而间接影响生产成本。

⑥机配件的寿命：如果浆纱的伸长率控制得过高，对同种纤维材料的经纱，所需张力需相应增加，这会加速机件疲劳，使机配件寿命缩短。

总之，浆纱的伸长率反映了上浆过程中纱线的拉伸情况。伸长率过大时，纱线的弹性会损失过多，剩余断裂伸长率下降。

（2）制订原则：

①纤维材料是决定浆纱伸长率的关键因素，黏胶纱由于纤维内结晶区少，无定型区多，在张力、热、湿等作用下容易产生伸长，伸长率较大；棉纱次之；涤棉纱中的涤纶是热塑性纤维，受热收缩可抵消部分受力产生的伸长，伸长率不高；股线由于捻缩的影响伸长率最小。

②其他条件一定时，线密度较低的纱的浆纱伸长率应当较小，以保持弹性，减少织造断头，如纯棉 9.7tex 浆纱伸长率以低于 0.8% 为宜。

③应使浆纱机退绕区的各个经轴在退绕过程中的伸长彼此一致，以减少了机回丝。

④使经轴在退绕过程中（自满轴到小轴）伸长始终一致，以保持纱线原有机械性能。

（3）控制范围：浆纱伸长率一般控制标准见表1-13。

表1-13 浆纱伸长率的一般控制标准

纱线	伸长率（%）
纯棉纱	0.5~1.2
涤棉纱（T65/C35）	0.5
黏胶纱	3.5
棉股线	0~0.2

（4）生产中影响浆纱伸长率的因素：湿、热、张力是影响浆纱伸长率的三要素。

①退绕区：指经轴与引纱辊之间的区域，将经纱从整经轴上退绕下需要一定的张力，由于经纱退绕过程中经轴的惯性回转，经纱的伸长和张力都不大。

要保证各经轴退绕张力和伸长率一致，减少了机回丝，张力和伸长的控制可以通过调节经轴气动制动带（图1-12）的制动力来控制经轴退绕阻力。

②上浆区：如图1-13所示，在浆槽区，引纱辊的表面线速度大于上浆辊，经纱处于松弛状态，以利于吸浆，浆纱伸长不大，甚至略有收缩，伸长率可能为零或者负伸长。

图1-12 经轴退绕制动装置图

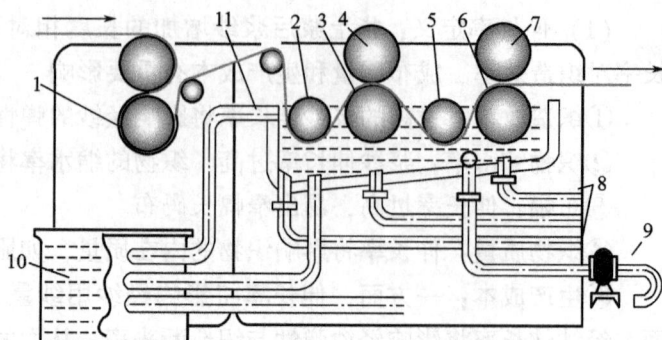

图1-13 经纱在浆槽内上浆工艺流程

1—引纱辊 2—第一浸没辊 3—第一上浆辊 4—第一压浆辊
5—第二浸没辊 6—第二上浆辊 7—第二压浆辊 8—蒸汽管
9—循环浆泵 10—浆箱 11—溢流口

③预烘区（湿纱区）：湿浆纱在预烘区要蒸发70%以上的水分，纱线处于"湿、热、张力"状态，张力不大，但是伸长率是浆纱过程中最大的。

④烘燥区：烘燥区的烘筒（干区）进一步烘干剩余的20%以上的水分，此区的张力逐渐增加，直到将要进入的分绞区的高值，在干烘燥区，伸长值主要取决于纱线的受热收缩和受力伸长哪一方占主导：对于纯涤和涤棉织物，受热收缩率大于受力伸长，伸长率为负值，纱片绷紧烘筒；对于棉织物，由于纱线已经烘干，纱线受力略有伸长；对于黏胶纱，纤维结晶区少，无定形区多，受力后湿伸长很大，纱片容易松弛。

⑤分绞区、卷绕区：浆纱已经烘干，受力不易伸长。

5. 浸压方式 浆槽由引纱辊、浸没辊、上浆辊、压浆辊组成（图1-13），浸压方式是指上浆辊、压浆辊和浸没辊的不同组合方式。浸压方式的确定原则如下。

（1）单浸单压：对于黏胶织物、莱赛尔织物，由于其吸湿量大，容易吸浆，湿态易伸长，因而一般采用单浸单压（图1-14），以避免恶化伸长，影响后道织造过程中经纱的回弹性，导致断头率增加。

（2）单浸双压：对于低特、密度低、总经根数不多的棉型织物，如纯棉平布，采用单浸双压方式（图1-15）即可满足浆液浸透和被覆的需要。

（3）双浸双压：对于大多数棉织物和涤棉织物，一般采用双浸双压的上浆方式（图1-16），也是纺织浆纱上浆的最普遍方式。

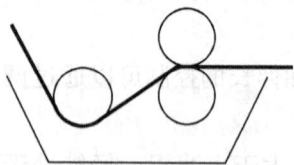

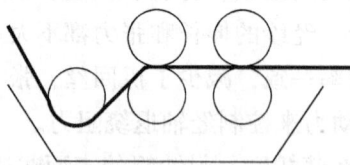

图1-14 单浸单压 　　图1-15 单浸双压 　　图1-16 双浸双压

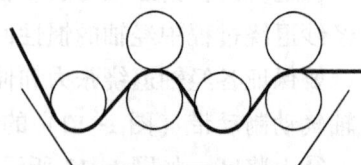

（4）双浸四压：对于高密厚重棉织物和高密涤棉织物，一般采用双浸四压（两浸没辊分别对上浆辊侧压）的上浆方式（图1-17）。

（5）三辊侧压（图1-18）：此种方式的结构简单，挤压辊少一对，浆槽容积减小，浆液稳定，上浆均匀，起到双浸双压的效果，浆液的浸透和被覆较好；挤压道数减少，附加伸长率减小。

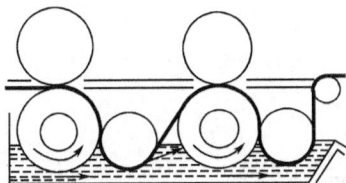

图1-17 双浸四压 　　　　　　　图1-18 三辊侧压

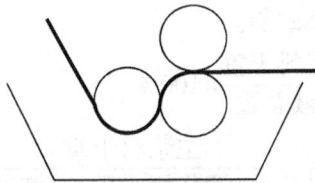

6. 含固量设计

（1）含固率确定：含固量是指浆液中浆料干重占浆液重量的百分率。含固量的计算如下：

$$S = C \times K \tag{1-36}$$

式中，S 为上浆率，C 为浆液含固量，K 为压出加重率。

①传统中低压上浆（一般是压浆力12kN以下）：压浆辊压力较轻，压出加重率（也称压余带液率，是指浆纱出压浆辊、进烘房前增加的浆液重量相对于进浆槽前的经纱重量之比）较高，一般为120%～130%，其值主要取决于靠近烘房侧的压浆辊的压力，压力高，则压出加重率 K 小，若取 $K = 125\%$，上浆率 $S = 10\%$，带入式1-36，计算出浆液 $C = 8\%$。

②现代高压上浆：在本设计（表1-6工序项目3）中，压浆力大，压出加重率较小，有利于增加浆液浸透，减轻烘房的烘燥负担，提高浆纱车速和效率，K 为 95%～100%，如 K 选100%，上浆率 $S = 10.5\%$，代入式1-36，得到 $C = 10.5\%$。

比较传统中低压上浆和现代高压上浆可知，为达到同样的上浆率，后者需要较高的浆液含固量（浓度），不可避免带来浆液黏度的提高，这会影响浆液浸透性。因而高压上浆，必须同时采用高浓低黏的浆料，如各种变性淀粉和化学浆等。

（2）含固率估算：调浆前应根据浆液配方和含固率值初步估算所用浆料的用量和调浆体积，计算时不能忽视浆料含水率。调浆桶、高压煮浆桶如图1-19所示。

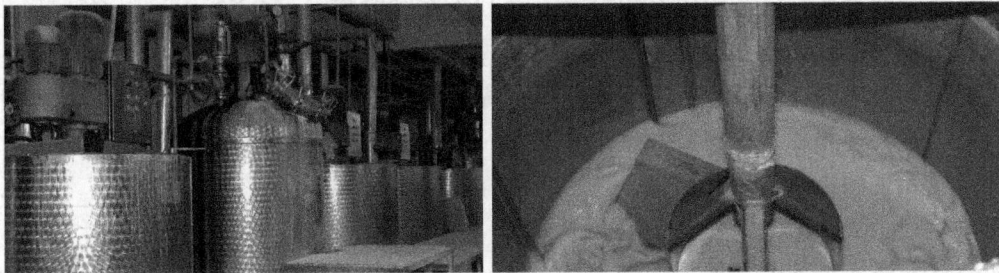

图1-19 调浆桶、高压煮浆桶和调浆桶内部图

注：PVA 含水率为 8%（含固率 92%），淀粉含水率为 14%（含固率 86%），固体聚丙烯酸酯 LMA 含水率约为 15%（含固率约 85%）。

例 1：表 1-7 工序项目 3 中浆料配方含有黏着剂 PVA、固体丙烯酸酯 LMA96、酸性淀粉 TB225 等。含固率 $C=10\%$，调浆体积 $=750L$。

注意：浆液中煮浆蒸汽凝结成的水不容忽视，尤其是冬季，一般每 800L 浆液会有 15~20kg 的蒸汽冷凝水。设计调浆配方各组分重量时，要考虑调浆工的操作方便，如国内 PVA 包装为 12.5kg/袋。

$$含固率 = \frac{主浆料干重}{浆液总重} \times 100\% \tag{1-37}$$

$$= \frac{主浆料干重}{浆料总重 + 调浆用水重 + 蒸汽冷凝水重} \times 100\% \tag{1-38}$$

$$= \frac{PVA 用量 \times 含固率 + 固体丙烯酸酯 \times 含固率 + 变性淀粉 \times 含固率}{PVA 用量 + 固体丙烯酸酯用量 + 变性淀粉用量 + 水用量 + 蒸汽含水重} \times 100\%$$

$$= \frac{37.5 \times 92\% + 20 \times 85\% + 40 \times 86\%}{37.5 + 20 + 40 + 750 + 15} \times 100\% = 9.87\%$$

考虑到浆料配方中含有助剂，故含固率基本符合标准。

例 2：设本细特 CVC 织物的浆料配方为 PVA：变性淀粉 $=30\%：70\%$，调浆体积为 80L，含固率为 11%。求 PVA 和变性淀粉用量。

解：设 PVA 用量为 Xkg，变性淀粉用量为 Ykg，则有：

$$X : Y = 3 : 7$$

$$\frac{X \times 0.92 + Y \times 0.84}{X + Y + 800} \times 100\% = 11\%$$

解上述方程式，可得：$X = 35$kg，$Y = 82$kg。

7. 浆槽黏度设计

（1）黏度设计的意义：上浆率和浆槽黏度是正相关关系，控制浆槽黏度是调节上浆率的最直接的手段。

①黏度影响浆液的浸透、被覆和浆膜厚度：浆液含固率一定时，浆液黏度低，则浆液浸透性好，浆膜薄，上浆率偏低；黏度高，上浆率高，浆膜厚度大，浆纱耐磨性和毛羽被覆好。

②浆液黏度过高，易造成压浆辊打滑，不利于浆纱操作，产生浆纱黏并、分绞区落浆多、伸缩筘撞断头，产生倒断头及浆斑次布，现代上浆采用"高浓、高压、低黏"工艺。

③黏度的现场测试采用相对黏度（单位为 s），采用手提漏斗式黏度计（图 1-20）测量，规定整漏斗常温水流完的时间为 3.8s 作为标准水值。

实验室采用绝对黏度（厘泊）指标。$1cP = 1mPa \cdot s$（毫帕斯卡·秒），采用回转式黏度计（图 1-21）测试。

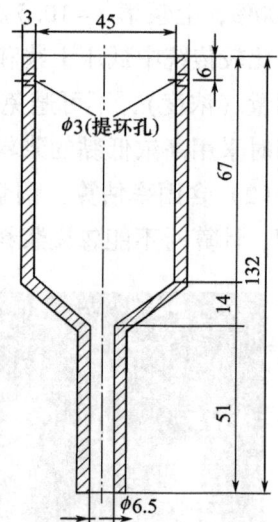

图 1-20　手提漏斗式黏度计

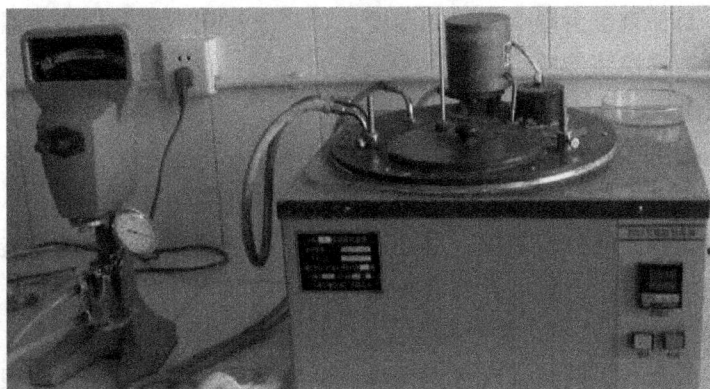

图1-21　NDJ-79回转式黏度计

（2）浆槽黏度与上浆率的对应关系：不同线密度的织物，其浆槽黏度与上浆率的一般对应关系见表1-11。

（3）浆液黏度影响因素。

①浆料：含固量一定的条件下，黏度排序为：CMC浆＞天然淀粉浆＞变性淀粉浆＞PVA浆。

②浆液浓度：浆液的浓度越高，则浆液的黏度也越高。

③浆纱机车速：浆纱机的车速越高，浆液使用越快，浆液循环越快，黏度较高；反之，浆纱机的车速越低，浆液烧煮时间过长，分解度高，黏度降低。

④浆液温度：浆液温度越高，含淀粉的浆液分解度高，黏度下降。

⑤浆液pH：浆液的pH高，则含淀粉的浆液分解度高，黏度易下降。

⑥用浆时间和机械搅拌：浆液使用时间过长或机械搅拌过度都会加速浆液的分解，浆液的黏度下降。

⑦蒸汽中含水：如果蒸汽含水过高，特别是在冬季，会稀释浆液，导致浆液黏度下降。

8. 浆槽温度设计

（1）浆液温度设计的意义。浆液的温度会影响浆液的流动性，从而使浆液的黏度发生变化。温度高，分子运动加剧，浸透性好，不会造成表面上浆；但温度过高，会造成黏度下降，浆膜变薄，上浆率下降。

（2）浆液温度设计的原则。

①不同的纤维对浆液温度的要求有一定的差异，如棉纤维表面有油脂和棉蜡等拒水物质，浆液的温度会影响棉纱的吸浆性能，一般应在95℃以上的高温下上浆；而羊毛和黏胶纤维的经纱经热湿处理，强力和弹性都会损失，应在较低的温度下上浆（55~65℃为宜）等。

②纯淀粉浆应采用98~100℃高温上浆，低温易产生凝胶现象，从而出现浆斑次布；含PVA的混合浆上浆温度为97~99℃，不能采用100℃上浆，因为PVA分子在100℃沸腾时，浆液水分蒸发，PVA分子发生定向排列，产生浆斑次布；纯PVA浆上浆温度在60~90℃。

（3）浆液温度的影响因素。

①浆槽内蒸汽压力大小直接影响着浆液温度的高低，压力大，则浆液的温度高；压力小，则温度低。

②新浆液的不断补充也会影响浆液的温度，新浆液补充不均匀会造成温度分布不匀，应当测浆槽四角温度来调控浆液的温度。

9. 浆液 pH 设计

（1）pH 设计原则。

①浆液的 pH 将直接影响浆液的分解度，棉型织物上浆的浆液的 pH 一般控制在弱碱性范围内，碱性越高，浆液的分解越快，碱性过高时，浆液易变稀薄，容易造成轻浆；碱性过低时，淀粉粒子糊化不足，对浆液黏性有影响。

②pH 对上浆性能与纱线的性能影响较大，如毛纱耐酸不耐碱，毛纱上浆的浆液应为弱酸性；而棉纱耐碱不耐酸，则其浆液宜为碱性；黏胶纱宜采用中性浆。应根据不同的纱线特性来制定浆液的 pH。

（2）pH 范围。

①以淀粉为主的混合浆（淀粉比例大于 70%）。调浆桶为 10±0.5（50~60℃定浓时）；煮浆桶为 8~8.5；浆纱机浆槽为 7.5~8。

②以化学浆（PVA）为主的混合浆（化学浆比例大于 70%）。调浆桶为 8±0.5；煮浆桶为 7~8；浆纱机浆槽为 7~7.5。

（3）浆液的 pH 影响因素。

①淀粉储存时间：淀粉储存时间越久，浆料的酸份增加，pH 下降，生浆浸渍时间过长或未撇黄水，会造成酸度高；若碱用量过多，则碱度过高。

②分解剂使用：淀粉浆须使用分解剂，氢氧化钠或硅酸钠用量越高，pH 越高。

③上浆过程：随上浆过程的进行，浆液中的碱不断消耗，pH 逐渐降低。

10. 压浆力 浆槽压浆辊（图 1-22）的压浆力配置分为先重后轻和先轻后重两种方式，前者强调被覆，后者强调浸透上浆。压浆辊压力由压缩空气通过气缸或者气囊作用于压浆辊上施压，气缸加压容易带来加压和施压滞后，左右压力不一致的问题，气囊加压不会产生这些问题。现代上浆采用先轻重、压浆力逐渐增加的方式，目的是将纱线中的空气逐渐挤出，增加浆液浸透性。

（1）第 I 压浆辊：即经轴侧（进口）压浆辊，压强为 0.25~0.4MPa。

1MPa 相当于 24kN（压浆辊气压表如图 1-23 所示），即对第一压浆辊，1MPa 可以提供 24kN 的压力，则压浆力为 6~9.6kN。

图 1-22 浆纱机压浆辊

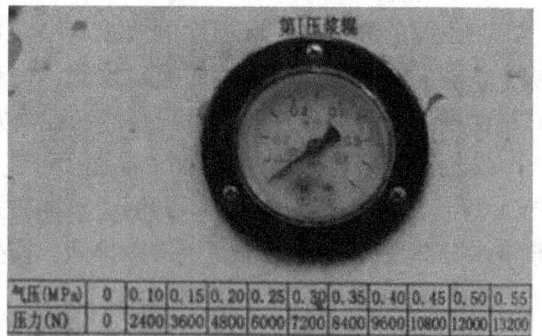

气压 (MPa)	0	0.10	0.15	0.20	0.25	0.30	0.35	0.40	0.45	0.50	0.55
压力 (N)	0	2400	3600	4800	6000	7200	8400	9600	10800	12000	13200

图 1-23 压浆辊气压表

本设计（表 1-7 工序项目 3）中，经轴侧压力为 0.3MPa，因而压浆力 = 0.3×24 = 7.2(kN)。

（2）第Ⅱ压浆辊：即烘筒侧（出口）压浆辊，压强为 0.30~1.0MPa。

1MPa 相当于 40kN，即对第二压浆辊，1MPa 可以提供 40kN 的压力。

本设计（表 1-7 工序项目 3）中，经轴侧压力为 0.5MPa，因而压浆力 = 0.5×40 = 20kN。

调整压浆辊施压操作：拉出并旋转气动调节旋钮至压力表刻度规定值，推上旋钮即可。

11. 烘筒温度　一般浆纱机的烘房（图 1-24）预烘区温度高，目的是使得水分大量汽化，合并区温度较低，目的是避免已经形成的浆膜因高温损伤。温度取决于纤维原料、经纱线密度、总经根数等。

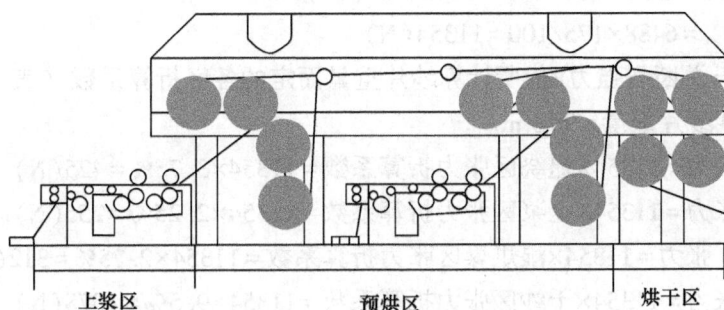

图 1-24　浆纱机烘燥区

对于吸湿性好、回潮率高、线密度高、总经根数多、不易烘干的经纱应该采用较高的烘燥温度，一般预烘燥温度高于 120~135℃，对应的烘筒蒸汽压力为 0.3~0.4MPa，合并烘干区的温度为 110~120℃，对应的烘筒蒸汽压强为 0.2~0.3MPa。

对于吸湿性低、回潮率小的经纱，如纯涤纶、涤棉经纱，采用较低的烘燥温度即可达到烘燥目的。

一般预烘区（湿区）温度比烘干区（干区）高 10~15℃。

12. 浆纱各区张力

（1）各区张力分布：如图 1-25 所示。

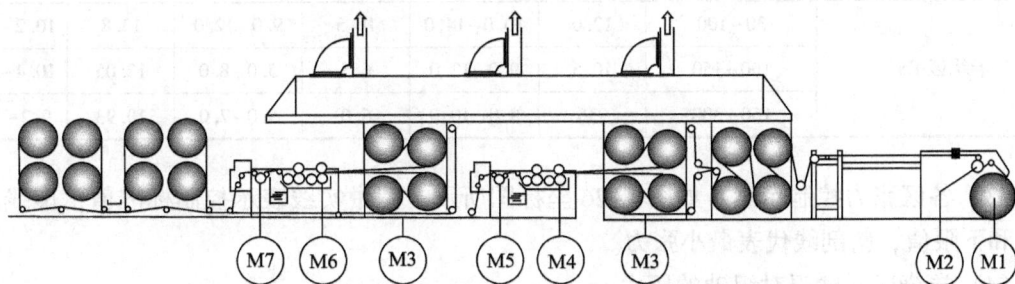

图 1-25　浆纱各区张力控制

①退绕区：经轴区~M7。

②上浆区：浆槽一为 M7~M6；浆槽二为 M5~M4。

③预烘（湿区）：浆槽一为 M6~M3；浆槽二为 M4~M3。

④干纱区（烘筒烘干区+分绞区）：M3~M2。

⑤卷绕区：M2~M1。

（2）各区张力（图 1-26）计算：本设计（表 1-7，工序项目 3）中，总经根数为 6488 根，经纱线密度为 14.6tex，根据纺纱方式、配棉品级和捻度等，确定精梳涤棉纱的比强度为 12cN/tex。

①纱片重量=总经根数×特数/1000=6488×14.6/1000=95(g/m)　　　　（1-39）

②单纱断裂强力=特数×比强度=14.6×12=175(cN)　　　　（1-40）

③总断裂强度=总经根数×单纱断裂强度（cN)/100　　　　（1-41）

　　　　=6488×175/100=11354(N)

④各区张力=总断裂强力×依所计算纱片重量而定的各区折算系数（表 1-14，本设计取平均值），涤棉纱纱片重量=95g/m。

退绕区 E1 张力=11354×退绕区张力折算系数=11354×3.75%=425(N)　　　　（1-42）

上浆区 E2 张力=11354×上浆区张力折算系数=11354×2.25%=255(N)　　　　（1-43）

湿烘燥区 E3 张力=11354×湿烘燥区张力折算系数=11354×2.75%=312(N)　　　　（1-44）

干纱区 E4 张力=11354×干纱区张力折算系数=11354×9.5%=1078(N)　　　　（1-45）

卷绕区 E5 张力=11354×卷绕区张力折算系数=11354×12%=1362(N)　　　　（1-46）

表 1-14　分区张力折算系数

分区	纱片重量（g/m）	棉（%）		黏胶纤维（%）		涤棉（%）	
		平均	范围	平均	范围	平均	范围
退绕区 E1	—	3.75	2.5~5.2	3.75	2.5~5.0	4.31	2.9~6.0
上浆区 E2	—	2.25	1.5~3.0	1.75	1.0~2.5	2.59	1.7~3.5
湿烘燥区 E3	—	2.75	2.0~3.5	2.5	2.0~3.0	3.16	2.3~4.0
干纱区 E4（干烘燥+分绞）	30~100	9.5	8.0~11.0	8.0	7.0~9.0	10.93	9.2~12.7
	100~150	7.5	6.5~8.5	6.5	6.0~7.0	8.63	7.5~9.8
	150~300	7.0	6.0~8.0	5.0	4.0~6.0	8.05	6.9~9.2
卷绕区 E5	30~100	12.0	10.0~14.0	10.5	9.0~12.0	13.8	10.2~16.1
	100~150	10.5	9.0~12.0	6.5	5.0~8.0	12.05	10.4~13.8
	150~300	9.5	8.0~10.0	6.0	5.0~7.0	10.93	9.2~10.2

（3）各区张力控制示意：如图 1-26 坐标图所示，图中实线表示控制标准值，虚线表示上限和下限值，斜剖线代表最小张力。

（4）卷绕区托纱辊对织轴的压力。

①托纱加压辊（图 1-27）对织轴的压力可以调整织轴的卷绕密度。

②托纱加压辊压力=纱片重量×托纱加压辊压力折算因子　　　　（1-47）

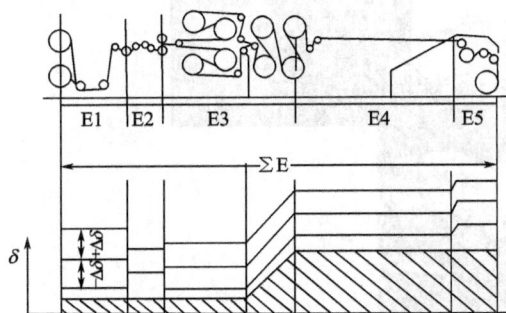

图1-26　浆纱机各区张力示意图

加压辊

图1-27　浆纱机托纱加压辊

根据表1-15，纱片重量=95g/m，托纱加压辊压力折算因子选20，因而有：

托纱加压辊压力=95×20=1900N

表1-15　托纱辊压力折算因子

纱片重量（g/m）	棉	黏胶纤维
100 以上	20~25	13~15
150 以上	15~20	9~13
300 以上	10~15	7~9

（5）浆纱机各区现场。

①退绕区：图1-28。

图1-28　浆纱机退绕区

②浆槽区：图1-11和图1-22。

③烘燥区：图1-29。

④分绞区：图1-30。

⑤卷绕区：图1-31。

图1-29　贝宁格浆纱机烘燥区

图1-30　浆纱机分绞区

图1-31　浆纱机卷绕区

⑥其他：车头工艺参数设置界面如图1-32所示。

13. 浆纱墨印长度　浆纱墨印长度指织造一匹布所需经纱的长度。

$$浆纱墨印长度=\frac{公称匹长(1+自然缩率和放码损失率)}{1-经纱织缩率}$$

$$=\frac{40\times0.9144\times(1+1.5\%)}{1-8.29\%}=40.5(m) \tag{1-48}$$

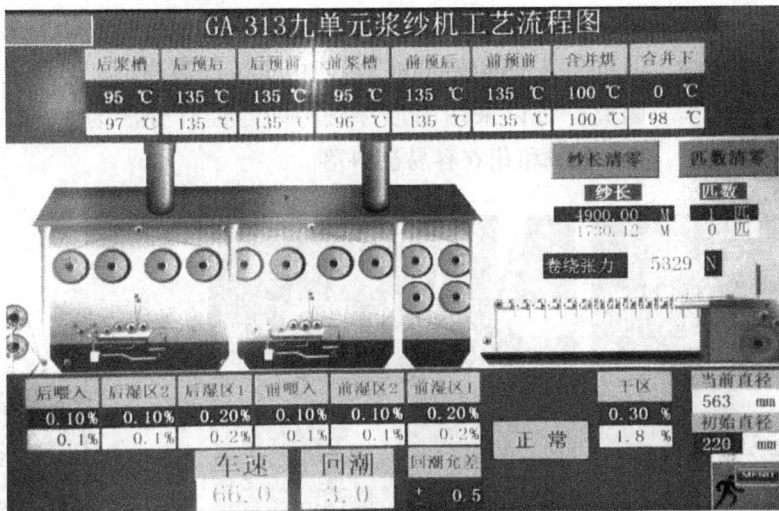

图1-32　车头工艺参数设置界面

注：①自然缩率和放码损失率，平纹组织选1.5%，斜纹组织、缎纹组织和其他组织选0.8%。

表1-7工序项目3的设计中，公称匹长为40码，1码=0.9144m，经纱织缩率为8.29%（表1-6）。

②通过比较浆纱墨印长度和整理车间的坯布间墨印长度，可以测得精确的经纱织缩率。

工序项目4　穿经工艺设计

相关计算和说明见情境一任务二项目二设计案例，补充说明如下。

1. 综页数的计算　综页数不但取决于织物组织，即不同运动规律的经纱分穿在不同综页内，还要考虑综丝密度，如果综页数过少，则综丝密度过大，导致经纱与综丝间摩擦加剧，断头增加。综丝最大密度选择见表1-16。

表1-16　综丝最大密度

纱线的线密度（tex）	高特纱（32以上）	中特纱（21~31）	低特纱（11~20）
综丝最大密度（根/cm）	6	10	12

表1-7工序项目4设计中，织物为平纹组织，总经根数6488根，穿筘幅153cm，纱线为14.6tex低特纱，设所需综页数为 N，则：

$$综丝密度 = \frac{总经根数}{穿筘幅 \times N} \tag{1-49}$$

因而：

$$N = \frac{总经根数}{穿筘幅 \times 综丝密度} = \frac{6488}{153 \times 12} = 3.53（页） \tag{1-50}$$

取4页。

2. 停经片的（穿）插法 传统织机，如 GA 747 织机，停经片是闭口式，穿停经片与穿综同步进行（图1-33），而现代织机采用先穿综，再在织机上插停经片的方法。普通织物的停经片可以采用顺穿法，但对于高密纯棉织物，可能由于浆纱被覆不良，产生停经片花衣积聚，织造时断经不关车。因此，可以采用山形穿法，即停经片穿法为1、2、3、4、5、6、5、4、3、2、1的形式，使棉短绒和花衣容易被抖落。

图1-33 穿综工序

穿综

工序项目5 剑杆织造工艺设计

剑杆织机工艺参数如下。

1. 开口（综平）时间

（1）较早开口：非分离筘座织机，如 GA 747 织机，开口时间为 285°~295°；现代分离筘座织机，如 THEMA 11 织机，开口时间为 300°~305°；低特高密府绸织物采用较早开口工艺。

剑杆织造

①开口时间早，为引纬提供了较大的空间，打纬时开口高度大，经纱张力大，有利于开清梭口，对于本设计的府绸织物，因经密大、经纱为涤棉经纱、毛羽较长，早开口有利于减少经纱之间的粘连，从而减少"跳花、跳纱、星跳"疵点，也利于织造高纬密织物时打紧纬纱。

②开口时间过早，钢筘打纬时经纱拉伸过度，加上钢筘对经纱的摩擦作用，对低线密度经纱织物，容易产生断头。

③对剑杆织机而言，开口早的同时，梭口闭合时间也早，加剧了剑头退出梭口对上层经纱的挤压摩擦（一般要求：进剑挤压度≤25%，出剑挤压度≤60%），造成布边处上层经纱断头和产生"三跳、纬缩"疵点。

（2）中开口时间：开口时间在 320°~325°。

斜纹织物采用较晚开口时间，有利于弱化打纬时上下层经纱张力差异，斜纹线清晰。

（3）晚开口时间：开口时间在 330°~340°。

缎纹、小提花、大提花织物采用较晚的开口时间，这是由于这类织物组织循环内交织点较少，每个组织循环内，因打纬导致钢筘对经纱的摩擦作用不大，同时此类织物较多采用低特经纱，较晚的开口时间有利于减少经纱断头率。

一般密度织物晚开口时间为 320°，厚型织物晚开口时间为 325°，薄型织物晚开口时间

为 330°~335°。

2. 进剑时间

（1）进剑和退剑时间的选择，应减少剑头进出梭口时经纱对剑头产生的挤压度，从而减少边部经纱断头。

（2）有利于提高进剑时送纬剑衔住下降到低点的选纬指中的纬纱的可靠性。

（3）有利于提供足够的引纬时间，有利于增加引纬时剑头对涤棉纱的握持力。

（4）一般接纬剑进入时刻早于送纬剑。

注：GA 747 剑杆织机剑头交接、THEMA11 剑杆织机接纬剑退出梭口分别如图 1-34 和图 1-35 所示。

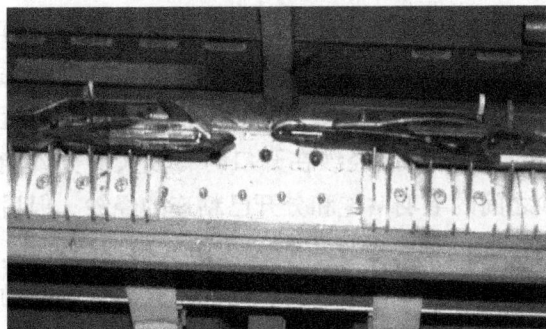

图 1-34　送纬剑和接纬剑交接

图 1-35　接纬剑退出梭口

3. 后梁高度　调节后梁高度，实际上就是调节经位置线（图 1-36）上后梁 D_1 点的高低位置。

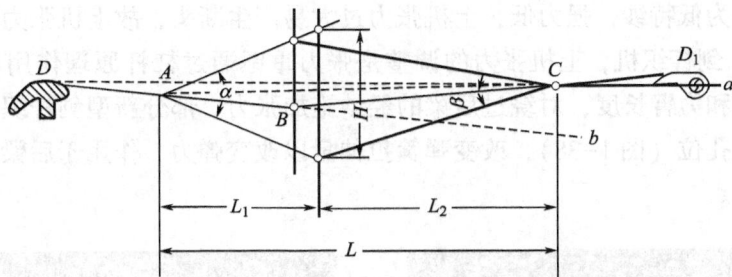

图 1-36　经位置线

经位置线为胸梁 D、织口 A、综平时综眼 B、停经架导杆 C、后梁 D_1 点之间的连线。

经平线 a 为过胸梁 D 顶点的水平线。经直线 b 为织口 A 到综平时综眼 B 连线的延长线。

（1）表 1-7 工序项目 5 设计为低特高密织物，采用较高后梁工艺，即后梁 D 在经直线上方，形成上下层经纱张力不同的不等张力梭口，即下层经纱张力大，上层经纱张力小。后梁位置越高，上下层经纱张力差越大。下层经纱张力大，有利于引纬和打紧纬纱；上层张力小，相邻经纱可以相互靠拢，有利于消除高密织物织造时因筘齿厚度而产生的"筘痕"现象。高后梁有利于打纬时纬纱沿经纱的运动，形成紧密织物，也有利于减少打纬时断纬的产生。

但后梁位置过高，下层张力过高，会导致经纱断头增加，同时上层经纱张力过小，导致开口不清，产生"跳花、跳纱、星跳"和"纬缩"疵点。因该设计中织物采用低特经纱，因而后梁高度不能过高。

（2）对于经面斜纹织物，如 2/1、3/1 等，采用较低的后梁，使得后梁位置在上方接近经直线，上下层经纱张力接近相等，有利于斜纹线"匀、深、直"。

（3）对于经面缎纹织物和小花纹等织物，后梁位置在经直线上，形成上下层经纱张力相等的等张力梭口，有利于花纹匀整。

（4）纬面斜纹，如 1/2、1/3、小花纹组织及纬面缎纹为基础的大提花织物，后梁位置低于经直线，形成上层张力大、下层张力小的不等张力梭口，有利于突出纬面花纹效果。

4. 停经架高度和前后位置　停经架的位置即停经架导杆 C 的位置（图 1-36、图 1-37）除了影响经位置线以外，直接决定了织造中后区梭口 L_2（图 1-36）的清晰情况。涤棉纱毛羽较多、较长，如织物经密较高，经纱在开口时容易彼此粘连，造成开口不清。停经架位置高、位置靠前，后梭口角度 β 大，后区长度 L_2 短，使得后区经纱在开口时有较大的分纱能力，辅以较大的上机张力，有助于减少涤棉经纱之间的毛羽粘连和分开已粘连的经纱。但后区梭口长度的减小，在一定程度上增加了经纱开口时的伸长率，由于无梭织机梭口高度小，经纱伸长率的增加很小，且涤棉纱弹性较纯棉纱好，断裂伸长率较高，因而不会恶化经纱的工作条件。

5. 上机张力　表 1-7 工序项目 3 设计为低特高密涤棉织物，涤棉经纱毛羽较多、较长，经密较大，经纱容易彼此粘连，较高的上机张力有利于织造时开清梭口，减少"三跳、纬缩"织疵，同时织物的纬密大，较大的上机张力有助于避免织入织口的纬纱反拨，从而有利于打紧纬纱。

该产品经纱为低特纱，强力低，上机张力过大易产生断头，故上机张力不宜过高。

对于 GA747 剑杆织机，上机张力的调整是张力重锤通过杠杆原理作用于织机后梁，通过调整重锤重量和力臂长度，对绕过后梁的经纱施加张力。部分新型剑杆织机是通过调整张力弹簧作用点的孔位（图 1-38），改变弹簧拉伸量以改变弹力，作用于后梁上，对绕过后梁的经纱施加张力。

图 1-37　停经架高度和前后位置调整

图 1-38　上机张力调节

工序项目6　喷气织造工艺设计

喷气织机工艺参数论述见表1-7工序项目6说明，补充说明如下。

1. 喷气压力设定

（1）喷气压力设定的意义。

①喷气压力低，气流对纬纱的摩擦牵引力不足，纬纱到达对侧梭口延迟滞后。

②喷气压力不足，纬纱头端飞行无力、飘飞、无法完全伸直，甚至产生扭结，形成布面纬缩疵点，尤其是对弹性较好的涤棉纱和弹力纱产生的疵点更严重。

③喷气压力过大，对于低线密度纬纱，容易因牵引力过大而产生断纬，尤其是在磁针落下，末组喷嘴尚未关闭的情况下，因末组喷气压力又高于前几组，更易断纬。

④喷气压力过大，能耗增加。

（2）喷气气压设定的原则。

①织物幅宽大，气压大些。

②织机速度高、纬纱飞行时间短，气压要大。

③辅喷压力在满足正常引纬的前提下，尽量调低气压，节约用气，辅喷压力略大于主喷压力，因纬纱长度增加，末端辅喷压力要大于前几组辅喷压力。

④设定的总飞行角大，气压可以小些，即采用低压大流量方式引纬。

⑤纬纱线密度高，引纬所需牵引力增大，因而气压增大。

⑥纬纱采用化纤长丝，因其表面较为光滑、气流对纬纱的摩擦牵引作用弱，喷气压力要适当增加，即采用高压小流量方式引纬。

⑦弹力纬纱引纬时，主喷和辅喷的气压都要适当增加。

⑧剪切喷气压以伸直纬纱为准。

（3）喷气压力设定的范围。

①普通纯棉织物：主喷压力为0.25~0.28MPa；辅喷压力为0.3~0.35MPa；

②宽幅纯棉家纺面料、弹性织物、化纤长丝织物：主喷压力为0.30~0.35MPa；辅喷压力为0.35~0.39MPa。

注：主、辅喷嘴如图1-39所示，主、辅喷嘴喷气时间和终端界面如图1-40所示，压力调节旋钮如图1-41所示。

喷气织造

图1-39　喷气织机主、辅喷嘴

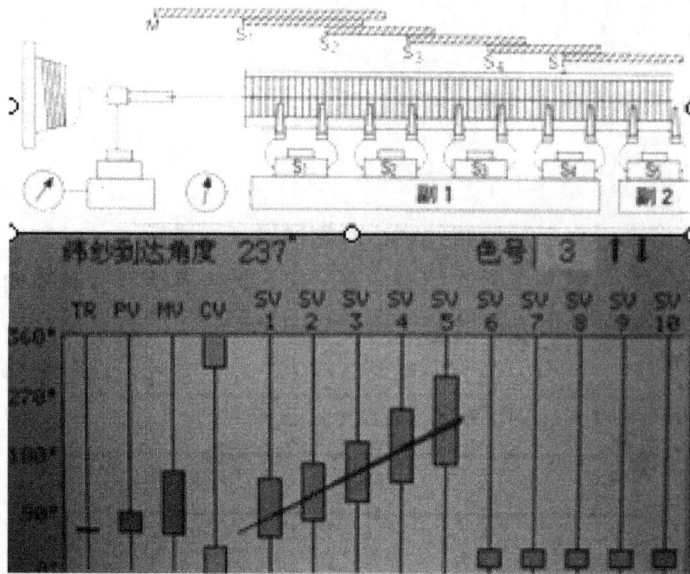

图 1-40 主、辅喷嘴喷气时间图示和终端界面

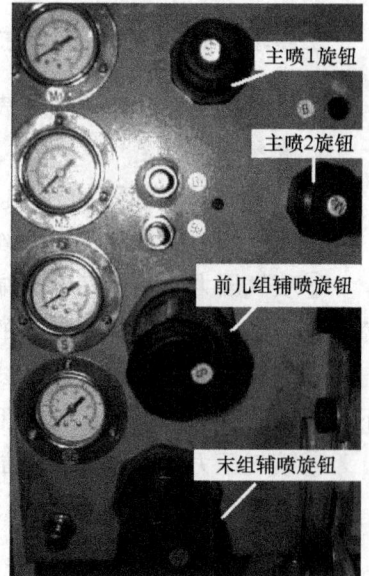

图 1-41 主、辅喷气压力调节

2. 上机张力设定 表 1-7 工序项目 6 产品是低特高密涤棉织物，经纱毛羽长、经密大，且喷气织机靠气流牵引纬纱通过梭口，没有载纬器，因而梭口高度小，梭口不易开清。织物的纬密较大，纬纱不易打紧，因此，应采用较大的上机张力。但线密度低，过大的上机张力容易引起经纱断头。

$$上机张力 = \frac{总经根数}{N_e} \times K \qquad (1-51)$$

式中，K 为强力利用系数，中特、高特织物 $K = 1.15 \sim 1.2$；低特高密织物 $K = 1.05 \sim 1.1$；一般密度普通织物 $K = 1$；低特稀薄织物 $K = 0.85 \sim 0.95$。该产品 K 选 1.1，则：

$$上机张力 = \frac{6488}{40.5} \times 1.1 = 176.2 (\text{kg})$$

任务四　各工序卷绕长度计算

案例： CVC 14.6tex/14.6tex，432.5/299 根/10cm，150cm，府绸。

一、各工序最大卷装长度

1. 筒子最大卷绕长度 根据表 1-8，整经用筒子卷绕密度选 0.45g/cm³，满筒重量为 1.67kg，则：

$$计算满筒长度 = \frac{筒子重量}{线密度} \times 1000 = \frac{1670}{14.6} \times 1000 = 114383 (\text{m}) \qquad (1-52)$$

2. 整经最大卷绕长度

（1）计算方法：整经轴示意图和实物如图 1-42 和图 1-43 所示。

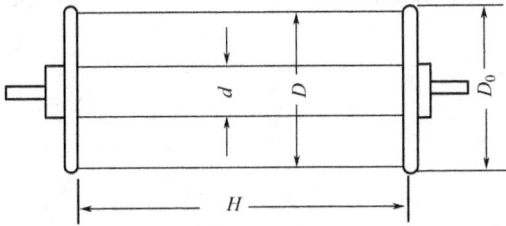

图1-42 整经轴

图1-43 输送到浆纱车间的整经轴

$$G = L \times N \times \text{Tt} \times 10^{-3} \qquad (1-53)$$

式中：G——经轴卷绕重量，g；

    L——整经轴理论最大卷绕长度，m；

    N——每轴整经根数，根/轴；

    Tt——纱线线密度，tex。

$$G = V \times \delta = \frac{\pi \times H}{4}(D^2 - d^2) \times \delta \qquad (1-54)$$

式中：V——经轴上绕纱体积，cm³；

    δ——经轴卷绕密度，g/cm³；

    H——经轴盘片间距，cm；

    D——经轴实际最大卷绕直径，cm；

    d——经轴轴管直径，cm。

联立上述两式并整理，得：

$$L = \frac{\pi \times H}{4 \times N \times \text{Tt}}(D^2 - d^2) \times \delta \times 10^3 \qquad (1-55)$$

图1-42中 D_0 为经轴盘片直径，$D = D_0 - 2\text{cm}$。

（2）实际计算：该织物经纱线密度 Tt = 14.6tex，整经轴盘片间距 $H = 180\text{cm}$，轴管直径 $d = 26.5\text{cm}$，实际最大卷绕直径 $D = 78\text{cm}$，实测卷绕密度 $\delta = 0.48\text{cm}^3$，且整经根数 $N = 590$ 根/轴（表1-7，工序项目2），根据式1-55，整经轴最大卷绕长度为：

$$L = \frac{\pi \times H}{4 \times N \times \text{Tt}}(D^2 - d^2) \times \delta \times 10^3$$

$$= \frac{\pi \times 180}{4 \times 590 \times 14.6}(78^2 - 26.5^2) \times 0.48 \times 10^3$$

$$= 42666(\text{m})$$

3. 浆（织）轴最大卷绕长度 分批整经机生产的整经轴输送到浆纱车间，进行并轴上浆后，成为浆轴，再送到穿综车间经穿经操作做成织轴（图1-44）。

（1）计算方法：浆（织）轴卷绕长度的公

图1-44 织造车间的织轴

式为：

$$L=\frac{\pi\times H}{4\times N\times Tt\times(1+S)}(D^2-d^2)\times\delta\times10^3 \qquad (1-56)$$

式中：L——浆（织）轴理论最大卷绕长度，m；

    N——总经根数；

    Tt——纱线线密度，tex；

    δ——浆轴卷绕密度，g/cm³；

    H——浆轴盘片间距 cm，H=穿筘幅+2cm；

    D——浆轴实际卷绕直径，cm；

    d——浆轴轴管直径，cm；

    S——上浆率。

注：整经轴与浆轴不能混淆，浆轴卷绕长度计算与整经长度计算不同之处如下。

①浆轴轴幅 H 根据穿筘幅而改变，而整经轴幅（通常为180cm）不可调。

②浆轴根数 N 就是织物总经根数，而计算整经长度时，经轴根数是单个经轴的绕纱根数。

③由于上浆增重的原因，浆纱实际线密度增加。

（2）实际案例计算：表1-7工序项目2中，织物经纱 Tt=14.6tex，穿筘幅=153cm，浆轴盘片间距 H=穿筘幅+2cm=155cm，实测浆轴轴管直径 d=11.5cm，实际最大卷绕直径 D=78cm，实测卷绕密度 δ=0.55cm³，总经根数 N=6488 根，则浆轴最大卷绕长度为：

$$L=\frac{\pi\times H}{4\times N\times Tt\times(1+S)}(D^2-d^2)\times\delta\times10^3$$

$$=\frac{\pi\times155}{4\times6488\times14.6\times(1+10.5\%)}\times(78^2-11.5^2)\times0.55\times10^3=3805(m)$$

二、各工序实用卷绕长度

已知客户订单60000m，生产中加成率为6%（入库一等品率为94%），织造三联匹落布，织轴上了机的机头尾=0.5+1.5=2（m），经纱织缩率=8.29%（参见任务二项目二设计案例），浆纱墨印长度=40.5m（表1-7工序项目3）。各工序长度依次计算如下。

1. 投产米数

投产米数=客户订单米数×(1+加成率)=60000×(1+6%)=63600(m)   (1-57)

2. 浆纱长度

浆纱长度=投产米数×1m 经长=$\frac{投产米数}{1-经纱织缩率}=\frac{63600}{1-8.29\%}=69349(m)$ (1-58)

计算得出，浆轴最大卷绕长度 L=3805m。

①三联匹长度布所需浆纱长度=浆纱墨印长度×3=40.5×3=121.5(m)

②每个浆轴包含的联匹数必须为整数，以避免出现零布。

联匹数=浆轴最大卷绕长度/三联匹浆纱墨印长度=3805/121.5=31.3(轴)

修正为 31 轴。

注：每台织机每次织轴了机后，可以生产 31 个联匹长度布，即 31 个布轴，这些布在后整理车间经检验和修布，打包或成卷，在染整厂进行缝头连接、染整加工。

③每浆（织）轴卷绕长度=联匹数×每联匹浆纱墨印长度+上了机回丝   (1-59)

$$=31×121.5+0.5+1.5=3768.5(m)$$

④一次浆纱生产的织轴数=$\dfrac{浆纱长度}{每织轴卷绕长度}=\dfrac{69349}{3768.5}=18.4(轴)$ (1-60)

取 19 轴。

说明：计算④结果说明，一次浆纱能够满足 19 台织机织造，但最后一个织轴不是满轴，为 0.4 轴长度，而实际浆纱生产中，由于浆纱伸长率的变化，即使计算结果为整数轴，一般也不能保证最后一个织轴为满轴，但最好使最后一轴尽量大，以降低后道穿经、上轴成本。

3. 整经长度及次数

（1）整经总长度推算。

$$整经总长度=\frac{浆纱总长度}{1+浆纱伸长率}+浆纱回丝总长×浆纱次数 \qquad (1-61)$$

$$=\frac{69349}{1+0.5\%}+60×2=69064(m)$$

整经满轴最大卷绕长度为 42666m，对比得知，整经总长度>整经满轴长度，故需要两批次整经，每批 590×9 轴+589×2 轴，并进行两次浆纱。

（2）第一批次整经长度推算。

①估算满轴整经长度可生产的浆纱最大长度，根据式 1-61 得：

$$42666=\frac{每次浆纱最大长度}{1+0.5\%}+60×1$$

推导得：每次浆纱最大长度=42819m

②第一批实际浆纱轴数=$\dfrac{每次浆纱最大长度}{浆纱织轴卷绕长度}$=42819/3768.5=11.36(轴)   (1-62)

取 11 轴。

③第一批实际浆纱长度=浆纱轴数×浆纱织轴卷绕长度=11×3768.5=41453.5(m)

    (1-63)

带入式 1-61，计算第一批整经实际长度。

④第一批整经长度=$\dfrac{实际浆纱长度}{1+浆纱伸长率}$+浆纱回丝总长=$\dfrac{41453.5}{1+0.5\%}$+60=41307(m)

（3）第二批次整经长度推算。

①第二批浆纱轴数=浆纱总轴数-第一批浆纱轴数=18.4-11=7.4(轴)

②第二批实际浆纱长度=浆纱轴数×浆纱织轴卷绕长度=7.4×3768.5=27887(m)

③第二批整经长度=$\dfrac{27887}{1+0.5\%}$+60=27808(m)

（4）修正整经总长度。

修正整经总长度=第一次整经长度+第二次整经长度=41307+27808=69115（m）

注：①上式浆纱伸长率取 0.5%（表 1-7 工序项目 3）。

②根据大多数工厂浆纱车间实际情况，浆纱起机和了机回丝（由浆回丝和白回丝组成）最大长度一般不超过 60m。

③整经满轴最大长度（42666m）<整经总长度（69115m），故需要两批次整经和浆纱。

④筒子长度、筒子个数及批次。

a. 第一批次整经时：590×9 轴+589×2 轴，即整经机筒子架上筒子数为 590 个，整经轴数为 9+2=11 个，由上述计算，第一批每经轴长度为 41307m，整经后，筒脚纱长度至少为 400m，则：

$$每筒子需提供总长度=第一批每经轴长度×经轴数+筒脚纱长度 \quad (1-64)$$
$$=41307×11+400=454777（m）$$

满筒最大卷绕长度（114383m）<454777m，即一个筒子不能满足，需数批。

$$每批筒子提供整经轴数=筒子最大长度/第一批经轴长度$$
$$=114383/41307=2.77（轴）\quad (1-65)$$

取 2 轴。

$$筒子批次=经轴数/每批筒子可供经轴数=11/2=5.5（轴）\quad (1-66)$$

即前 5 批筒子，每批整 2 经轴，第 6 批筒子，整 1 经轴，共计 11 轴。

每筒长度：

前 5 批每筒长度=2×第一批每经轴长度+筒脚纱=2×41307+400=83014（m），取整为 83000m。

第 6 批每筒长度=1×第一批经轴长度+筒脚纱=1×经轴长度+筒脚纱=1×41307+400=41707（m），取整为 41700m。

筒子总数：

前 5 批直径较大的筒子（筒子长度为 83000m/筒），筒子个数=每轴根数（筒子数）×批次=590×5=2950。

第 6 批直径较小的筒子（筒子长度为 41700m/筒），筒子个数=590。

b. 第二批次整经时：仍为 590×9 轴+589×2 轴。

每筒子需提供总长度=第二批每轴长度×轴数+筒脚纱=27808×11+400=306288（m），满筒最大卷绕长度（114383m）<454m，即一个筒子不能满足总长度，需数批。

每批筒子提供整经轴数=筒子最大长度/第二批经轴长度=114383/27808=4.11（轴），取 4 轴。

筒子批次：3 批，第 1、第 2 批筒子，每批整 4 经轴，第 3 批筒子整 3 经轴，共计 11 轴。

每筒长度：

前 2 批每筒长度=4×第二批经轴长度+筒脚纱=4×27808+400=11632（m），取整为 111600m。

第 3 批每筒长度=3×第二批经轴长度+筒脚纱=3×27808+400=83824（m），取整 83800m。

注：筒子长度取整的原因是便于操作，筒脚纱长度可以适当调整，原则是整经后筒子不拉光。

任务五　基于各工序实际配台数的生产时间和交货期计算

接前述案例，按三班运转制与实际各工序配台，计算各工序完成时间和最后交货期。

一、产品规格

根据任务二的项目二和任务三、任务四计算结果，CVC 14.6tex/14.6tex，432.5/299根/10cm，150cm，府绸，客户订单为60000m，投产米数为63600m。

二、各工序实际配台

络筒车间：2台自动络筒机，50锭/台，络筒速度1200m/min，效率80%。

整经车间：1台高速整经机，速度600m/min，效率70%。

浆纱车间：1台浆纱机，速度60m/min，效率80%。

穿经车间：穿经架10台，穿经1000根/（台·h）。

织造车间：喷气织机19台，速度650r/min，效率92%。

整理车间：约需要5天完成验布、修布、打包出厂。

三、总用纱量计算

经用纱总量=百米经用纱量×投产米数×10^{-2}=10.5582×63600×10^{-2}=6715(kg)

$$(1-67)$$

纬用纱总量=百米纬用纱量×投产米数×10^{-2}=7.1734×63600×10^{-2}=4562(kg)

$$(1-68)$$

总用纱量=经用纱总量+纬用纱总量=6715+4562=11277(kg)

四、各工序完成时间

1. 络筒时间

（1）台时产量=6×络筒机线速度×Tt×锭数×效率×10^{-5} $\qquad (1-69)$

=6×1200×14.6×50×80%×10^{-5}=42.048[kg/（台·h）]

日产量=台时产量×24×2=42.048×24×2==2018.304[kg/（2台·日）]

（2）络筒所需时间=总用纱量/日产量=11277/2018.304=5.5(天)

2. 整经时间

（1）台时产量=6×整经线速度×Tt×每轴整经根数×效率×10^{-5} $\qquad (1-70)$

=6×600×14.6×590×70%×10^{-5}=217.07[kg/（台·h）]

日产量=台时产量×24=217.07×24=5209.68[kg/（台·日）]

（2）整经所需时间＝总经纱用量/日产量＝6715/5209.68＝1.29（天），取1.5天。

3. 浆纱时间

（1）台时产量＝6×浆纱线速度×Tt×总经根数×效率×10⁻⁵

$$=6×65×14.6×6488×80\%×10^{-5}=295.54[kg/(台·h)]$$

（1-71）

日产量＝台时产量×24＝295.54×24＝7093[kg/(台·日)]

（2）浆纱所需时间＝总经纱用量/台时产量＝6715/7093＝0.95（天），取1天。

4. 穿经时间 由前述案例得知，总织轴数为19轴，则：

（1）总穿经根数＝总经根数×轴数＝6488×19＝123272（根）

（2）穿经日产量＝1000×22.5×10＝225000[根/(10台·日)]

注：三班制的手工穿经每班工作时间为7.5h，每日工作时间为22.5h。

$$（3）穿经时间＝\frac{总穿经根数}{穿经日产量}＝\frac{123272}{225000}＝0.55（天），取1天。$$

5. 织造时间

$$（1）织机台时产量＝6×织机转速×\frac{织机效率}{织物公制纬密}$$

（1-72）

$$=6×650×92\%/299=12[m/(台·h)]$$

（2）织机日产量＝台时产量×24＝288[m/(台·日)]

（3）车间19台喷气织机日产量＝288×19＝5472（m）

（4）织造时间＝投产米数/日产量＝63600/5472＝11.6（天）

6. 后整理时间 按实际验布、修布人数估算需5天。

7. 总生产时间

总生产时间＝络筒+整经+浆纱+穿经+织造+后整理

$$=5.5+1.5+1+1+11.6+5=25.6（天），取26天。$$

验布

生产进程和配台汇总见表1-17。

表1-17 生产进程和配台汇总

工序	机型	台数（台）	速度	效率（%）	台时产量	日产量	天数（天）
络筒	Autoconer 338	2	1200m/min	80	42.048kg	2018.304kg	5.5
整经	GA 121	1	600m/min	70	217.07kg	5209.68kg	1.5
浆纱	GA 308	1	60m/min	80	295.54kg	7093kg	1
穿经	G 177	10	—	—	100 根	225000 根	1
织造	喷气 JAT 710	19	650r/min	92	12	5472m	11.6
后整理	—	—	—	—	—	—	5
合计							26

注 上述计算时间仅为最大生产时间，由于各个工序生产时间除先后衔接外，还彼此重叠，如整经生产不必等络筒生产完全结束就可先期进行，因此，总生产时间要短于计算时间。

情境二　色织面料仿样设计

情境目标

色织企业内从事面料分析、工艺设计、生产工艺、生产跟单、贸易工作的人员必备的岗位知识和技能。

任务一　色织面料来样识别

一、色织物的特征

色织物是指先染纱后织布的织物，也包括先染纤维再纺纱、织布的色纺纱织物，通过色经色纬纱的不同排列组合、织物组织的变化或后整理形成混色、条纹、格子、配色模纹、小提花、经纬起花、剪花、孔隙、凹凸、管状、泡皱、弹性、双层或多层以及绒毛感、麻感、绸感、透明感的外观和质地，并可赋予织物一些特殊功能，如防水、防油等。

二、色织物的典型品种

色织物主要品种有：细纺、府绸、斜纹布、贡缎、牛仔布、牛津布、米通布、青年布、泡泡纱、绉布、弹性布、绞综布、巴厘纱、双层布（表里换层、接结双层）、管状布、剪花布、绒布坯、棉麻布、段染纱织物、中长布、大提花织物、深加工织物（液氨整理、预缩整理、烂花整理、吸湿排汗整理、三防整理）等。

1. 细纺　低特中密织物，采用细特棉纱、黏纤纱、棉黏纱、涤棉纱等织制，布身细洁柔软，质地轻薄，布面杂质少。

2. 府绸　低特高密织物，采用平纹组织，经纬密之比为 5：3 以上。菱形粒纹效应，手感滑、挺、爽。有缎条、提花、彩条府绸、闪色府绸等（彩图 3），主要用作衬衫面料。

3. 牛津布　色经白纬、细经粗纬，纬纱线密度一般为经纱的 3 倍左右，有混色效应或针点效应，织物平整，组织为 2/1 纬重平、方平等，也称双经布（彩图 4）。

4. 青年布　混色效应，色经白纬，织物组织为平纹，色泽调和，质地轻薄，滑爽柔软，主要用作衬衫面料（彩图 5）。

5. 牛仔布　色经白纬，粗厚斜纹织物，一般采用 3/1↖ 组织织制。织物正反异色，经防缩整理。织物的纹路清晰，质地紧密，坚牢结实，手感硬挺。

6. 米通布　也称米通条，高支高密，色经白纬，组织为平纹，色纱排列：经纱 1A1B 色、纬纱一色，或经纱一色、纬纱 1A1B 色排列（彩图 6），米通布实际上是府绸织物的一种。

7. 绞综布 也称纱罗，由地经、绞经两组经纱与一组纬纱交织，常采用细特纱，并用较小密度织制。织物透气性好，纱孔清晰，布面光洁，布身挺爽，主要用作夏季衣料（彩图 7）。

8. 绉布 可采用皱组织，经纱采用普通捻度，纬纱强捻织造，经松式整理，使纬向收缩约30%，因而形成均匀的绉纹，如"树皮绉"的纵向绉条效应绉布（彩图 8），或者纬纱采用弹性纱与普通纬纱相间排列形成弹性绉布（彩图 9），或者在后整理中用浓碱局部处理棉织物，使织物局部形成凹凸起绉效应绉布（彩图 10），以及采用机械起绉方法的抓绉布（彩图 11）等。

9. 双层布 利用双层组织，织物柔软、透气性好，有接结双层，表里换层等（彩图 12）。

10. 剪花布 利用经起花、纬起花组织，表里换层组织织造后，将局部长浮长线剪断，留下的固结组织起到装饰作用（彩图 13~彩图 15）。

11. 泡泡纱 利用地经和泡经两个系统的经纱织造，泡经送经量大于地经送经量，形成泡泡效果，泡经与地经送经长度之比为泡比，通常在 1.2∶1~1.35∶1。外观别致，立体感强，穿着不贴体，凉爽舒适（彩图 16）。

12. 管状布 利用局部双层组织形成纬向管状布（彩图 17），以及利用织物背面弹性纬浮长线使织物正面凸起的弹性经向管状布（彩图 18）、乱管布（彩图 19）等。

13. 棉麻布 利用棉麻混纺纱织造的布面具有麻节外观的织物（彩图 20）。

14. CVC 织物 原料纤维配比为棉55%/涤45%，是以棉占主导的涤棉织物，旨在保留涤纶织物易洗、快干、免烫和抗皱性好的特点的同时，提高织物的吸湿、柔软的舒适性。

15. 巴厘纱 也称玻璃纱采用精梳细特纱、低经纬密度、经纬纱强捻、平纹组织，使织物轻薄透明。织物质地稀薄透明，手感挺爽，布孔清晰，也可采用插筘时，每筘穿入根数疏密变化，增加装饰效应，有白织（参见情境一）和色织两种，常用作夏季女装面料（彩图 21）。

16. 绒布 一般采用细经粗纬，纬纱捻度较小，纬密大于经密及 2/2、2/2 或 3/1 组织织造的纯棉坯布，经后道拉毛或磨绒处理后，织物表面有绒毛，柔软保暖（彩图 22）。

17. 段染纱织物 段染纱织造的布面具有断续的印节纱效果（彩图 23）。

18. 中长布 也称中长仿毛织物，将高收缩或异形中空涤纶切断成毛纤维长度（51~65mm）与黏胶纤维、腈纶等短纤维在棉纺设备上混纺成纱线，经染纱、织造、后整理形成具有毛型感风格的色织面料。

19. 大提花织物 一般经纱为本色纯棉纱，纬纱为有色棉纱、有色有光黏胶丝、涤纶丝或者桑蚕丝等，采用大提花织机织造。

20. 曲线布 采用异形筘织造，在打纬时，钢筘使纬纱偏斜，与经纱交织形成曲线效应（彩图 24）。

21. 浮纹织物 利用特殊刺绣针，随着织造进行，在织物表面不断按一定轨迹移动，将刺绣纱上下刺入织物，形成浮纹刺绣外观效应（彩图 25）。

22. 压纹整理织物 利用热压原理，将金属辊上的花纹压到布面上形成凹凸纹样（彩图 26）。

23. 烂花整理织物 常见烂花织物采用涤纶芯丝外包棉短纤维的涤棉包芯纱织造，后整理时，在花型部位将含酸印花糊料印到坯布上，并经焙烘、水洗，使腐蚀、焦化后的棉纤维被洗除，得到半透明的花纹图案。烂花布所用的原料，除涤棉外，还有涤黏、维棉、丙棉等。烂花布的花纹有立体感，透明部分如蝉翼，透气性好，布身挺爽（彩图27）

24. 静电植绒织物 利用静电使绒毛极化竖立，在织物上将绒毛按设计的图案用胶粘接，形成具有立体效果的织物（彩图28）。

25. 液氨整理织物 在负压设备中，用液氨整理纯棉色织面料，使织物的抗皱性、折皱回复性、尺寸稳定性大幅度增加，也称形态安定整理或抗皱整理。

任务二 来样分析与试织

色织面料来样有实物样和纸样。实物样也称风格样，指客户订单所附的产品标样，它表明产品的主要织物技术规格、织物组织、花型及配色等内容。纸样是指通过电子邮件发送的面料 CAD 图片或者实物扫描图片，只表明产品在花型及配色方面的外观要求。例如，孟加拉国某客户来函信息如下。

来样识别

1. 客户要求

（1）经缩水率为4%，纬缩水率为4%以内。

（2）色牢度要好，花型、颜色按确认样生产。

（3）整理工艺为丝光整理。

2. 客户询价

（1）确定能否生产。

（2）确定报价。

（3）确定质量检验标准（美标四分制）。

（4）确定交期。

来样分析和试织的主要工作流程如下：

一、全面分析任务书中提出的工艺规格要求

1. 织物规格 布幅、原料、纱线线密度、织物密度、组织、经纬配色。

2. 检查来样 坯布、成品、实物样与纸样。

3. 来样分析 实物样与纸样的区别。

二、实物样分析

首先确定实物样的经纬向、织物的正反面，然后进行如下分析。

1. 原料分析 采用燃烧法、显微镜法、手感目测法、溶解法等（参见情境一任务一项目二）。

一些纤维代号：W—羊毛，S—丝，L—（亚）麻，C—棉，T 或 P—涤纶，N—尼龙，TS—天丝，SB—竹节纱，R—黏胶纤维，SP—氨纶，O—丙纶，V—维纶，A—腈纶。

2. 纱线分析

（1）经纬纱：有时纤维原料不同，所以要分别分析经纬纱原料、线密度等。

（2）混纺比：采用溶解法，按"二组分或三组分纱线组分分析方法"标准进行分析。

（3）线密度：采用测长称重法（参见情境一式1-1）。

线密度的单位是 tex，但在生产和企业中，纱线常用英制支数表示，一般来讲：

高支：100英支（5.8tex）；80英支（7.3tex）；60英支（9.7tex）；50英支（11.7tex）；40英支（14.6tex）；细支：30英支（19.4tex）；中支：20英支（29.2tex），21英支（27.8tex）；中粗支：16英支（36.4tex），12英支（48.6tex）；粗支：7英支（83.3tex）。

3. 组织分析 组织分析前，要先确定组织类别，再进行面料分析。组织和花纹分析时，常用的工具有照布镜、分析针、剪刀、颜色纸等。在分析实物样时用颜色纸作背景衬托，便于看清经纬纱交织规律，因此分析深色样时宜用白色纸作衬托，分析浅色样时宜用黑色纸作衬托。

（1）分组拆纱法：适合组织循环较大的织物。

（2）局部分析法：适合两组组织联合而构成的条状或条格状织物。

（3）错开分析法：对重组织和双层组织，由于呈现组织重叠、双层状，应采用错开分析法，先想象出上下重或者上下层错开时状态，分重或分层展开，使原本不可见组织变为可见，再分析组织和经纱或纬纱排列比（图2-1）。

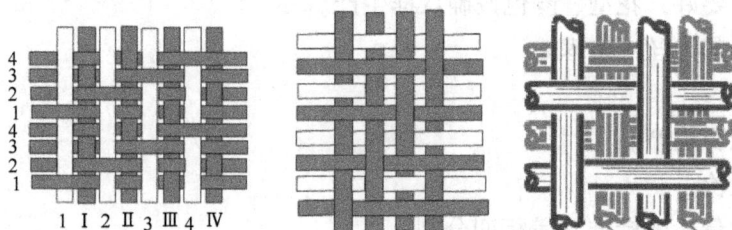

图2-1　经二重、纬二重、双层组织的错开分析法

①经二重织物的经起花织物：先确定花经和地经排列比（一般按2:1、2:2或者1:1排列），地经组织为平纹，只需分析花经组织即可，图2-2为经起花组织，地经为平纹，需要至少两页综（实际综页数计算见式1-50）。

②双层组织：先确定表经和里经、表纬和里纬的排列比例，然后拆除一个循环，结合双层基础组织绘制组织图，如图2-3所示，分层后表层和里层的基础组织为平纹，因而整体组织为3/1+1/3。

（4）经、纬剪花织物：要从织物背面分析该类织物，因为背面容易分清组织固结点。

（5）网目织物、纱罗织物：先还原网目经、网目纬或者绞经在位置偏移前的组织点。

（6）灯芯绒类织物：须从反面着手，先在直条绒根分布处，轻轻地用针拨出两根地纬，观察这两根地纬之间绒纬固结根数或绒纬固结形式，从而确定地纬和绒纬的排列比及绒纬组织，进而确定出地组织，再根据地组织和绒纬组织，运用反面组织绘法即可得出所需组织图。

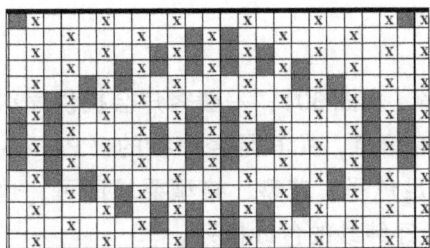

图2-2 经起花组织"错开法"分析

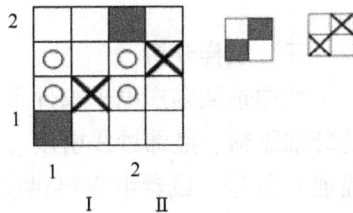

图2-3 双层组织"错开法"分析

通过以上组织分析，可初步估计出产品须用综页数、是否需用双织轴织造等生产技术条件，一般经起花组织织物采用双轴织造。

（7）正确区分平纹地小提花组织和经起花组织：平纹地小提花组织和经起花组织两者的根本区别主要有以下三点。

①平纹地小提花为单层组织，经起花组织是经纱为两个系统的经二重组织。

②平纹地小提花织物浮长线较短（图2-4），经起花织物背面有较长的浮长线（图2-5）。

图2-4 平纹地小提花

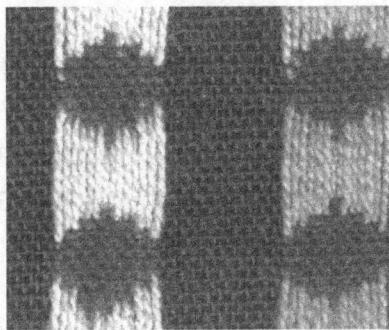

图2-5 经起花织物

③经起花组织由花经和平纹地经按2：1、1：1排列，个别情况按2：2相间排列。

4. 经纬纱色排列分析

（1）注意确定一个色纱排列循环（即一花）的起止点。

（2）注意不要忽视近似色纱之间的细微区别。

（3）色纱排列要和组织分析相结合，如上述经起花、纬起花、表里换层等。

5. 经纬纱密度分析

（1）找出一个完整组织循环或者色纱排列循环，再计数每个循环的根数，量取包含数个循环的宽度，计算宽度内的根数，分别计算经纬密度。

（2）注意变经密和变纬密织物要分区段分析。

①经起花的花区、经剪花的花区、经向嵌条织物嵌条部分的经密较地部经密高。

②纬起花组织、纬剪花组织花区的纬密较地区纬密高。

③毛巾织物缎档部分的纬密大于起毛部分的纬密。

④渐变增密的稀密筘织物要逐段分析。

三、纸样分析

纸样是从客户电子邮件下载的面料彩色图片的打印稿（彩图30），一般客户会提供面料的纤维原料、经纬纱线密度、经纬纱密度以及织物组织等信息，尤其是经纬纱的（Pantone潘通）色号，或者由面料供应企业自主设计，只需要满足色泽、花型、格型要求即可，也可提供相近方案供客户挑选。纸样分析的内容主要是分析经纬纱的色纱排列。

四、分析案例

如彩图30和图2-6所示，已知客户来样为府绸产品，经密为528根/10cm，求各色经纱排列的根数。分析步骤如下。

(1) 取一花测宽：宽度为38mm。

(2) 初算一花根数＝一花宽度×经密＝38×528/100＝201(根)

(3) 量取花内各色条宽度（mm），初算各条根数＝条宽×经密

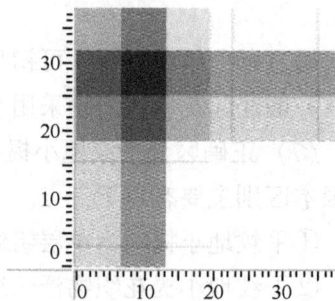

图2-6　一花色纱排列

各色根数应为组织循环的整数倍，计算如下。

中紫蓝，7mm，初算根数＝7×528/100＝37(根)，修正为36(根)。

深蓝，6mm，初算根数＝6×528/100＝32(根)。

水蓝，6mm，初算根数＝6×528/100＝32(根)。

次加白，4mm，初算根数＝4×528/100＝21(根)，修正为20(根)。

亮黄嵌线，2根。

次加白，12mm，初算根数＝12×528/100＝63(根)，修正62(根)。

亮黄嵌线，2根。

次加白，3mm，初算根数＝3×528/100＝16(根)。

(4) 核算一花根数＝各色根数之和＝36＋32＋32＋20＋2＋62＋2＋16＝202(根)，汇总见表2-1。

注：①量出样品一花内经纬向的各色宽度。公制精确到1mm，英制精确到1/16英寸。

②在修正经、纬纱排列根数时，对于格形方正的产品，可适当增减各色根数来满足。

表2-1　各色经纱根数排列

色泽	A	B	C	D	E	D	E	D	合计
宽度（mm）	7	6	6	4	—	12	—	3	38
初算根数（根）	37	32	32	21	2	63	2	16	205
修正根数（根）	36	32	32	20	2	62	2	16	202

注　表中双实线代表两根亮黄嵌线，共两组，合计4根。

五、确定后整理的工艺

通过实物样或者根据客户要求确定后整理工艺，如只烧毛、退浆的小整理方式和需要烧毛、丝光、预缩、双面或单面拉绒、树脂整理的大整理方式，以及剪花、轧光、压纹、静电植绒、烂花整理、液氨整理、三防（防水、防油、防污）整理、易去污整理等特种后整理方式。

六、小样试织

小样也称手织样，根据以上样品分析结果，通过小样试织，织出不小于 10cm×10cm 的布样，提交样品供客户确认，主要是色泽、花型、织物组织等，各取一半或者一个循环封样，一般作为大货生产和产品验收的依据。应注意花型完整、组织正确、配色准确。小样试织前，先根据客户来样（纸样）经纬纱色号或者实际样品（彩图 29）的经纬纱色泽，将小样纱线摇成绞纱进行手工染色（图 2-7），一般纯棉纱染色采用活性染料。

小样试织

图 2-7　样品绞纱染色准备

染纱后，为提高经纱在小样织造时的耐磨性、提高断裂强力和减少毛羽，有条件的企业采用单纱浆纱机（图 2-8）进行单纱上浆、手工或全自动穿综（图 2-9）后，在全自动小样织机（图 2-10）上织造出样品。

图 2-8　单纱浆纱机　　　图 2-9　小样手工穿综　　　图 2-10　全自动剑杆小样机

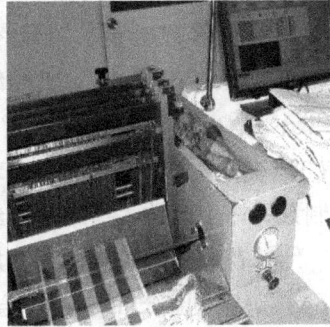

七、先锋试验

先锋试验也称放大样，一般长度在 30～300cm，一般采用整浆联合机生产（图 2-11 和图 2-12）。

筒子架
浆槽
烘筒
大滚筒

织轴

图 2-11　整浆联合机

图 2-12　整浆联合机织轴卷绕装置

一些技术先进的企业，也采用先染色、单纱浆纱后，再经样品整经机（图 2-13）做出织轴的方式，色经是通过若干储纬器（每个储纬器提供一色经纱）和对应的电磁阀控制相应色经排列卷绕到大滚筒上，再倒卷到织轴上，这种先锋试验工序短、成本低。

整浆联合机放大样

图 2-13　样品整经机

通过先锋试验，达到如下目的。

（1）提交客户所要求的最终产品的状态和风格。

（2）摸索工艺参数，如经纬纱织缩率、染整幅缩率（参见情境一任务二及式 1-15、式 1-16、式 1-21）等，为大货工艺做准备。

（3）确定生产工艺参数，如络筒、整经、浆纱、穿经、织造工艺参数和浆料配方，有针对性制订具体工艺技术措施，如经起花、泡泡纱、纬管状织物应采用双轴织造，毛巾织物缎档部位、纬剪花织物起花部位纬密加大（GA 747 等织机卷取机构暂时停止运动，以增大纬密）。

（4）对于创新产品，客户会据此面料做成服装或直接携带参加展会和订货会，开发市场。

（5）先锋试验宜用专机台织造，成立技术措施组，由经验丰富的挡车工、机修工、技术人员参加，对试样目的、方法和效果等一起分析研究，攻克技术难关。做试样时，应有先锋试样工艺设计表，便于工艺设计参考，先锋试样工艺设计方法与正常工艺设计基本相同。

任务三　仿样工艺设计

项目一　相关计算公式

1. 平均每筘穿入数

$$\text{平均每筘穿入数} = \frac{\text{一花经纱数}}{\text{一花所需筘齿数}} \tag{2-1}$$

2. 花筘穿法的每筘穿入数　对于变经密织物，如经起花织物、联合组织嵌条织物和稀密筘织物，在不同经纱排列的区段，其经密不同，因而经纱每筘穿入数也不同，称为花筘穿法。

$$\text{花筘穿法的平均每筘穿入数} = \frac{\text{一花经纱数}}{\text{一花所需筘齿数}} = \frac{\sum \text{各色条根数}}{\sum \dfrac{\text{花内色条根数}}{\text{各色条每筘穿入数}}} \tag{2-2}$$

案例 1　某色织物由平纹、斜纹和缎纹组成，平纹根数为 40 根，2 根/筘齿，斜纹根数为 12 根，3 根/筘齿，缎纹根数为 15 根，5 根/筘齿，计算平均每筘穿入数，填入表 2-2。

解：平均每筘穿入数 $= \dfrac{\text{平纹根数} + \text{斜纹根数} + \text{缎纹根数}}{\dfrac{\text{平纹根数}}{\text{平纹每筘穿入数}} + \dfrac{\text{斜纹根数}}{\text{斜纹每筘穿入数}} + \dfrac{\text{缎纹根数}}{\text{缎纹每筘穿入数}}}$

$$= \frac{40 + 12 + 15}{\dfrac{40}{2} + \dfrac{12}{3} + \dfrac{15}{5}} = 2.48(\text{根})$$

表 2-2　花筘穿法每筘穿入数计算

项目	平纹	2/1 斜纹	4/1 缎纹
一花根数（根）	40	12	15
一花总根数（根）		67	
穿入数（根/筘齿）	2	3	5
一花筘齿数（筘齿）	20	4	3
一花总齿数（筘齿）		27	
平均每筘穿入数（根/筘齿）		67/27＝2.48	

3. 花线支数

$$\text{花线支数} = \frac{1}{\dfrac{1}{A \text{支数}} + \dfrac{1}{B \text{支数}}} \tag{2-3}$$

案例 2　某花式纱由一根 16 英支和 2 根 21 英支纱捻合而成，求花线支数。

解：花线支数 $= \dfrac{1}{\dfrac{1}{16} + \dfrac{1 \times 2}{21}} = 1.39(\text{英支})$

4. 平均支数

$$平均支数 = \frac{A \text{ 支数} \times A \text{ 根数} + B \text{ 支数} \times B \text{ 根数} + C \text{ 支数} \times C \text{ 根数}}{一个花型循环纱线总数} \tag{2-4}$$

案例 3 已知织物纬向一循环（一花）纬纱排列为：40 英支纱 20 根，12 英支纱 2 根，20 英支纱 32 根，求纬纱平均支数。

解：平均支数 $= \dfrac{40 \times 20 + 12 \times 2 + 20 \times 32}{20 + 2 + 32} = 27$（英支）

5. 坯布幅宽

$$坯布幅宽 = 成品幅宽 / （1 - 染整幅缩率） \tag{2-5}$$

6. 坯布经密

$$坯布经密 = 总经根数 / 坯布幅宽 \tag{2-6}$$

7. 筘幅

$$筘幅 = \frac{总经根数 - 边经根数 \left(1 - \dfrac{地组织每筘穿入数}{边组织每筘穿入数}\right)}{地组织每筘穿入数 \times 筘号 （公制）} \times 10 \tag{2-7}$$

8. 坯布纬密

$$坯布纬密 = 成品纬密 \times (1 - 染整长缩率) \tag{2-8}$$

9. 上机纬密

$$机上纬密 = 坯布纬密 \times (1 - 下机缩率) \tag{2-9}$$

10. 色织坯布用纱量计算通用公式　以下计算公式由于需要确定或选取的工艺参数项目较多，在工厂投产计算时使用不多。

（1）用英制支数计算百米色织坯布用纱量。

各种经纱用纱量（kg/百米）

$$= \frac{各种经纱的总经根数 \times 百米经纱长 （码） \times 0.4536}{英制支数 \times 840 \times （1 - 染缩率）（1 + 伸长率）（1 - 回丝率）（1 - 捻缩率）} \tag{2-10}$$

各种纬纱用纱量（kg/百米）

$$= \frac{\dfrac{各种纬纱在一花中占的根数}{一花总根数} \times 纬密 （根/英寸） \times 筘幅 （英寸） \times 109.86 \times 9.4536}{英制支数 \times 840 （1 - 染缩率）（1 + 伸长率）（1 - 回丝率）（1 - 捻缩率）}$$

$$\tag{2-11}$$

（2）用线密度计算百米色织坯布用纱量。

各种经纱用纱量（kg/百米）

$$= \frac{各种经纱的总经根数 \times 百米经长 （m） \times 纱线线密度 （tex）}{1000 \times 1000 \times （1 + 伸长率）（1 - 回丝率）（1 - 染缩率）（1 - 捻缩率）} \tag{2-12}$$

各种纬纱用纱量（kg/百米）

$$= \frac{\dfrac{各种纬纱在一花中占的根数}{一花总根数} \times 纬密 （根/10cm） \times 筘幅 （m） \times 100 \times 纬纱线密度 （tex）}{1000 \times 100 \times （1 + 伸长率）（1 - 回丝率）（1 - 染缩率）（1 - 捻缩率）}$$

$$\tag{2-13}$$

（3）用公制支数计算百米色织坯布用纱量。

各种经纱用纱量（kg/百米）

$$=\frac{各种经纱的总经根数×百米经长（m）}{公制支数×1000×(1+伸长率)(1-回丝率)(1-染缩率)(1-捻缩率)} \quad (2-14)$$

各种经纱用纱量（kg/百米）

$$=\frac{\dfrac{各种纬纱在一花中占的根数}{一花总根数}×纬密（根/10cm）×箝幅（m）×100}{公制支数×1000×100×(1+伸长率)(1-回丝率)(1-染缩率)(1-捻缩率)} \quad (2-15)$$

（4）色织成品布用纱量计算公式：

色织成品布经纱或纬纱用纱量（kg/百米）

$$=坯布经纱或纬纱用纱量（kg/百米）×\frac{1+自然缩率}{1+后整理伸长率} \quad (2-16)$$

或色织成品布经纱或纬纱用纱量（kg/百米）

$$=坯布经纱或纬纱用纱量（kg/百米）×\frac{1+自然缩率}{1-后整理缩短率} \quad (2-17)$$

（5）上述色织物用纱量通用公式中的几个工艺参数说明。

①染缩率：指色纱染后的长度对漂染前原纱长度的百分比，表2-3所示为各类色纱染缩率。

表2-3　各类色纱染缩率

纱线类型	棉单纱	棉股线	丝光纱	涤棉	中长		黏纤纱
					浅色	深色	
染缩率（%）	2.0	2.5	4	3.5	4	7	2

②捻缩率：指股线、花式线的捻后长度对捻前原纱长度的百分比。表2-4所示为各类花式线捻缩率，一般并捻花线10.5英支及以下为3.5%，10.6~15.9英支为2.5%，16英支及以上为2%。

表2-4　各类花式线捻缩率

花线类型	平花线	复拼花线	棉纱、人造丝复拼花线	毛巾节子线	一次拼三股
捻缩率（%）	0	0.5	4	实测	0

③伸长率：指纱线加工后纱线的长度对加工前原纱长度的百分比，表2-5所示为各类纱线的伸长率。

表2-5　各类经纬纱伸长率

纱线类型		单纱色纱	股线色纱	本白纱线	人造丝
伸长率（%）	经纱	0.6	0.6	股线0	0
	纬纱	0.7	0.7	单纱0.4	0

④回丝率：指加工过程中的回丝量对总用纱量的百分比，表2-6所示为各类纱线的回丝率。

表 2-6　各类纱线的回丝率

纱线类型	经纱回丝率（%）	纬纱回丝率（%）	拼线工序回丝率（%）
$18^{英支}$ 及 $18^{英支}/2$ 以下色纱	0.6	0.7	0.6
$20^{英支}$ 及 $20^{英支}/2$ 以下色纱	0.5	0.6	0.6
用于花线内的人造丝	0.5	0.5	0.6
75~120 旦人造丝单丝用于经纱线	0.2		

一般情况下，不分纱支、不分经纬、棉纱（线）的回丝率为 0.6%，人丝及其他化纤为 1%。

11. 色织物用纱量计算英制实用公式　上述用纱量计算公式较为烦琐，并不常用，一般采用英制实用公式。

（1）各种经纱用纱量（kg/百米）$= \dfrac{各种经纱的根数}{1-织缩率} \times \dfrac{用纱量计算常数}{各种经纱英制支数}$ 　　　（2-18）

（2）各种纬纱用纱量（kg/百米）$= \dfrac{\dfrac{各种纬纱在花中根数}{一花总根数} \times 坏布纬密 \times 上机筘幅}{各种纬纱英制支数} \times$

用纱量计算常数　　　　　　　　　　　　　（2-19）

（3）使用上述公式的说明。

①上述计算公式为英制公式，经纬密单位为根/英寸、纱支单位为英支、筘幅单位为英寸。

②对剑杆织机和喷气织机：上机筘幅=穿筘幅+废边宽（4 英寸）

③色织坏布的经、纬纱用纱量计算常数可按表 2-7 来确定。

表 2-7　用纱量计算常数

原料类型＼纱线类型	漂染股线	漂染单纱	原色纱线	染色花式线
棉纱线	0.060834	0.060533	0.059916	0.062394
涤棉纱线	0.061363	0.061059	0.060542	0.062280
中长、化纤纱线	0.063260	0.062954	0.062313	0.065563

注　对于大于 16 支花线取 0.0620760，11~16 支取 0.0623943，小于 10 支取 0.0630409。

用纱量计算相关修正：

（1）经、纬纱中如原料、纱支、色泽不同，应分别将有关参数代入上述公式加以计算。

（2）如为泡泡纱品种，在计算泡经用纱量时视起泡大小要乘上相应的泡比，一般泡比为 1.25~1.35。

（3）如经、纬纱中有弹性纱，其用纱量应乘上系数 1.06~1.12；若有竹节纱，其用纱量应乘上系数 1.03~1.05。

（4）如经、纬纱中有麻纱，可参照棉纱品种计算，但用纱量应乘上系数 1.10 左右。

（5）经纱各色根数=花数×花内各色经根数±加减头根数+边纱根数　　　　　（2-20）

关于加减头根数计算，参见本任务项目二。

12. 色织物用纱量估算经验公式

（1）英制用纱量(kg/百米)=0.065×(经密+纬密)×幅宽/纱支　　　　　（2-21）

例如，40 英支×40 英支，110×70 根/英寸，44 英支府绸：

百米用纱量=0.065×(110+70)×44/40=12.87(kg)

（2）公制用纱量（kg/百米）。

$$经纱用量（kg/百米）= 1.1416×经纱特数×经纱密度×幅宽×10^{-5} \qquad (2-22)$$

$$纬纱用量（kg/百米）= 1.1035×纬纱特数×纬纱密度×幅宽×10^{-5} \qquad (2-23)$$

13. 纬密牙计算　织物纬密变化由织机的卷取机构实现，织机卷取机构分为机械间歇卷取机构、机械连续卷取机构和电子连续卷取机构。

（1）机械间歇卷取机构（图2-14）：常见的为蜗轮蜗杆卷取机构，通过织机筘座的往复打纬运动，棘爪带动棘轮的单向转动，通过蜗杆传动蜗轮，再传动卷取辊转动，棘轮也称变换齿轮，棘爪也称撑头。通过以下两种方式改变传动比，从而改变卷取辊的转速。

间歇卷取机构

①改变变换齿轮齿数 Z（$Z=30\sim70$ 齿），其他条件一定时，齿数多，则每撑动一齿，变换齿轮转动的角度小，卷取辊转动慢，织物纬密大；反之，织物纬密小。

②改变每纬撑头撑动棘轮转动的齿数 m，$m=1\sim3$ 齿。

a. 英制机上纬密（根/英寸）$= 3×\dfrac{Z}{m}$ \qquad (2-24)

例如，英制机上纬密为72根/英寸，则 $72=3×\dfrac{Z}{m}$。

当 $m=1$ 齿时，则 $Z=24$ 齿，不符合变换齿轮 $Z=30\sim70$ 齿的条件；当 $m=3$ 齿时，则 $Z=72$ 齿，亦不符合上述条件；当 $m=2$ 齿时，则 $Z=48$ 齿，符合上述条件，即采用48齿变换齿轮，每纬撑2齿（也称牙），表示为48齿/2牙。

图2-14　机械间歇卷取机构

b. 公制坯布纬密（根/10cm）$= \dfrac{11.78}{1-a}×\dfrac{Z}{m}$ \qquad (2-25)

式中，m 和 Z 的意义与式2-24相同，a 为坯布下机缩率。

例如，坯布纬密=292根/10cm，$a=3\%$，则：

当 $m=2$ 齿时，$292=\dfrac{11.78}{1-3\%}×\dfrac{Z}{3}$

可得，变换棘轮的齿数 $Z=48$，即48齿/2牙。

注：机械间歇卷取由于撑头对变换齿轮的冲击作用，易造成机件磨损，不能实现高速织造，一般织机速度不超过200r/min，是一种较落后的卷取方式。

（2）机械连续卷取机构（图2-15）：部分高速剑杆织机和喷气织机采用机械连续卷取方式，以避免卷取机构受到冲击磨损，提高织机速度，一般采用两组（4个）中心轮/变换轮的不同齿数组合改变传动比，通过蜗杆传动蜗轮实现减速和单向自锁，从而改变卷取辊的转速。对于机械连续卷取方式，只需要查询该机型的产品说明书的机上不同纬密值与中心轮/变换轮组合的对应关系表。

（3）电子连续卷取机构（图2-16）：现代高速织机普遍采用的方式，采用伺服电动机

转速变化控制卷取辊转速来调节纬密，伺服电动机转速由测速发电动机将检测到的电流变化信号与预置信号相比较，超出限定值则通过 PLC 控制伺服电动机改变速度，可直接在织机显示屏上输入纬密值。

图 2-15　机械连续卷取机构　　　　图 2-16　电子连续卷取机构

14. 织轴开档

$$织轴开档 = 穿筘幅 + 2cm \qquad (2-26)$$

项目二　劈花工艺设计

一、全幅花数

$$全幅花数 = \frac{总经根数 - 边经数}{一花经纱数} \qquad (2-27)$$

当全幅花数不是整数时，需作加减头处理。

案例 4　总经根数 6742 根，其中，边纱数 48 根，一花经纱数 64 根。

解：全幅花数 $= \dfrac{6742 - 48}{64} = 104.59$（花）

即 104 花，余 0.59×64 = 38（根）。

二、花型圆整与加减头

当花数不为整数时，应作加减头处理，一般采用以下两种方式。

（一）圆整花数

在花型基本不变的前提下，通过增减花内宽色条中的经纱数以调整每花经纱数，消化余数，使花数为整数。适宜自主创新样，花型完整性要求较高的品种不采用此类方式。

（二）劈花——加减头

确定经纱配色循环起止点，劈花的目的是便于整经操作、后整理加工，使布面色彩左右对称，不会偏向一侧，便于后道拼花。

1. 劈花的原则

（1）织物组织紧密处，避免边撑痕。

（2）尽量在格型大、色泽较浅处。

（3）色条经纱根数多处。

（4）缎条组织、起泡组织、松组织不宜靠近布边（即不能作首条），如果不能满足，可以适当加宽布边。如由 24/边改为 38/边。

2. 劈花的方法

（1）加头处理的劈花：当余数小于一花经纱数的一半（即半花）时，做加头处理。

设首条根数为 A，加头数为 B（$B=$ 余数）。

①根据有关原则，重新排定色经次序（主要是确定好首条）。

②将 $\frac{A+B}{2}$ 置于首位，将原首条的其余根数置于末位，$A-\frac{A+B}{2}=\frac{A-B}{2}$。

③当 $A<B$ 时，将首条 A 附近的经纱一起并入做首条处理。

案例 5 总经根数 6742 根，其中，边纱数 48 根，一花经纱数 48 根，已知色纱排列如下，试做劈花工艺。

白　红　绿　黑
9　32　6　1

解：a. 全幅花数 $=\frac{6742-48}{48}=139.46$（花），即 139 花，余 $0.46\times48=22$（根）。

余数小于一花经纱数 48 的一半，故应做加头处理，加头数 $B=$ 余数，即：

白　红　绿　黑
9　32　6　1/139 花，加头 22。

b. 劈花方法。

第1步：将花型较大、较宽、色泽较浅的色条初步放在首位，即首条（红）根数 $A=32$ 根

红　绿　黑　白
32　6　1　9/48，139 花，此时 $A>B$。

第2步：将 $\frac{A+B}{2}=27$ 置于首位，将其余 $32-27=5$ 置于末位。重新确定色经排列如下：

红　绿　黑　白　红
27　6　1　9　5/48，139 花，最后一花加头 22(红)。

案例 6 如果上例中色经排列为：

红　蓝　绿　黑　白
16　4　8　6　14/48，139 花，最后一花加头 22，则劈花工艺如下：

重新排列色经：

白　红　蓝　绿　黑
14　16　4　8　6/48，139 花，此时 $A=14$，$B=22$，$A<B$，将首条 A 临近的色条并入首条：$A'=14+16=30$。

将 $\dfrac{A'+B}{2}=\dfrac{14+16+22}{2}=26$ 置于首位，将其余 30-26=4 置于末位。重新确定色经排列如下：

白 红 蓝 绿 黑 白

10 16 4 8 6 4/139 花，最后一花加头 22（白），左侧加 8，右侧 14。

（2）减头处理的劈花：当余数大于一花经纱数的一半（即半花）时，做减头（加一花）处理。

减头数 B=一花经纱数-余数。

①根据有关原则，重新排定色经次序（主要是确定好首条）。

②将 $\dfrac{A+B}{2}$ 置于末位；将原首条的其余根数置于首位，$A-\dfrac{A+B}{2}=\dfrac{A-B}{2}$。

③当 A<B 时，将首条 A 附近的经纱一起并入做首条处理，遇减头数相加，取其一半 $\dfrac{A'+B}{2}$ 置于末位，将剩余 $\dfrac{A'-B}{2}$ 置于首位。

案例 7 总经根数 6742 根，边纱根数 64 根，一花经纱数=32 根。

a. 全幅花数 $=\dfrac{6742-64}{32}=208.68$（花），即 208 花，余 0.68×32=22（根），余数大于一花经纱数（32）的一半，因而做减头处理，色经排列如下：

绿 黑 白 红

6 2 8 16/32，208 花，余 22 根，修正为 209 花，减头数 B=32-22=10（根）。

b. 劈花方法。

第 1 步：将花型较大、较宽、色泽较浅的色条初步放在首位，即首条（红）根数 A=16 根。

红 绿 黑 白

16 6 2 8

第 2 步：将 $\dfrac{A+B}{2}=13$ 置于末位；16-13=3 置于首位。重新确定色经排列如下：

红 绿 黑 白 红

3 6 2 8 13/32，209 花，最后一花减头 10（13-10=3 根红）。

案例 8 总经根数 7260 根，边纱根数 48 根，经纱排列：

黑 蓝 红 白 绿

22 18 40 32 20/132

全幅花数 $=\dfrac{7260-48}{132}=54.64$（花），即 54 花，余 84 根，余数大于一花经纱数的一半，应作减头处理。减头数 B=132-84=48，重新确定色经排列：

红 白 绿 黑 蓝

40 32 20 22 18/132，即 55 花，因减头数 B 大于色纱排列中的任何一条，则首条 A=40+32。

将 $\dfrac{40+32+48}{2}=60$ 置于首位；将 72-60=12 置于末位。

白　绿　黑　蓝　红　白

12　20　22　18　40　20，最后一花减头48。

（3）特殊处理的劈花。

①加头数比较少时，可将边纱数放在总经根数中。

②如无加减头，也可将最阔色条一分为二置于首末位。

项目三　普通条格织物工艺设计

案例9　以情境二任务二之分析案例为例（参见图2-6，表2-1，彩图30），分析客户来样成品规格为 JC 14.6tex/14.6tex，528/283 根/10cm，146cm，府绸（英制规格 40×40，134×72，57.5英寸），确定下机缩率为2%，染整长缩率为2.5%。

色经排列：中紫蓝36，深蓝32，水蓝32，次加白20，亮黄2，次加白62，亮黄2，次加白16，每花202根经纱。

色纬排列：次加白16，亮黄2，次加白62，亮黄2，次加白16，中紫蓝36，深蓝32，水蓝32，每花198根纬纱。

采用剑杆织机织造，工艺设计如下。

一、制订技术条件

1. 地/边组织穿入数　地组织：4根/筘齿，边组织：4根/筘齿。

2. 边纱根数　每边20根。

3. 织物组织　边组织为纬重平，即边组织穿法：(1, 1, 2, 2)×5×2(边)。

4. 染整幅缩率　$a = 6.5\%$。

5. 估算经纱织缩率

$$经纱织缩率\ a_j = 纬密(根/英寸)\times\frac{织物组织系数}{\sqrt{纬纱平均支数}}\times100\% = 72\times\frac{0.6948}{\sqrt{40}}\times100\% = 7.9\%$$

注：估算的经纱织缩率只能用于先锋试验，经先锋试验确定精确的经纱织缩率才能用于大货工艺。

6. 推算纬纱织缩率 a_w　坯布经密=494 根/10cm（坯布经密计算见本例工艺计算）按4根/筘齿，查表1-4，得知公制筘号选120.5，根据公制筘号计算式1-22：

$$M = \frac{P_j\times(1-a_w)}{N}$$

$$120.5 = \frac{494\times(1-a_w)}{4}，因而\ a_w = 2.43\%。$$

二、工艺计算

1. 1m 经长

$$1m\ 经长 = \frac{1}{1-经纱织缩率} = \frac{1}{1-7.9\%} = 1.086(m)$$

2. 坯布幅宽

$$坯布幅宽=成品幅宽/（1-染整幅缩率）$$
$$=146/（1-6.5\%）=156（cm）（61.5英寸）$$

3. 总经根数

$$总经根数=幅宽×经密/10+边纱根数×\left(1-\frac{地组织每筘穿入数}{边组织每筘穿入数}\right)$$
$$=146×528/10+40×（1-4/4）=7709（根）$$

修正为7708根。

4. 坯布公制经密

（1）$公制经密=\dfrac{总经根数}{坯布幅宽}×10=\dfrac{7708}{156}×10=494（根/10cm）$

（2）英制经密=公制经密×0.254=125.5（根/英寸）

5. 筘号

（1）$公制筘号=\dfrac{坯布公制经密×（1-纬纱织缩率）}{地组织每筘穿入数}=\dfrac{494×（1-2.43\%）}{4}=120.5（齿/10cm）$

（2）英制筘号=0.508×公制筘号=0.508×120.5=61.2（齿/2英寸）

修正为61齿/2英寸。

6. 穿筘幅

（1）$计算穿筘幅=\dfrac{坯布幅宽}{1-纬纱织缩率}=\dfrac{156}{1-2.43\%}=160（cm）（63英寸）$

（2）$实际穿筘幅=\dfrac{总经根数-边经数\left(1-\dfrac{地组织每筘穿入数}{边组织每筘穿入数}\right)}{地组织每筘穿入数×公制筘号}×10$

$$=\frac{7708-40\left(1-\dfrac{4}{4}\right)}{4×120.5}×10=159.9（cm）$$

实际筘幅与计算筘幅相差小于6mm，无需修正实际筘幅。

注：如果实际筘幅低于计算筘幅超过6mm，则应适当增加总经根数，如在本案例增加6mm筘幅，则增加的根数$=\dfrac{总经根数}{穿筘幅}×6=\dfrac{7708}{1600}×6=29（根）$，实际增加28根，或者只增加18根，即可符合实际筘幅与计算筘幅差异少于6mm的要求，以节约用纱成本。

（3）上机筘幅=实际穿筘幅+10cm=159.9+10=169.9（cm）（约67英寸）

7. 坯布纬密

$$坯布纬密=成品纬密×（1-染整长缩率）$$
$$=283×（1-2.5\%）=276（根/10cm）（70根/英寸）$$

8. 机上纬密

$$机上纬密=坯布纬密×（1-下机缩率）$$
$$=276×（1-2\%）=270.5（根/10cm）（69根/英寸）$$

9. 劈花

（1）全幅花数 $= \dfrac{总经根数-边经根数}{一花经纱数} = \dfrac{7708-40}{202} = 37.96（花）$

即 37 花，余数 $= 0.96×202 = 194$，做加花减头处理。

修正为 38 花，减头数 $B = 一花经纱数-余数 = 202-194 = 8$（从最后一花末尾减）。

（2）将根数较多、颜色较浅的色条作为首条，重新确定色排如下：

次加白 62，亮黄 2，次加白 16，中紫蓝 36，深蓝 32，水蓝 32，次加白 20，亮黄 2，A=62。

（3）将 $\dfrac{A+B}{2} = \dfrac{62+8}{2} = 35$ 置于色经排列末位。将 $A-35 = 62-35 = 27$ 置于首位，劈花后一花色排为：次加白 27，亮黄 2，次加白 16，中紫蓝 36，深蓝 32，水蓝 32，次加白 20，亮黄 2，次加白 35。

10. 各色根数

（1）次加白根数 = 每花次加白根数×花数+边纱根数-减头根数

$$= (27+16+20+35)×38+40-8 = 3756（根）$$

注：边纱采用次加白，为降低用纱成本，可以采用杂色纱或染色呆滞纱。

（2）亮黄根数 = 每花亮黄根数×花数 = (2+2)×38 = 152（根）

（3）中紫蓝根数 = 每花中紫蓝根数×花数 = 36×38 = 1368（根）

（4）深蓝根数 = 每花深蓝根数×花数 = 32×38 = 1216（根）

（5）水蓝根数 = 每花水蓝根数×花数 = 32×38 = 1216（根）

11. 用纱量 结合表 2-7 和式 2-18 计算。

（1）经用纱量。

$$\dfrac{次加白}{经用纱量} = \dfrac{次加白经纱根数}{1-经纱织缩率}×\dfrac{用纱量计算常数}{各种经纱英制支数} = \dfrac{3756}{1-7.9\%}×\dfrac{0.060533}{40} = 6.1716（kg/百米）$$

$$\dfrac{亮黄}{经用纱量} = \dfrac{亮黄经纱根数}{1-经纱织缩率}×\dfrac{用纱量计算常数}{各种经纱英制支数} = \dfrac{152}{1-7.9\%}×\dfrac{0.060533}{40} = 0.2498（kg/百米）$$

$$\dfrac{中紫蓝}{经用纱量} = \dfrac{中紫蓝经纱根数}{1-经纱织缩率}×\dfrac{用纱量计算常数}{各种经纱英制支数}$$

$$= \dfrac{1368}{1-7.9\%}×\dfrac{0.060533}{40} = 2.2478（kg/百米）$$

$$\dfrac{深蓝}{经用纱量} = \dfrac{深蓝经纱根数}{1-经纱织缩率}×\dfrac{用纱量计算常数}{各种经纱英制支数} = \dfrac{1216}{1-7.9\%}×\dfrac{0.060533}{40} = 1.9980（kg/百米）$$

$$\dfrac{水蓝}{经用纱量} = \dfrac{水蓝经纱根数}{1-经纱织缩率}×\dfrac{用纱量计算常数}{各种经纱英制支数} = \dfrac{1216}{1-7.9\%}×\dfrac{0.060533}{40} = 1.9980（kg/百米）$$

合计经用纱量 = 6.1716+0.2498+2.2478+1.9980+1.9980 = 12.6652（kg/百米）

（2）纬用纱量。结合表 2-7 和式 2-19：

$$\dfrac{次加白}{纬用纱量} = \dfrac{\dfrac{次加白纬纱在花中根数}{一花总根数}×坯布纬密×上机筘幅}{各种纬纱英制支数}×用纱量计算常数$$

$$= \dfrac{\dfrac{94}{198} \times 70 \times 67}{40} \times 0.060533 = 3.3695(\text{kg/百米})$$

$$\text{亮黄纬用纱量} = \dfrac{\dfrac{4}{198} \times 70 \times 67}{40} \times 0.060533 = 0.1434(\text{kg/百米})$$

$$\text{中紫蓝纬用纱量} = \dfrac{\dfrac{36}{198} \times 70 \times 67}{40} \times 0.060533 = 1.2905(\text{kg/百米})$$

$$\text{深蓝纬用纱量} = \dfrac{\dfrac{32}{198} \times 70 \times 67}{40} \times 0.060533 = 1.1471(\text{kg/百米})$$

$$\text{水蓝纬用纱量} = \dfrac{\dfrac{32}{198} \times 70 \times 67}{40} \times 0.060533 = 1.1471(\text{kg/百米})$$

合计纬用纱量 = 3.3695 + 0.1434 + 1.2905 + 1.1471 + 1.1471 = 7.0976(kg/百米)

（3）总用纱量 = 合计经用纱量 + 合计纬用纱量 = 12.6652 + 7.0976 = 19.7628(kg/百米)

12. 坯布平方米重量 根据式1—33：

$$\text{坯布平方米重量} = \dfrac{\text{经用纱量} + \text{纬用纱量}}{\text{坯布幅宽}} \times (1 - \text{总飞花率}) \times 10$$

$$= \dfrac{12.6652 + 7.0976}{1.56} \times (1 - 0.6\%) \times 10 = 126.7(\text{g/m}^2)$$

13. 综页数计算 织物组织为平纹，根据情境一式1—50和表1—16：

$$\text{综页数 } N = \dfrac{\text{总经根数}}{\text{穿筘幅} \times \text{综丝密度}} = \dfrac{7708}{160 \times 12} = 4.1(\text{页})，\text{取4页。}$$

14. 纬密牙计算 采用 GA 747 剑杆织机织造，根据式2—24和式2—25计算。

（1）英制机上纬密（根/英寸）= $3 \times \dfrac{Z}{m}$，即 $69 = 3 \times \dfrac{Z}{m}$。

当 $m = 1$ 时，$Z = 23$ 齿，不符合 $Z = 30 \sim 70$ 齿的要求；

当 $m = 2$ 时，$Z = 46$ 齿，符合要求；

当 $m = 3$ 时，$Z = 69$ 齿，符合要求，即选69齿/撑3牙/纬，或者46齿/撑2牙/纬。

（2）公制机上纬密（根/10cm）= $\dfrac{11.78}{1-a} \times \dfrac{Z}{m}$

当 $m = 2$ 时，$276 = \dfrac{11.78}{1 - 2\%} \times \dfrac{Z}{2}$，得：变换棘轮的齿数 $Z = 46$ 齿，即46齿/2牙。

注：$m = 1$ 或 $m = 2$ 时，Z 的数值均不符合或者不准确。

15. 织轴开档

织轴开档 = 实际穿筘幅 + 2cm = 159.9 + 2 = 161.9(cm)

本设计的色织工艺单见表2—8。

表 2-8 色织工艺设计单

产品名称：条格府绸　　　　　　　织机：GA 747

花号			
经纱织缩率	7.9%	筘号	公制 120.5 齿/10cm　英制 61 齿/2 英寸
纬纱织缩率	2.43%		穿筘幅 160cm　上机筘幅 170cm

地组织 穿入数 4/齿　　边组织 穿入数 4/齿

泡泡比 — 162cm 1/1　织轴宽 边组织 1/1　地组织

1m 经长 1.086m　综页数 4 页　机型 剑杆

经纱

色纱排列（最后一花减 8 根；次加白）

色号	色别	纱支						每花根数(根)	全幅花数(花) cm	全幅花数(花) 英寸	全幅根数(根) cm	全幅根数(根) 英寸	百米用纱(kg)
A	次加白	C40	27	16	20	35		98	38	38	494	3756	6.1716
B	亮黄	C40	2	2				4	38	38	528	152	0.2498
C	中紫蓝	C40		36				36	38	38		1368	2.2478
D	深蓝	C40		32				32	38	38		1216	1.9980
E	水蓝	C40					32	32	38	38		1216	1.9980
							合计	202	38			7708	12.6652

订单数　　投产数

纬纱

各色纬纱排列（混纬连织）

色号	色别	纱支				每花根数(根)	百米用纱(kg)
a	次加白	C40	16	62	16	94	3.3695
b	亮黄	C40	2	2		4	0.1434
c	中紫蓝	C40		36		36	1.2905
d	深蓝	C40		32		32	1.1471
e	水蓝	C40		32		32	1.1471
					合计	198	7.0976

边纱根数 40　边纱色别 次加白 另加白

另加边综，丝光整理

	幅宽 cm	幅宽 英寸	经密 cm	经密 英寸	纬密 cm	纬密 英寸	百米用纱(kg)
坯布	156	61.5	494	125.5	276	70	19.7628kg
成品	146	57.5	528	134	283	72	

纬密牙轮：46 齿/2 牙或 69 齿/3 牙

工艺员：　　复核员：　　审核员：　　打印日期：　　交货日期：

项目四　变经密织物工艺设计

案例10　分析客户来样色织经起花织物（图2-17，彩图31），采用剑杆织机织造，完成工艺设计。

一、面料初步分析

初步判断和分析出织物经纬纱为 JC 14.6tex/14.6tex（40英支×40英支）、成品幅宽为146cm的经起花府绸，织物成品纬密为276根/10cm（70根/英寸），组织图如图2-18所示。由于是细特府绸织物，根据相关标准和相似产品的经验值确定如下参数。

（1）染整幅缩率为6.5%，染整长缩率为2.5%，下机缩率为2%。

（2）纬纱织缩率为3.5%。该织缩率依据类似产品而暂定，待先锋试验后再精确测定，试样方法见式1-21。

（3）根据成品幅宽，确定边纱根数为20×2根。

（4）边组织穿入数为4根/筘，由于织物是局部经起花的变经密织物，不同色条区域的地组织每筘穿入数亦不同，待下述分析后确定。

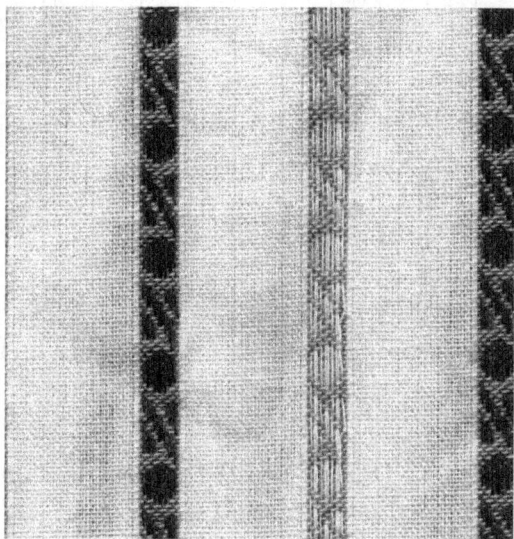

图2-17　经起花织物

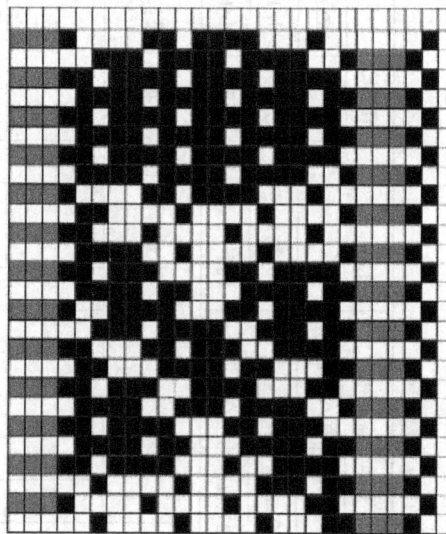

图2-18　织物组织图

二、面料定性定量分析

织物分析的步骤见表2-9。

1. 分组织　即分开组织、分清组织，本织物一花组织：平纹组织+咖色经起花色条+平纹+粉色经起花色条。经起花的组织图如图2-18所示。

表 2-9　变经密织物一花分析表

步骤	项目 \ 分区	地区	咖色条花区	地区	粉色条花区	合计	备注
1. 分组织	组织	平纹	经起花	平纹	经起花		
2. 列色排	花经 C40 咖色		1　2　1			10	一
	花经 C40 加白	3	3	3	1　2　1　3	22	花
	地经 C40 粉色		1　1　1　1		1　1　1　1	16	根
	地经 C40 加白	36		36		72	数
	循环数		×3		×3		循环数为1 时不表示
3. 数根数	根数（根）	36	24	36	24	120	一花经纱总数
4. 量宽度	宽度（mm）	9	4	9	4	26	
5. 算经密	经密（根/10cm）	$P_{j地}=36/9=400$；$P_{j花}=24/4=600$					
6. 求比值	$P_{j花}/P_{j地}$	$P_{j花}/P_{j地}=600/400=3:2$					
7. 定入数	穿入数（根/筘齿）	地区 2/筘齿，花区 3/筘齿					
8. 核齿数	一花筘齿数	18	8	18	8	52	
9. 平均穿入数	平均每筘穿入数	一花总根数/一花总齿数＝120/52＝2.31					
10. 平均经密	平均经密 $\overline{P_J}$（根/10cm）	$\dfrac{地区根数+花区根数}{一花宽度}=\dfrac{36+36+24+24}{26}=462$					
11. 估算经纱织缩率（%）		$a_{j地}=$		$a_{j花}=$			

2. 列色排　列出不同组织区域的经纱色排。

3. 数根数　计数一花内各色条色经根数。

4. 量宽度　量取一花内各色条的宽度（精确到 0.1mm）。

5. 算经密　分别计算地区经密 $P_{j地}$ 和花区经密 $P_{j花}$。

6. 求比值　求花区和地区的经密比值 $P_{j花}/P_{j地}$。

7. 定入数　根据花区和地区的经密比值分别确定花区和地区每筘穿入数。

例如，$P_{j花}/P_{j地}=2.5=5/2$，则花区穿入数＝5 根/筘齿；地区穿入数＝2 根/筘齿。

8. 核齿数　地区所占筘齿数＝地区经纱根数/地区每筘穿入数；花区所占筘齿数＝花区经纱根数/花区每筘穿入数；总齿数＝地区所用筘齿数+花区所用筘齿数。

9. 平均穿入数

$$平均穿入数＝一花总根数/一花总齿数$$

10. 平均经密

$$平均经密＝\frac{地区根数+花区根数}{一花宽度}$$

11. 估算经纱织缩率　地区组织为平纹，按平纹查找组织系数（表 1-3），花经组织系数按 7 页以上缎纹估算。

（1）地经织缩率＝纬密×$\dfrac{织物组织系数}{\sqrt{纬纱平均支数}}$×100%＝70×$\dfrac{0.6948}{\sqrt{40}}$×100%＝7.9%＝7.69%

（2）花经织缩率＝纬密×$\dfrac{织物组织系数}{\sqrt{纬纱平均支数}}$×100%＝70×$\dfrac{0.5450}{\sqrt{40}}$×100%＝6.03%

说明：由于不少面料色条宽度很窄和测量系统存在误差等因素，宽度很难精确测量，可以采用如下方法。

a. 间接测宽法。先测量一花宽度，再测量一花内较宽的色条宽度，则一花宽度减去较宽色条宽度就是较窄色条宽度。本例中，先测一花宽度=26mm，再测较宽色条宽度=9mm。则经起花色条宽度=（26−9×2)/2=4(mm)。

b. 比值逆推法。测得经起花色条的宽度为4.1mm，平纹地区为9.2mm，则根据表2-9，地区经密=24/4.1×100=585(根/10cm)；花区经密=36/9×100=400(根/10cm)。

花区经密/地区经密=585/400，根据实际合理可行的穿筘操作，花区穿3根/筘齿，地区穿2根/筘齿，因而585/400≈600/400=3/2才能满足，即花区经密=600根/10cm，又因为精确计数的花区根数为24根，则花区宽度=花区根数/花区经密=24/6=4(mm)，即花区修正宽度为4mm。

三、工艺设计说明书

（一）组织图（图2-18）

（二）技术条件

(1) 染整幅缩率=6.5%。

(2) 染整长缩率=2.5%。

(3) 经纱织缩率：地经织缩率=7.69%；花经织缩率=6.03%。

(4) 纬纱织缩率=3.5%。

(5) 下机缩率=2%。

(6) 边纱根数40根，边组织每筘入数4根/筘齿。

（三）工艺计算（表2-9）

1. 1m经长

(1) 地经1m经长。

$$C40 粉色 1m 经长 = \frac{1}{1-地经织缩率} = \frac{1}{1-7.69\%} = 1.083(m)$$

$$C40 加白 1m 经长 = \frac{1}{1-地经织缩率} = \frac{1}{1-7.69\%} = 1.083(m)$$

(2) 花经1m经长。

$$C40 咖色 1m 经长 = \frac{1}{1-花经织缩率} = \frac{1}{1-6.03\%} = 1.064(m)$$

$$C40 加白 1m 经长 = \frac{1}{1-花经织缩率} = \frac{1}{1-6.03\%} = 1.064(m)$$

2. 坯布幅宽

坯布幅宽=成品幅宽/(1−染整幅缩率)=146/(1−6.5%)=156(cm)（61.5英寸）

3. 每筘穿入数

(1) 平纹地区经密=地区根数/宽度=36/9×100=400(根/10cm)

花区经密=花区根数/宽度=24/4×100=600(根/10cm)

（2）经密比＝花区经密/地区经密＝600/400＝3/2

（3）依经密比值，地区穿入数＝2根/筘齿，花区穿入数＝3根/筘齿。

4. 一花根数

一花根数＝地区根数×2＋粉条根数＋咖条根数＝36×2＋24＋24＝120（根）

5. 一花齿数

一花齿数＝地区齿数＋粉色条齿数＋粉色条齿数＝36/2×2＋24/3＋24/3＝52（齿）

6. 平均每筘穿入数

平均每筘穿入数＝一花根数/一花齿数＝120/52＝2.31（根/筘齿）

7. 成布平均经密

$$成布平均经密＝\frac{地区根数＋花区根数}{一花宽度}＝\frac{36＋36＋24＋24}{26}×100$$

$$＝462（根/10cm）（117根/英寸）$$

8. 总经根数

$$总经根数＝幅宽×平均经密/10＋边纱根数×\left(1-\frac{地组织平均每筘穿入数}{边组织每筘穿入数}\right)$$

$$＝146×462/10＋40×(1-2.31/4)＝6762（根）$$

9. 坯布经密

$$坯布经密＝\frac{总经根数}{坯布幅宽}×10＝\frac{6762}{156}×10＝433（根/10cm）（110根/英寸）$$

10. 劈花工艺 根据表2-9：

（1）$花数＝\frac{总经根数－边纱根数}{一花经纱数}＝\frac{6762－40}{120}＝56.016（花）$

余数小于半花，做加头处理，56花加头$B＝0.016×120＝2$（根）。

（2）将根数多、色泽浅的白色平纹地区作为首条，即$A＝36$白。

白	白	粉	咖	粉	咖	粉	咖	粉	咖	粉	咖	粉	咖	粉	咖	粉	白	白
36	3	1	1	1	2	1	1	1	2	1	1	1	2	1	1	1	3	36

白	红	白	红	白	红	白	红	白	红	白	红	白	红	白	红	白
3	1	1	1	2	1	1	1	2	1	1	1	2	1	1	1	3

（3）将$(A+B)/2＝(36+2)/2＝19$（根），置于一花色排首位，将$36-19＝17$置于首位。

重新确定劈花后色排如下：

白	白	粉	咖	粉	咖	粉	咖	粉	咖	粉	咖	粉	咖	粉	咖	粉	白	白
19	3	1	1	1	2	1	1	1	2	1	1	1	2	1	1	1	3	36

白	红	白	红	白	红	白	红	白	红	白	红	白	红	白	白
3	1	1	1	2	1	1	1	2	1	1	1	2	1	1	3	17/一花120根

全幅56花，最后一花加头2根。

11. 全幅齿数

全幅齿数＝每花所占筘齿数×花数±加减头所占齿数＋边纱所占齿数

＝52×56＋2/2＋40/2＝2933（齿）

12. 筘幅

（1）穿筘幅 $= \dfrac{W_{坯}}{1 - a_w} = \dfrac{156}{1 - 3.5\%} = 161.6(\mathrm{cm})$ （63.6 英寸）

（2）实际穿筘幅 $= \dfrac{总经根数 - 边经数\left(1 - \dfrac{地组织每筘穿入数}{边组织每筘穿入数}\right)}{地组织每筘穿入数 \times 公制筘号} \times 10$

$$= \dfrac{6762 - 40\left(1 - \dfrac{2.31}{4}\right)}{2.31 \times 181.5} \times 10 = 160.9(\mathrm{cm})$$

实际筘幅与计算穿筘幅相差小于 6mm，无需修正。

（3）上机筘幅 = 实际穿筘幅 + 10cm = 160.9 + 10 = 170.9(cm)（67.3 英寸）

13. 公制筘号

$$公制筘号 = \dfrac{全幅筘齿数}{穿筘幅} \times 10 = \dfrac{2933}{161.6} \times 10 = 181.5(齿/10\mathrm{cm})（92 齿/2 英寸）$$

14. 坯布纬密

坯布纬密 = 成品纬密 × (1−染整长缩率) = 276 × (1−2.5%) = 269(根/10cm)（68 根/英寸）

15. 上机纬密

上机纬密 = 坯布纬密 × (1−下机缩率) = 269 × (1−2%) = 264(根/10cm)（67 根/英寸）

16. 各色经纱根数

（1）C40 地经加白根数 = 一花内白色地经根数 × 花数 + 白色布边根数 + 加头数

$$= (36+36) \times 56 + 40 + 2 = 4074(根)$$

（2）C40 地经粉色根数 = [(1+1)×3+2]×2×56 = 896(根)

（3）C40 花经加白根数 = [(3+3)+(1+2)×3+1+3×2]×56 = 1232(根)

（4）C40 花经咖色根数 = [(1+2)×3+1]×56 = 560(根)

17. 用纱量

（1）各色经用纱量。

$$C40\ 地经加白用纱量 = \dfrac{加白地经根数}{1 - 地经织缩率} \times \dfrac{用纱量计算常数}{各种经纱英制支数}$$

$$= \dfrac{4078}{1 - 7.69\%} \times \dfrac{0.060533}{40} = 6.6855(\mathrm{kg}/百米)$$

$$C40\ 地经粉色用纱量 = \dfrac{粉色地经根数}{1 - 地经织缩率} \times \dfrac{用纱量计算常数}{各种经纱英制支数}$$

$$= \dfrac{896}{1 - 7.69\%} \times \dfrac{0.060533}{40} = 1.4689(\mathrm{kg}/百米)$$

$$C40\ 花经加白用纱量 = \dfrac{加白花经根数}{1 - 花经织缩率} \times \dfrac{用纱量计算常数}{各种经纱英制支数}$$

$$= \dfrac{1232}{1 - 6.03\%} \times \dfrac{0.060533}{40} = 1.9841(\mathrm{kg}/百米)$$

$$C40 \text{花经咖色用纱量} = \frac{\text{咖色花经根数}}{1 - \text{花经织缩率}} \times \frac{\text{用纱量计算常数}}{\text{各种经纱英制支数}}$$

$$= \frac{560}{1 - 6.03\%} \times \frac{0.060533}{40} = 0.9018（\text{kg/百米}）$$

经纱用纱量合计 = 6.6527+1.4689+1.9841+0.9018 = 11.0403（kg/百米）

（2）纬用纱量 $= \dfrac{\dfrac{\text{加白纬纱在花中根数}}{\text{一花总根数}} \times \text{坯布纬密} \times \text{上机筘幅}}{\text{各种纬纱英制支数}} \times \text{用纱量计算常数}$

$$= \frac{68 \times 67.3}{40} \times 0.060533 = 6.9255（\text{kg/百米}）$$

（3）总用纱量 = 经用纱量+纬用纱量 = 11.0403+6.9255 = 17.9658（kg/百米）

18. 坯布平方米重量　根据式1-33：

$$\text{坯布平方米重量} = \frac{\text{经用纱量+纬用纱量}}{\text{坯布幅宽}} \times (1 - \text{总飞花率}) \times 10$$

$$= \frac{11.0403 + 6.9255}{1.56} \times (1 - 0.6\%) \times 10 = 115.2（\text{g/m}^2）$$

19. 综页数和各页综丝数

（1）综页数：根据图2-18的织物组织图，花区8页综，平纹地区至少2页综。根据表2-9：

平纹根数 = 一花中平纹根数×花数+加头+边纱根数

= （地区平纹根数+花区平纹根数）×花数+加头+边纱根数

= ［36×2 白+（3×2+2）×2 粉色］×56+2 白+40 = 4746（根）

根据表1-16，低特纱综丝密度最大为 12 根/cm，则根据式1-50，平纹所需综页数

$$N = \frac{\text{总经根数}}{\text{穿筘幅} \times \text{综丝密度}} = \frac{4746}{161.6 \times 12} = 2.4（\text{页}），选 4 页综。$$

平纹每页综最少综丝数 = 4746/4 = 1186.5（根），取 1187 根。

因而织物共需 12 页综，其中平纹 4 页综，花经 8 页综，平纹交织点较多，放在前区 1~4 页综。

（2）各页综丝数：第 1 页 = 1186；第 2 页 = 1186；第 3 页 = 1187；第 4 页 = 1187；第 5 页 = 4×56×4 = 896；第 6 页 = 56×2 = 112；第 7 页 = 56×2×2 = 224；第 8 页 = 56×2 = 112；第 9 页 = 56×2×2 = 224；第 10 页 = 56×2 = 112；第 11 页 = 56×2×2 = 224；第 12 页 = 56×2 = 112。

20. 织轴开档

织轴开档 = 穿筘幅+2cm = 161.5+2 = 163.5（cm）

21. 纬密牙　适用于 GA 747 等蜗轮/蜗杆卷取方式。

（1）英制机上纬密 $= \dfrac{3}{m}Z$（每纬撑牙数 $m = 1$、2 或 3，变换棘轮齿数 30~70 齿），即

$$67 = \frac{3}{m}Z。$$

当 $m=1$ 时，$Z=22$，不符合齿数范围；

当 $m=2$ 时，$Z=45.6\approx46$ 齿，接近齿数范围；

当 $m=3$ 时，$Z=67$ 齿，最符合齿数范围，即选 67 齿/撑 3 牙/纬。

（2）公制坯布纬密 $=\dfrac{11.78}{1-a\%}\times\dfrac{Z}{m}$

当 $m=3$ 时，$269=\dfrac{11.78}{1-2\%}\times\dfrac{Z}{3}$，得：变换棘轮的齿数 $Z=67$ 齿，即 67 齿/2 牙。

注：$m=1$ 或 $m=2$ 时，Z 的数值均不符合或者不准确。

22. 织轴开档 织轴开档 = 穿筘幅 + 2cm = 159.9 + 2 = 161.9（cm），取 162cm。

本设计的色织工艺单见表 2-10。

23. 生产技术要点

（1）织造工序：采用双轴织造，即地轴和花轴双轴织造（图 2-19、图 2-20）。

图 2-19 双轴织造穿综车间

花轴张力制动带

图 2-20 双轴织造织机示意图

地轴在下，采用普通调节式（半积极、半消极送经）送经方式；花轴在上，采用消极式送经，依靠经纱张力拖动花轴转动送经，张力可通过制动皮带的包围角度和张紧程度调节。

①地织轴经纱数 = 4074（地经加白）+ 896（地经粉色）= 4970（根）

②花织轴经纱数 = 1232（花经加白）+ 560（花经咖色）= 1792（根）

（2）浆纱工序：采用地轴和花轴两次上浆。

注：如果花轴经纱为股线，则可在浆纱工序采用单浸单压上薄浆或者过水方式（使之湿并，片纱张力均匀）。

（3）整经工序：整经机筒子架容量 640 根。

地轴：

①加白经纱初算轴数 = 4074/640 = 6.36（轴），修正为 7 轴。

初算每轴根数 = 4074/7 = 582（根），即 582×7。

②粉色经纱初算轴数 = 896/640 = 1.4（轴），修正为 2 轴。

初算每轴根数 = 896/2 = 448（根）。

即地经浆纱，整经轴数为 9 轴。

表2-10 色织工艺设计单

织机：GA747

花号		产品名称：经起花附绸						
厂编号		公制 181.5 齿/10cm	2.31/齿	地经 1.083m	泡泡比	—	百米用纱 17.9658kg	
		英制 92 齿/2英寸		花经 1.064m				
品种	筘幅	穿筘幅 160.9cm	综页数 4/齿	1m经长	织轴宽 163.5cm		坯布	成品
		上机筘幅 170.9cm						
		地组织穿入数			边组织		地组织 1/1	
		边组织穿入数			机型		经起花	
					剑杆			

色纱排列（最后一花加2根：加白）

色号	纱支	色别											每花根数（根）	全幅花数（花）	全幅根数（根）	百米用纱（kg）
经纱 A	C40	花经咖色	1	2	1								10	56	560	0.9018
B	C40	花经加白	3			3		1	3	1		×3	22	56	1232	1.9841
C	C40	地经粉色	1	1	1	1	1	1	1	1			16	56	896	1.4689
D	C40	地经加白						1	1	2	1		72	56	4074	6.6855
循环数			36								36	×3	120	56	6762	11.0403

订单数		边纱根数 40	合计
投产数		边纱色别 加白	

另加边综、丝光整理

各色纬纱排列

色号	纱支	色别		每花根数（根）		百米用纱（kg）
纬纱 A	C40	加白	纬一色			6.9255
		合计			合计	

纬密牙轮：67齿/3牙

幅宽 / 经密 / 纬密

	幅宽 cm	幅宽 英寸	经密 cm	经密 英寸	纬密 cm	纬密 英寸
坯布	156	61.5	433	110	269	68
成品	146	57.5	462	117	276	70

工艺员：　　　　审核员：　　　　复核员：

打印日期：　　　　交货日期：

花轴：

①加白初算轴数=1232/640=1.9（轴），修正为2轴；

　初算每轴根数=1232/2=616（根），即616×2。

②咖色配轴560×1，即花经浆纱，整经轴数为3轴。

项目五　纬弹泡泡纱工艺设计

案例11　分析客户泡泡纱来样（图2-21，彩图32）并进行主要工艺设计。

解：经分析织物英制规格：JC 40英支+JC 32英支/2×JC 40英支+JC 40英支+70旦，120×70根/英寸，43.5英寸，见表2-11。

一、实物分析

1.组织结构　织物为纬向弹性泡泡纱，由平纹条+小泡条+平纹条+中泡条组成。

2.经纱分析及色排　地经：JC 14.6tex（40英支）湖蓝纱20根；小泡条泡经：JC 18.2tex×2（32英支/2）加白纱10根；地经：JC 14.6tex（40英支）湖蓝纱8根，中泡条泡经：JC 18.2tex×2（32英支/2）翠蓝纱10根。

3.纬纱分析与色排

（1）2根普通纬纱JC 14.6tex（40英支）加白1根JC 14.6tex+70旦弹性包芯纱。

（2）色纱排列：9湖蓝：9加白。

4.成布经、纬密　472/276（根/10cm）（120×70根/英寸）。

5.幅宽　110.5cm（43.5英寸）。

6.织物组织　平纹。

图2-21　泡泡纱织物一花循环

表2-11　泡泡纱规格分析表

项目	经纱		纬纱		幅宽
规格	JC 40英支	JC 32英支/2	JC 40英支	JC 40英支+70旦	43.5英寸
组合	地经	泡经	普通纬纱	氨纶包芯弹性纬纱	
色泽	湖蓝	加白/翠蓝	湖蓝9：加白9		
比例	地：小泡：地：中泡		普通纬纱：氨纶包芯弹力=2：1		
	湖蓝20：加白10：湖蓝8：翠蓝10				

二、技术条件

（1）经纱织缩率：10%。

（2）纬纱织缩率：4%。

（3）染整幅缩率：20%。

（4）染整长缩率：2.5%。

（5）下机缩率：2%。

（6）边纱根数：JC 14.6tex（40 英支）共 20×2 根（采用杂色纱，节约成本）。

（7）每筘穿入数：地组织 4 根/筘齿，边组织 4 根/筘齿。

（8）泡比（泡经长度∶地经长度）：小泡条为 1.2∶1；中泡条为 1.25∶1。

三、工艺设计

1. 1m 经长

（1）地经：JC 40 湖蓝 1m 经长 $= \dfrac{1}{1 - 地经织缩率} = \dfrac{1}{1 - 10\%} = 1.111(\text{m})$

（2）泡经：

JC 32/2 加白小泡 1m 经长 $= \dfrac{1}{1 - 地经织缩率} \times 泡比 = \dfrac{1}{1 - 10\%} \times 1.2 = 1.333(\text{m})$

JC 32/2 翠兰中泡 1m 经长 $= \dfrac{1}{1 - 地经织缩率} \times 泡比 = \dfrac{1}{1 - 10\%} \times 1.25 = 1.389(\text{m})$

2. 坯布幅宽

坯布幅宽 = 成品幅宽/(1−染整幅缩率) = 110.5/(1−20%) = 138.1(cm)(54.4 英寸)

3. 总经根数

$$总经根数 = 幅宽 \times 经密/10 + 边纱根数 \times \left(1 - \dfrac{地组织每筘穿入数}{边组织每筘穿入数}\right)$$

$$= 110.5 \times 472/10 + 40 \times \left(1 - \dfrac{4}{4}\right) = 5216(根)$$

4. 坯布经密

$$坯布经密 = \dfrac{总经根数}{坯布幅宽} \times 10 = \dfrac{5216}{138.1} \times 10 = 378(根/10cm)(96 根/英寸)$$

5. 公制筘号

$$公制筘号 = \dfrac{坯布公制经密(1 - 纬纱织缩率)}{地组织每筘穿入数}$$

$$= \dfrac{378 \times (1 - 4\%)}{4} = 91(齿/10cm)(46 齿/2 英寸)$$

6. 筘幅

（1）计算穿筘幅 $= \dfrac{坯布幅宽}{1 - 纬纱织缩率} = \dfrac{138.1}{1 - 4\%} = 143.8(\text{cm})(56.6 英寸)$

（2）实际穿筘幅 $= \dfrac{总经根数 - 边经数\left(1 - \dfrac{地组织每筘穿入数}{边组织每筘穿入数}\right)}{地组织每筘穿入数 \times 公制筘号} \times 10$

$$= \frac{5216 - 40\left(1 - \frac{4}{4}\right)}{4 \times 91} \times 10 = 143.3\,(\text{cm})\ (56.4\ 英寸)$$

实际筘幅与计算筘幅相差小于 6mm，无需修正实际筘幅。

（3）上机筘幅 = 实际穿筘幅 + 10cm = 143.3 + 10 = 153.3（cm）（60.4 英寸）

7. 劈花 色经排列：湖蓝 20，加白 10，湖蓝 8，翠蓝 10，一花 48

（1）全幅花数 $= \dfrac{总经根数 - 边经根数}{一花经纱数} = \dfrac{5216 - 40}{48} = 107.83$（花）

余数大于半花，做加花减头处理，修正为 108 花，减头数 $B = (1 - 0.83) \times 48 = 8$（根）。

（2）将根数较多、颜色较浅的色条作为首条，一花色排如下：

湖蓝 20，加白 10，湖蓝 8，翠蓝 10，一花 48，$A = 20$。

（3）将 $\dfrac{A + B}{2} = \dfrac{20 + 8}{2} = 14$ 置于色经排列末位。将 $A - 14 = 20 - 14 = 6$ 置于首位，劈花后一花色排为：湖蓝 6，加白 10，湖蓝 8，翠蓝 10，湖蓝 14，一花 48。全幅 108 花，最后一花减头 8 根（从末尾减）。

8. 各色根数

（1）湖蓝地经根数 = 每花湖蓝根数 × 花数 - 减头根数 = (6 + 8 + 14) × 108 - 8 = 3016（根）

（2）加白小泡经根数 = 每花加白根数 × 花数 = 10 × 108 = 1080（根）

（3）翠蓝中泡经根数 = 每花翠蓝根数 × 花数 = 10 × 108 = 1080（根）

（4）杂色边根数 = 40 根

9. 坯布纬密

坯布纬密 = 成品纬密 × (1 - 染整长缩率) = 276 × (1 - 2.5%) = 269（根/10cm）（68 根/英寸）

10. 上机纬密

上机纬密 = 坯布纬密 × (1 - 下机缩率) = 269 × (1 - 2%) = 264（根/10cm）（67 根/英寸）

11. 用纱量 结合表 2-7 和式 2-18。

（1）经用纱量。

$$湖蓝地经用纱量 = \frac{湖蓝地经根数}{1 - 经纱织缩率} \times \frac{用纱量计算常数}{各种经纱英制支数}$$

$$= \frac{3016}{1 - 10\%} \times \frac{0.060533}{40} = 5.0713\,(\text{kg/百米})$$

$$加白小泡经用纱量 = \frac{加白经纱根数}{1 - 经纱织缩率} \times \frac{用纱量计算常数}{各种经纱英制支数} \times 泡比$$

$$= \frac{1080}{1 - 10\%} \times \frac{0.060834}{32/2} \times 1.2 = 5.4751\,(\text{kg/百米})$$

$$翠蓝中泡经用纱量 = \frac{翠蓝经纱根数}{1 - 经纱织缩率} \times \frac{用纱量计算常数}{各种经纱英制支数} \times 泡比$$

$$= \frac{1080}{1 - 10\%} \times \frac{0.060834}{32/2} \times 1.25 = 5.7032\,(\text{kg/百米})$$

$$杂边用纱量 = \frac{40}{1-10\%} \times \frac{0.060533}{40} = 0.06726(\text{kg/百米})$$

$$合计经用纱量 = 5.0713+5.4751+5.7032+0.06726$$

$$= 16.3168(\text{kg/百米})$$

（2）纬用纱量：纬纱一花组合排列如下。

（加白 JC 40 英支普通纬纱 2 根：加白 JC 40 英支+70 旦弹性纬纱 1 根）×3，（湖蓝 JC 40 英支普通纬纱 2 根：湖蓝 JC 40 英支+70 旦弹性纬纱 1 根）×3，一花 18 根。

一花中：加白 JC 40 英支普通纬纱根数=2×3=6(根)

湖蓝 JC 40 英支普通纬纱根数=2×3=6(根)

加白 JC 40 英支+70 旦弹性纬纱根数=3 根

湖蓝 JC 40 英支+70 旦弹性纬纱根数=3 根

结合表 2-7 和式 2-19：

$$加白普通纬纱用纱量 = \frac{\dfrac{加白普通纬数}{一花总根数} \times 坯布纬密 \times 上机筘幅}{各种纬纱英制支数} \times 用纱量计算常数$$

$$= \frac{\dfrac{6}{18} \times 68 \times 60.4}{40} \times 0.060533 = 2.0718(\text{kg/百米})$$

同理：湖蓝普通纬纱用纱量=2.0718(kg/百米)。

$$加白弹性纬纱用纱量 = \frac{\dfrac{加白弹纱纬数}{一花总根数} \times 坯布纬密 \times 上机筘幅}{各种纬纱英制支数} \times$$

$$用纱量计算常数 \times 弹性纱修正系常数$$

$$= \frac{\dfrac{3}{18} \times 68 \times 60.4}{40} \times 0.060533 \times 1.1 = 1.1395(\text{kg/百米})$$

同理：湖蓝弹性纬纱=1.1395(kg/百米)。

合计纬用纱量=2.0718+2.0718+1.1395+1.1395=6.4226(kg/百米)

注：上述计算根据表 2-7 及相关修正方法，根据本案例泡泡纱的服用要求，弹性纱用纱量修正系数取 1.1。

织物中氨纶包芯纱的芯丝线密度一般约为拉伸前的 1/3，如 70 旦氨纶丝实际旦尼尔数约为 70 旦/3，服用弹性要求越高，则实际旦尼尔数越低。

（3）合计用纱量=经用纱量+纬用纱量=16.3168+6.4226=22.7394(kg/百米)

12. 综页数计算　织物组织为平纹，根据情境一式 1-50 和表 1-16：

$$综页数 N = \frac{总经根数}{穿筘幅 \times 综丝密度} = \frac{5216}{143.3 \times 12} = 3.03(页)，取 4 页。$$

各页综丝数=5216/4=1034(根/页)。

13. 纬密牙计算 采用 GA 747 剑杆织机织造，根据式 2-24 和式 2-25 计算。

(1) 英制机上纬密（根/英寸）$= 3 \times \dfrac{Z}{m}$，即 $67 = 3 \times \dfrac{Z}{m}$。

当 $m=1$ 时，$Z=22$ 齿，不符合 $Z=30\sim70$ 齿的要求；

当 $m=2$ 时，$Z=44.7$ 齿 ≈ 45，近似符合要求；

当 $m=3$ 时，$Z=67$ 齿，符合要求，即选 67 齿/撑 3 牙/纬。

(2) 公制机上纬密（根/10cm）$= \dfrac{11.78}{1-a} \times \dfrac{Z}{m}$。

当 $m=2$ 时，$269 = \dfrac{11.78}{1-2\%} \times \dfrac{Z}{2}$，得：变换棘轮的齿数 $Z=45$ 齿，即 45 齿/2 牙。

注：$m=1$ 或 $m=3$ 时，Z 的数值均不符合或者不精确。

14. 织轴开档 织轴开档=实际穿筘幅+2cm=153.3+2=155.3(cm)，选 155cm。

本设计织物工艺表见表 2-12。

表 2-12 色织工艺设计单

花号　　产品名称：弹性泡泡纱　　　　　　　　　　　　　　　厂编号

品种	穿入数	地4/齿 边4/齿	1m经长(m)	小泡1.111 中泡1.333 大泡1.389	泡泡比	小泡1.2:1 中泡1.25:1	织轴宽(cm) 155		百米用纱22.7394	幅宽		经密		纬密	
										cm	英寸	cm	英寸	cm	英寸
筘号	公制91齿/10cm	筘幅	穿筘幅143.4cm(56.4英寸)	综页数	4	边组织	1/1		坯布	138.1	54.4	378	96	269	68
	英制46齿/2英寸		上机筘幅153.3cm(60.4)	机型	GA747剑杆	地组织	1/1		成品	110.5	43.5	472	120	276	70

	色号	纱支(英支)	轴别	色别	色纱排列（最后一花减8根：湖蓝）				每花根数(根)	全幅花数(花)	全幅根数(根)	百米用纱(kg)
经纱	A	C40	地经	湖蓝	6	8	14		28	108	3016	5.0713
	B	C40	小泡	加白	10				10	108	1080	5.4751
	C	C40	中泡	翠蓝		10			10	108	1080	5.0732
	杂色边				—				—	—	40	0.0673
	订单数			丝光整理		边纱根数	40	合计	48	108	5216	16.3168
	投产数					边纱色别	杂色					

续表

品种	穿入数		1m经长(m)	小泡1.111	泡泡比	小泡 1.2:1	织轴宽(cm)	155	百米用纱(kg)	22.7394	幅宽		经密		纬密	
	地 4/齿			中泡1.333		中泡 1.25:1					cm	英寸	cm	英寸	cm	英寸
	边 4/齿			大泡1.389												

纬纱	色号	纱支	色泽	各色纬纱排列（混纬连织）																	每花根数（根）	百米用纱（kg）
	a	JC 40英支 普通纬	加白	2																	6	2.0718
	b	JC 40英支+70旦弹性	加白		1																3	1.1395
	c	JC 40英支 普通纬	湖蓝			2															6	2.0718
	d	JC 40英支+70旦弹性	湖蓝				1														3	1.1395
	循环数			×3	×3																—	—
	纬密牙轮：67齿/撑　3牙/纬																	合计			18	6.4226

工艺员：　　　复核员：　　　审核员：　　　打印日期：　　　交货日期：

15. 生产工艺要点

（1）采用三轴织造：地轴、小泡条轴、中泡条轴。地轴采用普通织机的调节式（半积极、半消极）送经方式，泡轴采用消极式送经方式，即依靠泡经张力拖动泡织轴回转。

（2）各轴经纱数。

地轴经纱数 = 3016+40 = 3056（根）；

小泡轴经纱数 = 1080（根）；

中泡轴经纱数 = 1080（根）。

（3）整经配轴。

①地轴为 JC 40 湖蓝纱，需要浆纱。如整经机筒子架容量为 640 只筒子，则：

初算整经轴数 = 3056/640 = 4.8（轴），修正为 5 轴；

初算每轴经纱数 = 3056/5 = 611.2（根），则整经配轴为 611×4+612（轴）。

②小泡条轴和中泡条轴的经纱为 JC 32 英支/2 股线，无需上浆，可以分别采用在浆纱机上过水湿并，使得片纱张力均匀，或者采用单浸单压上薄浆。

小泡轴的整经配轴为 540×2，中泡轴的整经轴配轴 540×2。

项目六　纬向变换织物工艺设计

案例 12　某织物经纱为 42 英支/2，纬纱一个循环为 22 根，其中 32 英支/42 英支花线为 8 根，42 英支/2 股线为 10 根，16 英支为 4 根，坯布经纬密为 50 根/英寸×48 根/英寸，总经根数为 2262 根，上机筘幅为 48.387 英寸，组织为 3/2，分别计算百米坯布经、纬用纱量。

一、解决本案例逆推法思路

1. 经用纱量→经纱织缩率→纬纱平均支数→花线支数

（1）经用纱量（kg/百米）= $\dfrac{经纱根数}{1-经纱织缩率} \times \dfrac{用纱量计算常数}{经纱英制支数}$

因而目标是计算出未知的经纱织缩率。

（2）经纱织缩率=纬密（根/英寸）× $\dfrac{织物组织系数}{\sqrt{纬纱平均支数}} \times 100\%$

因而目标是计算未知的纬纱平均支数。

（3）计算纬纱平均支数，首先要计算花线支数。

2. 纬用纱量计算 只要先计算出花线支数即可，直接带入式2-19计算。

二、解题过程

1. 经用纱量

（1）花线支数 = $\dfrac{1}{\dfrac{1}{32}+\dfrac{1}{42}}$ = 18（英支）

（2）纬纱平均支数 = $\dfrac{18\times8+42/2\times10+16\times4}{22}$ = 19（英支）

（3）经纱织缩率 = $48\times0.6721/\sqrt{19}\times100\%$ = 7.40%

（4）百米经纱用纱量 = $0.0608345\times\dfrac{2262}{(1-0.074)\times42/2}$ = 7.0764（kg/百米）

2. 纬用纱量

（1）花式纬线用纱量 = $0.062076\times\dfrac{48\times8/22\times48.387}{18}$ = 2.9127（kg/百米）

（2）纬股线用纱量 = $0.0608345\times\dfrac{48\times10/22\times48.387}{42/2}$ = 3.0583（kg/百米）

（3）纬英16支棉纱用纱量 = $0.0605333\times\dfrac{48\times4/22\times48.387}{16}$ = 1.5977（kg/百米）

合计纬纱用纱量 = 2.9127+3.0583+1.5977 = 7.5687（kg/百米）

3. 合计用纱量

合计用纱量=经用纱量+纬用纱量=7.0764+7.5687=14.6451（kg/百米）

任务四　色织生产工艺设计

项目一　色织生产工艺流程

在投产工艺中，包括筒染、整经、浆纱、穿结经和织造五大内容。

一、染纱方式

染纱方式包括绞纱染色、筒子染色和经轴染色，即"绞染、筒染、轴染"。

绞纱染色

（一）绞纱染色（绞染）

1. 绞纱染色特点 优点是纱线容易染匀透，操作简便，设备投资少，染色成本低。缺点是流程长，费工费时，效率低。

2. 绞纱染色主要流程 见表2-13。

表2-13　绞纱染色主要工艺流程

机型	1332P 络筒机			
状态	坯纱筒子→摇纱→绞纱→染色（上浆）→复摇→染色筒子			
图示	(坯纱)	(染色前绞纱)	(染色后绞纱)	(染色筒子)
说明	坯纱	染色前绞纱	染色后绞纱	染色筒子

染色后复摇成筒子工序见彩图33。

注：染色前摇纱和染色后摇纱均采用1332P络筒机，不同之处是前者是从筒子到绞纱的路线，后者是从绞纱到筒子的卷绕路线，染色过程中是否上浆根据情况选择。

（二）筒子染色（筒染）

1. 筒子染色特点 优点是避免摇纱成绞，其工艺流程短，回丝少，自动化程度高，质量好。缺点是一次性投资大，染色成本高，纱线不够蓬松、丰满等。

2. 筒子染色工艺流程

坯纱→松式络筒→（倒角）→装纱→入染（前处理→染色→后处理）→脱水→烘干→（紧筒）

筒染设备如图2-22～图2-27所示，筒子染色工艺参数见表2-14。

图2-22　松式络筒机

图2-23　倒角

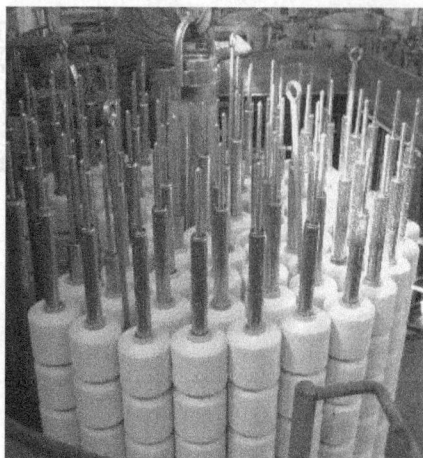
图 2-24 压筒

图 2-25 高温高压染色设备

图 2-26 染色后筒子

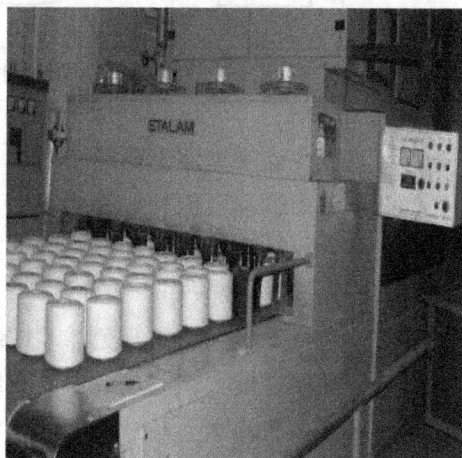
图 2-27 筒子烘干机

表 2-14 筒染工艺参数

技术特征	工艺参数	说明
染色温度（℃）	98 以上	保证上色速度、匀度
染缸直径（mm）	1200	根据染色量选定
筒纱密度（g/cm³）	0.35	保证筒子染透
内蒸汽压力（kPa）	589.2 左右	实现快速升温
主缸进水压力（kPa）	294.6 以上	使进水冷却速度理想
漂染液流速［L/（kg·min）］	30	保证筒子染透，减少色差
漂染液流向	内→外、外→内	减少筒子内外色差
流向循环时间（min）	0~10	使筒子染色均匀

注：倒角和紧筒工序按具体要求选择是否采用，紧筒目的是将松软的筒子通过紧筒机的小卷绕角卷绕或增大卷绕张力来增大卷绕密度，是松筒的逆向工序。

现代设备集松筒、紧筒和并线于一体（图 2-28），松筒或紧筒通过改变卷绕张力来调节。

（三）经轴染色（轴染）

先采用松式整经机进行松式整经，经轴卷绕密度为 $0.32 \sim 0.35 g/cm^3$，空经轴管（图 2-29）为不锈钢多孔结构，优点是便于染液浸透，整经后进行经轴染色（图 2-30），经轴染色后并轴上浆、烘干（图 2-31），再穿经、织造，生产流程大为缩短，生产效率高。缺点是设备投资大。

由于经轴染色得到的是单色经轴，故生产的织物色排较简单，多为辐射状条纹织物，如米通条（彩图 6）、千鸟格（彩图 65）、朝阳格（彩图 40）或者经纱为单色的织物。

轴染注意事项如下。

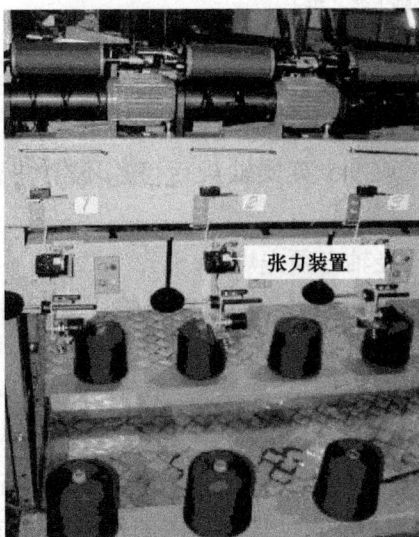

图 2-28　松筒、紧筒、并线一体机

图 2-29　多孔空经轴

图 2-30　经轴染色

经轴染色
和筒子染色

图 2-31　经轴染色后并轴上浆、烘干

（1）松式整经经轴根数设计上偏，保证整经多头少轴，以减少轴与轴之间的色差。

（2）紧密纺纱、黏胶纱、纯亚麻纱、Coolmax 纱等特殊原料一般不设计轴染。

（3）C 21 英支、C 32 英支、T/C 45 英支、CVC 45 英支轴染后可以不经烘干，直接浆纱。

（4）凡与紧密纺、烧毛线进入同一浆槽的轴染经轴必须先烘干。

（5）凡不需浆纱机伸缩筘排花型的织物，如米通布、青年布、千鸟格、朝阳格等织物，其轴染纱不需要烘干，直接浆纱并轴。

二、织造准备

织造准备可分为以下四种。

1. 轴经上浆（大经大浆）　此方式是分批整经+浆纱，在浆纱时不同经轴之间可以放置分绞绳，有利于防止浆纱间粘连，有利于浆液的浸透和被覆，提高浆纱质量与生产效率，适合批量大的大货生产方式，但半制品储备量大，了机回丝多（一般了机回丝在 60m 左右），色经排列不易确定，应采用经浆排花方式确定上浆后色纱排列。

2. 分条整经　分条整经是将全幅总经根数根据整经机筒子架的容量，分成若干条带（绞数），逐条带依次卷绕在大滚筒上，再将所有条带集体倒卷到织轴上。

优点是可以得到复杂的色纱排列。缺点是效率低，经纱无法分绞。此方式适合股线、经绞纱上浆方式上浆的筒子以及免浆网络丝、强捻丝织物。

3. 分条整浆联合　此方式实际上是在分条整经机的筒子架和大滚筒间增加一套上浆装置（浆槽和烘房）。适用于色纱排列复杂、色泽相近难以区分的织物、双轴织物、花经根数过少不宜经轴上浆的产品，但效率较低，适合放大样或批量较小的产品。

4. 分批整经与分条整浆联合（小经小浆）　根据总经根数和整经机筒子架容量，将全幅经纱分成若干条带，每个条带的根数等于整经后浆纱并轴时的根数，采用轴幅 0.8~1m 的窄幅分批整经机（图 2-32）生产若干只经轴，再在整浆联合机的经轴架上并轴上浆（图 2-33），烘干后，形成一个条带，经分绞区伸缩筘排花型（图 2-34），卷绕到大滚筒上（图 2-35），下一个条带以前一个条带的斜面作为支撑，形成断面为平行四边形的卷绕方式，条带卷绕完成后，再集体倒卷到织轴上。该方式实质上是将整浆联合机的筒子架部分替换成整经轴轴架。

图 2-32　生产小经轴的分批整经机

图 2-33　小经轴并轴上浆

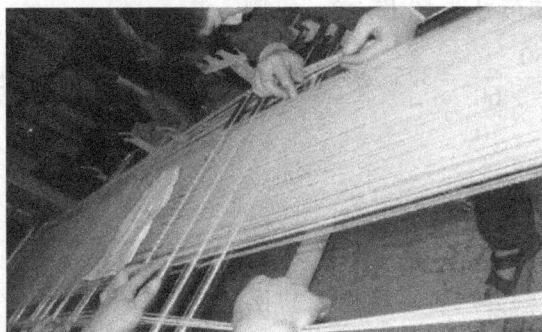

图 2-34　分绞区排花型

图 2-35　大滚筒条带卷绕

这种方式可确定复杂的色经排列，又可实现经纱分层分绞，上浆效果好，适合低特高密色织物生产，但生产效率低于整浆联合方式。

项目二　分条整经、整浆联合机工艺设计

案例 1　某条格床单织物，总经根数为 3452 根，两侧边经纱总和为 76×2 根，色经循环为 56 根，织轴宽为 165cm，织轴卷绕长度为 16 匹，匹长为 75m，上了机回丝为 2.5m，经纱缩率为 9.5%，筒子架的容量为 400 只筒子，计算相关工艺如下。

1. 每绞根数与整经绞数

（1）每绞花数 = $\dfrac{筒子架容量 - 单侧边经纱数}{每花根数}$ = $\dfrac{400 - 76}{56}$ = 5.78（花），取 5 花。

（2）每绞经纱根数 = 每绞花数×每花根数 = 5×56 = 280（根）

（3）整经绞数 = $\dfrac{织轴总经根数 - 两侧边经纱总和}{每绞经纱根数}$ = $\dfrac{3452 - 76 × 2}{280}$ = 11.78（绞），取 12 绞。

则，第 1 绞：280+76（左侧边纱）=356（根）；

第 2 绞至第 11 绞：280 根；

第 12 绞：3452−356−280×10=296（根）（含右侧边纱 76 根）。

2. 绞（条带）宽度 参见图 2-35，不考虑条带发散率，则：

图 2-36 定幅筘与大滚筒逐条带卷绕

$$整经条（绞）宽 = \frac{织轴幅宽 \times 每绞根数}{总经根数}$$

$$第 1 绞：\frac{165 \times 356}{3452} = 17.02（cm）；$$

$$第 2 绞至第 11 绞：\frac{165 \times 280}{3452} = 13.38（cm）；$$

$$第 12 绞：\frac{165 \times 296}{3452} = 14.15（cm）。$$

3. 定幅筘每筘齿穿入数 整经条宽由定幅筘每筘穿入数和定幅筘筘号决定（图 2-36），已知筘号选 60 齿/10cm，则：

$$每筘齿穿入数 = \frac{每绞根数}{条带宽度 \times \dfrac{筘号}{10}} = \frac{280}{13.38 \times \dfrac{60}{10}} = 3.5（根），采用每齿 4、3、4、3 根$$

的穿筘方法。

4. 计算整经长度

$$条带长度（整经长度）= \frac{成布公称匹长 \times 织轴卷绕匹数}{1 - 经纱缩率} + 上了机回丝长度$$

$$= \frac{75 \times 16}{1 - 9.5\%} + 2.5 = 1328.5（m）$$

案例 2 已知某织物色经排列为：

白边	白	橘	红	白	白	白边
36	3	180	180	284	3	36

8 个循环

采用分条整经。已知筒子架的最大容量为 800 只筒子，试计算相关工艺。

解：

(1) 每花根数=180+180+284=644（根），全幅共 8 个花（循环）。

(2) 每绞花数 = $\dfrac{筒子架容量 - 单侧边经纱数}{每花根数}$ = $\dfrac{800 - 36}{644}$ = 1.19（花），取 1 花。

(3) 每绞经纱根数=每绞花数×每花根数=1×644=644（根）

(4) 总经根数=36+3+(180+180+284)×8+3+36=5230（根）

(5) 整经绞数 = $\dfrac{织轴总经根数 - 两侧边经纱总和}{每绞经纱根数}$ = $\dfrac{5230 - 39 \times 2}{644}$ = 8（绞）

每绞经纱根数：第 1 绞与第 8 绞为 644+36+3=683（根），第 2 绞至第 7 绞每绞 644 根。

整经工艺参数显示屏如图 2-37 所示。

案例 3 依本情境任务二的分析案例和相关图 2-6、彩图 30、表 2-1 以及后续任务三的工艺设计案例 9 和表 2-8，得知：总经根数为 7708 根，边纱为 40 根，织轴宽为 162cm，经纱织缩率为 7.9%。

劈花后色经排列：次加白 27，亮黄 2，次加白 16，中紫蓝 36，深蓝 32，水蓝 32，次加白 20，亮黄 2，次加白 35/一花 202 根，如整经机筒子架容量为 640 只筒子，则：

图 2-37 整浆联合机工艺参数显示屏

1. 每绞根数与整经绞数

（1）每绞花数 $= \dfrac{筒子架容量 - 单侧边经纱数}{每花根数} = \dfrac{640 - 20}{202} = 3.06$（花），取 3 花。

（2）每绞经纱根数 = 每绞花数×每花根数 = 3×202 = 606（根）

（3）整经绞数 $= \dfrac{织轴总经根数 - 两侧边经纱总和}{每绞经纱根数} = \dfrac{7708 - 40}{606} = 12.65$（绞），取 13 绞。

第 1 绞：每绞花数×每花根数+左侧边纱根数 = 3×202+20 = 626（根）；

第 2 绞至第 12 绞：606 根；

第 13 绞：总经根数–第 1 绞根数–第 2 绞至第 12 绞根数之和 = 7708–626–606×11 = 416（根）（含右侧布边）。

2. 绞（条带）宽度（不考虑条带发散率）

$$整经每条（绞）宽 = \dfrac{织轴幅宽 \times 每绞根数}{总经根数}$$

第 1 绞：$\dfrac{162 \times 626}{7708} = 13.16$（cm）；

第 2 绞至第 12 绞：$\dfrac{162 \times 606}{7708} = 12.74$（cm）；

第 13 绞：$\dfrac{162 \times 416}{7708} = 8.74$（cm）。

3. 定幅筘每筘齿穿入数 已知筘号选 60 齿/10cm：

$$每筘齿穿入数 = \dfrac{每绞根数}{条带宽度 \times \dfrac{筘号}{10}} = \dfrac{606}{12.74 \times \dfrac{60}{10}} = 7.92$$（根）

采用每筘齿 8 根穿法，或者每筘齿 8 根，8 根，8 根，8 根，8 根，8 根，8 根，8 根，8 根，7 根穿法，每循环 10 筘齿。

4. 计算整经长度 如织轴卷绕匹数为 20 匹，成布公称坯长 40m，则：

$$条带长度（整经长度）= \dfrac{成布公称匹长 \times 织轴卷绕匹数}{1 - 经纱缩率} + 上了机回丝长度$$

$$= \frac{40 \times 20}{1 - 7.9\%} + 2.5 = 871.1(\text{m})$$

案例4 接本情境任务三的项目四案例10、彩图31、表2-9及表2-10等,整经机筒子架容量为640只筒子。织轴分为花轴和地轴,需分别整经,其中地轴经纱为JC 14.6tex (40英支) 需要上浆,采用分批整经,再并轴上浆方式;花轴为18.2tex×2 (32英支/2) 可以不上浆,采用分条整经方式。

1. 地轴

(1) 色经排列:加白36,粉8,加白36,粉8/一花88。

(2) 地经总根数=一花根数×花数+加头数+边纱根数=88×56+2+40=4970(根)

(3) 初算轴数=地经总根数/筒子架容量=4970/640=7.76(轴),修正为8轴。

(4) 初算每轴根数=总经根数/修正轴数=4970/8=621.25(根)

因而配轴为621×7+623。

2. 花轴 色纱排列:加白3,咖色10,加白19/一花32。

(1) 每绞根数与整经绞数。

①每绞花数=$\dfrac{\text{筒子架容量}-\text{单侧边经纱数}}{\text{每花根数}}=\dfrac{640-20}{32}=19.375(\text{花})$,取19花。

②各绞经纱根数=每绞花数×每花根数=19×32=608(根)

③整经绞数=$\dfrac{\text{织轴总经根数}-\text{两侧边经纱总和}}{\text{每绞经纱根数}}=\dfrac{6762-40}{576}=11.67(\text{绞})$,取11绞。

第1绞:32×19+20 (左侧边纱)=628(根);

第2绞至第12绞:608根;

第13绞:总经根数-第1绞根数-第2绞至第12绞根数之和=7708-628-608×11=392(根)。

(2) 绞(条带)宽度。不考虑条带发散率,则:

$$\text{整经每条(绞)宽}=\frac{\text{织轴幅宽}\times\text{每绞根数}}{\text{总经根数}}$$

第1绞:$\dfrac{163.5\times628}{7708}=13.32(\text{cm})$;

第2绞至第12绞:$\dfrac{163.5\times606}{7708}=12.85(\text{cm})$;

第13绞:$\dfrac{163.5\times392}{7708}=8.31(\text{cm})$。

(3) 定幅筘每筘齿穿入数。筘号选60齿/10cm,则:

$$\text{每筘齿穿入数}=\frac{\text{每绞根数}}{\text{条带宽度}\times\dfrac{\text{筘号}}{10}}=\frac{606}{12.85\times\dfrac{60}{10}}=7.86(\text{根})$$

采用每筘齿8根,8根,8根,8根,8根,8根,8根,7根穿法,每循环8筘齿。

（4）计算整经长度。如织轴卷绕匹数为 20 匹，成布公称坯长 40m，则：

$$条带长度（整经长度）= \frac{成布公称匹长 \times 织轴卷绕匹数}{1 - 经纱缩率} + 上了机回丝长度$$

$$= \frac{40 \times 20}{1 - 7.9\%} + 2.5 = 871.1(\text{m})$$

项目三　经浆排花工艺设计

经纱上浆质量直接影响到织造生产效率的高低和产品质量的优劣。合理选择上浆工艺，提高浆纱质量，是整个织造生产过程中的关键工序之一。过去色织生产经纱上浆多采用绞纱上浆方法，加工工序多，浆纱质量不高，经纱经过绷纱、络筒、整经等工序的机械拉伸、摩擦后，会引起剥浆和浆膜破损等现象。目前高特（低支）、中特（中支）棉纱和经纬密度不高的织物尚使用这种工艺。随着色织生产的发展、织造的无梭化、纤维原料的多样化以及筒子染色工艺的普遍使用，绞纱上浆方法显然已不能适应和满足色织生产的要求，而广泛被浆纱机的片纱上浆工艺所代替。

一、经浆排花工艺项目

经浆排花可以概括为分轴整经与浆纱机伸缩筘排花型。

分轴整经：在整经机筒子架排筒时（图 2-38），将组成织物的色排条带的色经分摊到一批经轴中的若干或全部经轴上，并轴上浆后再组成织物色排条带。

伸缩筘排花型：按色排工艺，将色经纱分摊到浆纱机伸缩筘齿内（图 2-39）。

图 2-38　分批整经机排筒操作

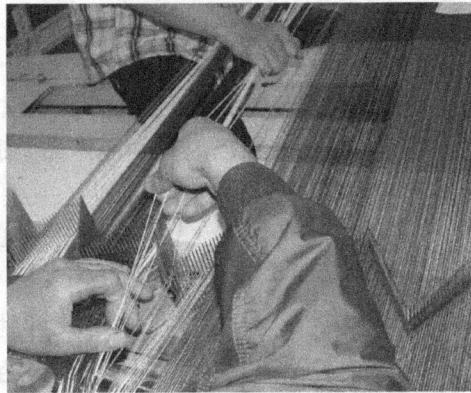

图 2-39　浆纱机伸缩筘排花型操作

经浆排花工艺主要包括以下几项内容。

1. 整经轴数　根据产品总经根数、色经排列的要求，并结合整经机筒子架最大容量、浆纱机经轴架上经轴数等条件，计算整经轴数。

具体实例参见本情境任务四的项目三和项目四。

$$整经轴数 = 总经根数/筒子架容量$$

2. 整经轴上绕纱根数　经轴上的绕纱根数不宜过密，也不宜过稀。过密断头增多，而且纱与纱间距小，断头后邻纱易相互纠缠，造成经纱理头不清、浆纱并头，影响浆轴质量；过稀则增加经轴只数，而且纱与纱间距大，在卷绕时纱线容易滑移，造成断头后嵌入邻纱，影响浆轴质量。

3. 伸缩筘每筘穿入数　确定整经机伸缩筘规格，为了保证经轴卷绕平整、密度均匀，则需根据每只经轴的卷绕根数和伸缩筘总的有效幅宽，选用不同密度的伸缩筘，目前普选采用伸缩筘有 15 号、17 号、19 号、21 号、23 号、25 号（即每片的筘齿数）等。

$$筘齿平均穿入数 = \frac{总经根数}{使用总筘齿数}$$

每筘齿穿入经纱的颜色不超过 3 种，相邻筘齿穿入根数差异不超过 3 根。否则由于穿入过稀或过密，使浆轴卷绕密度不均匀，形成软硬段。

4. 核算总齿数

$$总筘齿数＝每花筘齿数×花数＋加头所需筘齿数＋边纱筘齿数$$

5. 确定分绞线　色织产品往往采用多种色纱，这些色纱中有的色泽相近，但纱支不同、捻向不同、原料不同。虽可在整经时分别成轴，但浆纱并轴后不易分开，给织造操作带来不便，因此，浆纱工艺须根据需要分色分层放置绞线，目的是使各色分清，便于穿经插筘，即浆轴落轴前，按要求放分绞线，绞线不宜超过 3 根（即分隔四层），过多会给穿综和织造带来不便。

6. 确定整经轴转向和筒子架插筒方向　注意整经机上经轴的卷绕方向，整经机的类型不同，其经轴的卷绕方向有可能不同，它会直接影响色织物的经纱花型排列，因此，应视整经机经轴卷绕方向和筒子架上筒子的插筒方向而定，两者之间方向不能搞错，否则将造成工艺事故。现代浆纱机并轴上浆时经轴退绕方向一般都是同向退绕。

二、经浆排花方法

（一）分色分层法

适合细条（8 根以内）间隔产品。适用于不同色泽、纱支、原料、组织、捻向等色经排列循环较为简单的细条间隔排列（一般 8 根以内的色条）、辐射型排列等产品，如米通条、朝阳格（图 2-40）、千鸟格等。

将不同色泽或线密度的经纱按根数多少分轴整经，并轴上浆后用绞线分开，使片纱呈分色分层状，浆纱机是否排筘，应视色条阔狭而定。

此法优点如下。

（1）经纱不排花型，筒子、整经、浆纱操作方便，生产效率高。

（2）当产品批量小并且多色经时，各色经中相同根数、相同色泽的经纱可连续在同一织轴上（俗称叠轴），以减少经轴的落轴和换筒子的次数，提高整经机效率。

（3）由于浆纱不排花型，所以每轴一只色经上浆时，

图 2-40　朝阳格

浆槽内浆液不放掉，这样既可提高浆纱机的生产效率，又节约浆料，还可减少浆斑疵点。

此法缺点如下。

（1）由于浆纱不排花型，所以浆轴花型不清，而且片纱在伸缩筘处密度不均匀，穿综时容易造成小绞头，影响浆轴质量。

（2）遇浆轴缺头，穿综时无法确定缺头位置，织造时会造成拉头现象，影响好轴率。

此法在安排分色分轴时，为了穿综上机工作便利，要把根数少的放在上层，根数多的放在下层，当根数接近时，色泽深的、颜色种类多的放在上层等。

案例5 某朝阳格色织府绸规格 JC 14.6tex/14.6tex，433/299 根/10cm，146cm 的色排如下，边经根数为 24×2 根，筒子架容量 640。

白　　　　粉

8　　　8　　　一花 16 根

解：

1. 总经根数

$$总经根数 = \frac{经密×幅宽}{10} + 边经根数×\left(1 - \frac{地组织平均每筘穿入数}{边组织平均每筘穿入数}\right)$$

$$= 433×146/10 + 48×\left(1 - \frac{4}{4}\right) = 6322（根）$$

2. 全幅花数

$$全幅花数 = \frac{总经根数 - 边经根数}{一花经纱数} = \frac{6322 - 48}{16} = 392.13（花），取 392 花，加头 2 根（白色）。$$

3. 各色根数

白色根数 = 每花根数×花数 + 加头 + 边纱根数 = 8×392 + 2 + 48 = 3186（根）

粉色根数 = 总经根数 - 白色根数 = 6322 - 3186 = 3136（根）

4. 轴数与每轴根数

（1）白色轴数 = 白经根数/筒子架容量 = 3186/640 = 4.98（轴），修正为 5 轴。

白色根数 = 3186/5 = 637.2（根），配轴为 637×4 + 638。

（2）粉色轴数 = 粉经根数/筒子架容量 = 3136/640 = 4.9（轴），修正为 5 轴。

粉色根数 = 3136/5 = 627.2（根），配轴为 627×4 + 628。

5. 浆纱并轴组合

上层：粉色共 5 轴，为 1~4 轴，每轴 627 根，第 5 轴 628 根。

下层：白色共 5 轴，为 1~4 轴，每轴 637 根，第 5 轴 638 根。

由于经纱条形较狭，条子间隔不超过 10 根，浆纱时可不排花型，只需将浆纱分摊均匀，自由落筘便可。浆轴在落轴时，应穿放一根分色绞线。

案例6 色经排列：

白　红　白　红　白　红　红　红　白　红　白　红　白　红

4　3　3　2　3　1　4　1　2　2　3　3　4　8

每花 72 根，总经 4200 根，边纱（白）20×2 根，筒子架容量 480 只筒子。

解：

1. 全幅花数

$$全幅花数 = \frac{总经根数 - 边经根数}{一花经纱数} = \frac{4200 - 40}{72} = 57.78(花)$$

修正为 58 花，减头数 = (1-0.78)×72 = 16(根)。

减头从一花末尾减，包括 8 红，4 白，红 3，白 1，合计为红 11，白 5。

注：此种细条间隔排列织物不必做劈花处理。

2. 各轴根数 经分析，一花中红色根数为 36 根，白色为 36 根。

白色根数 = 每花根数×花数-减头+边纱根数 = 36×58-5+40 = 2123(根)

红色根数 = 总经根数-白色根数 = 4200-2123 = 2077(根)

3. 轴数与每轴根数

(1) 白色轴数 = 白经根数/筒子架容量 = 2123/480 = 4.4(轴)，修正为 5 轴。

白色根数 = 2123/5 = 424.6(根)，配轴 425×3+424×2。

(2) 红色轴数 = 粉经根数/筒子架容量 = 2077/480 = 4.33(轴)，修正为 5 轴。

红色根数 = 2077/5 = 415.4(根)，配轴为 416×2+415×3。

4. 轴数组合 整经分为 10 轴，具体配置如下。

上层：红色共 2077 根，416×2 轴+415×3 轴。

下层：白色共 3116 根：425×3 轴+424×2 轴。

此品种是辐射型排列，由于经纱条形较狭，条子间隔不超过 10 根，浆纱时可不排花型，

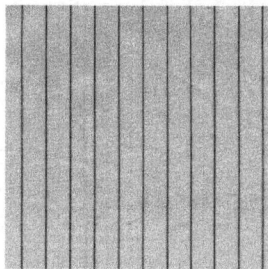

图 2-41 统色底少数嵌线

只需将浆纱分摊均匀，自由落筘便可。浆轴在落轴时，应穿放一根分色绞线，便于穿经时确定色纱次序。

（二）分层排筘法

适合统色底少数嵌线产品（图 2-41）。将分布较为稀疏的少量色经嵌线分配经轴，并轴时按其与其他色纱在色经排列循环中分布比例分布在筘齿中，使浆轴上的色纱排列基本符合织物组织花型中的色经排列要求，并轴上浆后，用绞线将嵌线部分分开，便于穿综。

此法适用于统色底、少数线条排列的产品。特点基本上与分色分层法相同，由于嵌线按比例分配在筘齿中，所以嵌线的排列基本符合工艺要求。

案例 7 已知某色织面料总经根数为 3760 根，边纱（白）20×2 根，整经机筒子架容量为 640 只筒子

色经排列：白 黄 白 蓝 白 黄 白 青
          1 1 1 2 1 1 1 2
           \   /   \   /
           10 次   10 次

解：本设计应该分为两步：第一步，分色分层；第二步，伸缩筘排花型。

1. 分色分层

(1) 分析一花色排。一花根数为 46 根，其中，白色为 22 根，黄色为 20 根，蓝色为 2

根，青色为2根。主体色是黄白混色底，嵌线为2根蓝色和2根青色。

（2）全幅花数。

$$全幅花数 = \frac{总经根数 - 边经根数}{一花经纱数} = \frac{3760 - 40}{46} = 80.87（花）$$

修正为81花，减头数 $B = (1-0.87) \times 46 = 6（根）$。

（3）劈花。

首条为黄白相间的混色条 $A = (白1+黄1) \times 10 = 20（根）$，将 $\frac{A+B}{2} = \frac{20+6}{2} = 13（根）$

置于一花末位，将其余7根（即20-13=7）置于首位，劈花后色排：

黄　白　黄　白　蓝　白　黄　白　青　白　黄　白
1　 1 　1 　1 　2 　1 　1 　1 　2 　1 　1 　1

　　3次　　　　　10次　　　　　6次

全幅81花，最后一花从末位减6根（白3黄3）。

（4）各色根数。

白色根数 = 每花根数×花数-减头+边纱根数 = 22×81-3+40 = 1819（根）

黄色根数 = 每花根数×花数-减头 = 20×81-3 = 1617（根）

蓝色根数 = 每花根数×花数 = 2×81 = 162（根）

青色根数 = 每花根数×花数 = 2×81 = 162（根）

（5）整经轴数。

①白色轴数 = 白色整经根数/筒子架容量 = 1819/640 = 2.84（轴），选3轴。

每轴根数 = 1819/3 = 606.3（根），修正配轴为606×2+607。

②黄色轴数 = 黄色整经根数/筒子架容量 = 1617/640 = 2.52（轴），选3轴。

每轴根数 = 1819/3 = 539（根），配轴：539×3。

③由于蓝色和青色根数较少，为避免稀轴造成的经纱整经卷绕时分布过宽，浆纱退绕时张力不匀，将蓝色和青色合并做一轴，则嵌线轴根数 = 162根+162根。

整经分为7轴，具体配置见表2-15。

表2-15　经浆分轴分层配轴

轴次	色纱		一花根数（根）	整经配轴	分色绞线
上层：第1轴	嵌线	蓝色	2	(162+162)×1	嵌线与黄色轴之间放分色绞线
		青色	2		
中层：第2~4轴	混色底	黄色	1819	606×2+607	黄色和白色之间放分色绞线
下层：第5~7轴		白色	1617	539×3	
	合计		3760	合计7轴	

注：双实线代表分色绞线，蓝色与青色之间如欲放分色绞线，不应在浆纱工序进行，应在整经结束前60m进行。

2. 伸缩筘排花（图2-39，彩图34）

（1）伸缩筘齿数为700齿。

（2）平均每筘齿穿入数 $=\dfrac{总经根数}{伸缩筘总齿数}=\dfrac{3760}{700}=5.4\approx5.5$（根／齿）

即 11 根/2 齿，伸缩筘排花见表 2-16。

表 2-16　伸缩筘排花表

色泽	布边	黄	白	黄	白	蓝	白	黄	白	黄	白	黄	白	黄	白	青	白	黄	白	黄	白
根数	20	1	1	1	1	2	1	1	1	1	1	1	1	1	1	1	1	2	1	1	1
循环	2		×3						×5				×3						×5		1
根数/齿数	20/4×2		11 根/2 齿					12 根/2 齿				11 根/2 齿					12 根/2 齿				
齿数	8		一花齿数=8																		
花数	—		81 花-6 根																		
全幅齿数		两侧边纱齿数+一花齿数×花数-减头齿数=8+8×81-1=655 齿，小于 700，符合要求																			

（三）分条排花型法

适合阔条产品（图 2-42，彩图 35）。将色经排列循环中的各色条根数经均匀分配到各经轴上进行整经，浆纱机上按工艺要求排筘，浆轴花型符合产品工艺中色经排列要求，不需放绞线。

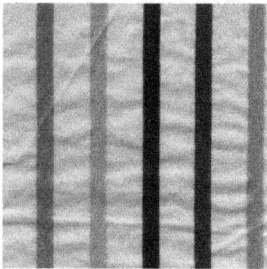
图 2-42　阔条织物

分条排花法可以概括为：先分条，即将织物色条均匀分摊到各个经轴上分别整经，各个经轴间有很大的相似性；再排花，即在浆纱机伸缩筘上将各经轴上浆后通过分绞区到达伸缩筘，并合的经纱按花型分摊到筘齿中。

分条排花型法在分配各色经时，尽量使各经轴上每花的色经排列根数相同，以减少换筒次数或变换色纱筒子次数，有利于提高整经效率。该法适用于阔条型排列的色织产品。

优点如下。

（1）浆纱机上进行排花型。浆轴上的花型排列完符合工艺要求，成形清晰，如有缺头，穿错能及时发觉，便于后道操作。

（2）由于经轴上的色经按工艺要求分摊，所以出烘房的片经纱路直，伸缩筘处的经纱密度均匀，浆轴质量好，有利于提高后道工序的生产效率及产品质量。

缺点如下。

（1）整经、浆纱都要排花型，使整经机和浆纱机效率低。

（2）排花型停车时间较长，剩浆不能利用，而且由于排花而造成的浆斑和局部经纱现象有所增加。

案例 8　某色织物总经根数为 4800 根，边纱总根数为 40 根，筒子架容量为 600 只筒子，浆纱机上伸缩筘允许筘齿数为 700 齿。

色经排列：蓝　白　红　绿

　　　　　　40　35　40　25　　　一花 140 根

解：

1. 分条工艺

（1）整经轴数。

$$全幅花数 = \frac{总经根数 - 边经根数}{一花经纱数} = \frac{4800 - 40}{140} = 34（花）$$

$$整经轴数 = 总经根数/筒子架容量 = 4800/640 = 7.5（轴）$$

为将织物色条均匀分摊到各个经轴上，轴数取 10 轴，分条排花各轴配置见表 2-17。

表 2-17　分条排花各轴分摊表

轴次		边 20	蓝 40	白 35	红 40	绿 25	边 20
A 区	1	2	4	4	4	2	2
	2	2	4	4	4	2	2
	3	2	4	4	4	2	2
	4	2	4	4	4	2	2
	5	2	4	4	4	2	2
B 区	6	2	4	3	4	3	2
	7	2	4	3	4	3	2
	8	2	4	3	4	3	2
	9	2	4	3	4	3	2
	10	2	4	3	4	3	2

（2）整经各轴根数。

A 区每轴根数 =（蓝 4+白 4+红 4+绿 2）×34+白边 4 = 480（根）

B 区每轴根数 =（蓝 4+白 3+红 4+绿 3）×34+白边 4 = 480（根）

A 区各经轴色经配置见表 2-18。B 区略。

表 2-18　A 区各经轴色经排列

边	蓝	白	红	绿											边
2	4	4	4	2											2
一花 14				其余 33 花排列与左侧第一花相同（略）											
全幅 34 花															

（3）各色根数。

蓝色根数 = 40×34 = 1360（根），白色根数 = 36×34 = 1190（根），红色根数 = 40×34 = 1360（根），绿色根数 = 25×34 = 850（根）。

2. 排花工艺　筘齿平均穿入数 = $\frac{总经根数}{使用总筘齿数} = \frac{4800}{650} = 7.4$（根／筘），近似取 7.5 根／筘。阔条织物伸缩筘排花结果见表 2-19。

表 2-19　阔条织物伸缩筘排花

色排	边	蓝	白	红	绿	边
根数	20	40	35	40	25	20
齿数分配 （根×齿）	7×2+6×1	8×5	7×5	8×5	8×2+9×1	7×2+6×1
齿数	3	一花齿数＝5+5+5+3＝18				3
全幅齿数	3+18×34+3＝618（齿），小于650符合要求					

该花型属阔条型品种，在经纱工艺中，各色经按色泽前后次序均匀分配在各只经轴上，只需换筒2次，并轴后，按工艺要求排筘，不需放绞线。

（四）分区分层法

适合中细条产品（图2-43，彩图37）。将全幅色经排列分成若干区段，把每区段中相同色经合并，再将合并后的不同色经分上下层交替排列整经，浆纱机按工艺要求排筘，上浆并轴后，片纱呈分区交替、上下分层状态，用绞线分开，以便穿综。

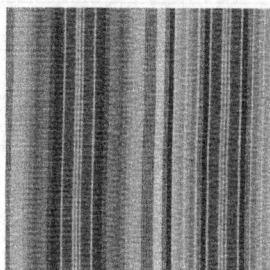
图2-43　中细条织物

每区段中各色经纱根数应满足两个条件：一是各色经纱根数是所用经轴的倍数；二是各色经纱根数是所循环根数的倍数。

该法适用于不同色泽、不同原料、不同捻向的色经排列循环较为简单的中细条间隔排列、辐射型排列等产品，由于有的色条包含的根数较少，不足以平均分配到各个经轴上，因而可将一花分若干区，相同色经并合后，得到一定数量的同色根数，将其分摊到其中部分整经轴（如A区轴）上去，同时为了保证整经轴上经纱根数尽量接近，其他色条根数就不要分布在该区轴上（可将其分布在B区轴），因而形成上下交替整经的方式。

其优点是：在浆纱机上需要排花型，所以浆轴的花型排列符合工艺要求；成形清晰，如遇浆头或穿错，能在小区段内及早发现，便于重穿，并可减少绞头和拉头现象，有利提高浆轴质量，便于后道操作。

案例9　总经为4255根，边纱（白）为20×2＝40(根)，整经机筒子架容量480只筒子，伸缩筘可用筘齿数为450齿。

色经排列：红　咖　红　白　黄　白　黄　白
　　　　　2　1　1　1　2　2　1　4

　　　　　＼15次＼　＼25次＼　＼15次＼　＼5次＼
　　　　第一区段　第二区段　　第三区段　　一花180根

解：

1. 全幅花数　全幅花数＝$\frac{总经根数－边经根数}{一花经纱数}$＝$\frac{4255－40}{180}$＝23.42（花），修正为23花。

加头数＝0.42×180＝75(根)，加头为：（红2咖1）×15+（红1白1）×15。

2. **分区** 将一花色经排列分成三个区段。

3. **并合** 同一区段相同的色经合并，填入表2-20。

4. **分上下层整经** 将区段内合并后的色经根数分上下层交替整经，使相邻区段内的相同色经呈交替排列，便于复查。

注：现代浆纱机采用经轴架上所有经轴退绕方向一致的下退绕法，故整经时只要所有经轴卷绕方向不变，插筒方向也相同即可。

5. **排筘** 并轴后，在浆纱机前伸缩筘处按工艺要求排，落轴前，穿分色绞线，便于穿综挡车工确定经纱次序。具体分区分层经浆排花工艺见表2-20。

表2-20 分区分层经浆排花表

区段	白边	I		II		III		加头				白边	
色纱排列	白边	红	咖	红	白	黄	白	红	咖	红	白	白边	
经纱根数	20	30	15	25	25	35	50	30	15	15	15	20	一花180
花数	—	23花						加头75根				—	
轴次 1	2	6			5	7		6			3	2	427根
轴次 2	2	6			5	7		6			3	2	427根
轴次 3	2	6			5	7		6			3	2	427根
轴次 4	2	6			5	7		6			3	2	427根
轴次 5	2	6			5	7		6			3	2	427根
放分绞线一根													
轴次 6	2		3	5			10		3	3		2	424根
轴次 7	2		3	5			10		3	3		2	424根
轴次 8	2		3	5			10		3	3		2	424根
轴次 9	2		3	5			10		3	3		2	424根
轴次 10	2		3	5			10		3	3		2	424根

排筘（排花）工艺

	白边	I	II	III	加头	加头	白边
每筘穿入数（根×齿）	白 7×2 6×1	红6咖3/筘×5齿	红5白5/筘×5齿	黄4白7/筘×3 黄5白5/筘×5齿	红6咖3/筘×5齿	红5白5/筘×3齿	白 7×2 6×1
齿数分配	3	5	5	8	5	3	3
合计	3	一花18齿			8		3
全幅齿数	428						

伸缩筘可用筘齿数为450齿，则：

$$筘齿平均穿入数 = \frac{总经根数}{使用总筘齿数} = \frac{4255}{450} = 9.5(根/筘)$$

全幅齿数＝一花齿数×花数+边纱齿数+加头齿数＝18×23+8+6＝428（齿），小于450齿，故可行。

（五）综合排花型法

在实际生产中，色织物的色经排列循环是复杂多变的。目前色经的色泽应用逐渐趋多而近，简单的排花型工艺已不能满足生产要求，因此，要运用上述四种基本方法进行综合处理，以满足生产工艺要求，使生产过程顺利进行。彩图 36，采用分色分层+分条排花法。

该法按色经排列循环的特点分成若干区域，然后根据各自的特点分别运用上述四种基本方法排花型，并综合色经排列分轴整经，浆纱机上并轴后按工艺要求排列，落轴前按工艺要求放绞线，便于穿综。它适用于色经排列循环复杂、色经多或特殊工艺要求的品种。

案例 10 分条排花+分区分层法

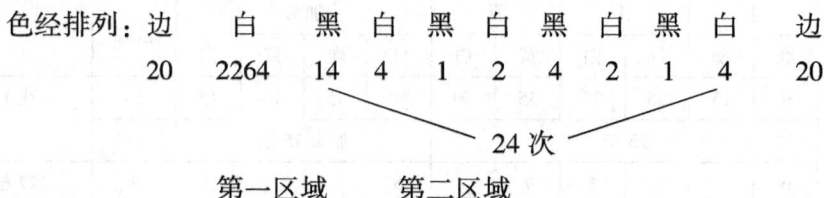

色经排列：边　白　　黑　白　黑　白　黑　白　黑　白　　边
　　　　　20　2264　14　4　1　2　4　2　1　4　20

　　　　　　　　　　　　　　　　24 次

　　　　　第一区域　　　　第二区域

总经 3080 根，边纱（白）24×2＝48（根），筒子架容量 640 只筒子。

解：此品种是胸襟花，经向排列较为复杂，采用综合排花型法，经观察，左侧为白 2264 根，是阔条，可以采用分条排花法，与之相邻的为黑、白细条间隔条带，可采用分区分层法。一花根数为 3072 根，全幅花数为一花。

采用分条排花+分区分层法：

整经轴数 ＝ 总经根数/筒子架容量 ＝ 3072/640 ≈ 5（轴），为了分条和分区方便，选 8 轴，即：

第一区域：每轴根数 ＝ 2264/6 ＝ 283（根），即 283×8 轴，边纱为每轴 6 根；

第二区域：（黑 14+白 4+黑 1+白 2+黑 4+白 2+黑 1+白 4）×24。

考虑到尽量根据细条间隔的花型均匀分摊黑色和白色经纱，且每小区段并合后根数不宜过少，以便使之为经轴数的整数倍，故将第二区域再细化分为八个小区域，即（黑 14+白 4+黑 1+白 2+黑 4+白 2+黑 1+白 4）×3。

将第二区段内相同色经并合以及细分为八小区段的色经合并后见表 2-21。

表 2-21　分条排花+分区分层经浆排花表（不含边）

色排		白	黑	白	黑	白	黑	白	黑	白	黑	白	黑	白	黑	白	黑	白
		2268	60	36	60	36	60	36	60	36	60	36	60	36	60	36	60	36
区域		一	二															
轴次			1		2		3		4		5		6		7		8	
1		283	12		12		12		12		12		12		12		12	
2		283	12		12		12		12		12		12		12		12	
3		283	12		12		12		12		12		12		12		12	

续表

色排	白	黑	白	黑	白	黑	白	黑	白	黑	白	黑	白	黑	白	黑	白
	2268	60	36	60	36	60	36	60	36	60	36	60	36	60	36	60	36
区域	一	二															
轴次		1		2		3		4		5		6		7		8	
4	283	12		12		12		12		12		12		12		12	
5	283	12		12		12		12		12		12		12		12	
6	283		12		12		12		12		12		12		12		12
7	283		12		12		12		12		12		12		12		12
8	283		12		12		12		12		12		12		12		12

注 表中第5轴和第6轴之间的双实线为分色绞线。

第1~5轴根数=白283+黑（12×8）+边6=385（根）；

第6~8轴根数=白283+白（12×8）+边6=385（根）（纯色轴）。

案例11 接任务二案例（表2-1、表2-8，图2-6）和任务三的项目三案例9，整经机筒子架容量640只筒子，完成经浆排花工艺设计。

解：一花经纱色排见表2-22。

表2-22 一花经纱色排

色泽	A	B	C	D	E	D	E	D	合计
一花根数	36	32	32	20	2	62	2	16	202

1. 全幅花数 全幅花数 $= \dfrac{\text{总经根数} - \text{边经根数}}{\text{一花经纱数}} = \dfrac{7708 - 40}{202} = 37.96$（花），修正为 38 花，减头 $= 0.04 \times 202 = 8$（根）。

2. 整经轴数 整经轴数 = 总经根数/筒子架容量 = 7708/640 = 12.04（轴），取12轴余8根，为此将总经根数修正为7000根，以利于操作管理上的经济合理，同时减少8根纱，幅宽减少的宽度 = 8根/经密 = 8/5.28 = 1.5（mm），实际筘幅与计算筘幅相差小于6mm，因而不影响客户的门幅要求，此时全幅为38花。经密单位为根/mm。

3. 经浆排花工艺 主要采用分条排花工艺，本着各轴根数接近和尽量减少换筒次数的原则，整经机筒子架经浆排花结果见表2-23。

表2-23 经浆排花工艺表（不含边）

色经 / 轴次	中紫蓝	深蓝	水蓝	次加白	亮黄	次加白	亮黄	次加白	一花合计
1	3	3	3	2		5		1	17
2	3	3	3	2		5		1	17
3	3	3	3	2		5		1	17
4	3	3	3	2		5		1	17

轴次 \ 色经	中紫蓝	深蓝	水蓝	次加白	亮黄	次加白	亮黄	次加白	一花合计
5	3	3	3	2		5		1	17
6	3	3	3	2		5		1	17
7	3	3	3	2		5		1	17
8	3	3	3	2		5		1	17
9	3	3	3	2		5		1	17
10	3	3	3	2		5		1	17
11	3	1	1		1	6	1	3	16
12	3	1	1		1	6	1	3	16
合计	36	32	32	20	2	62	2	16	

注　(1)　第 10 轴和第 11 轴之间的双实线代表分色绞线。

　　(2)　在满足客户需求和符合相关工艺设计原则，实事求是地在偏差允许的范围内合理调整工艺设计参数，保证生产上经济、可行是工艺设计人员应具备的技能。

4. 各轴经纱数

第 1~10 整经轴各轴根数 = 边纱 2+（中紫蓝 3+深蓝 3+水蓝 3+次加白 8）×38+边纱 2 = 650（根）；

第 11~12 整经轴根数 = （中紫蓝 3+深蓝 1+水蓝 1+亮黄 1+次加白 6+亮黄 1+次加白 3）×38 = 608（根）。

案例 12　大稀轴嵌线经浆排花工艺：对于根数较少的嵌线轴，可以提取统色底，或者其他色经轴根数补足嵌线轴根数。

例：总经根数为 5748 根，边为 48 根，筒子架容量为 640 只筒子，色经排列如下：

白　蓝　白　黄　白　红

24　2　16　1　16　1/一花 60 根

解：

（1）该织物属于统色底少数嵌线织物，统色底为白色。一花根数为 60 根。

$$一花中白色根数 = 24+16+16 = 56（根）$$

$$一花中嵌线根数 = 2（蓝色）+1（黄色）+1（红色）= 4（根）$$

（2）$$一花根数 = \frac{总经根数 - 边经根数}{一花经纱数} = \frac{5748 - 48}{60} = 95（花）$$

$$纯色白纱轴根数 = 花数×一花中白色根数+边纱根数 = 95×56+40 = 5360（根）$$

$$嵌线总根数 = 花数×一花中嵌线根数 = 95×4 = 380（根）$$

嵌线根数较少，如果整经单独成轴，会因为经纱横向散布过大，造成浆纱退绕张力不匀，因而需要从纯色轴上提取白色经纱加入嵌线，因为全幅 95 花，筒子架容量为 640 只筒子，嵌线原有根数为 380 根，因而可以每花提取 2 根白色经纱（图 2-44），合计 95×2 = 190（根），则嵌线轴根数 = [2（白）+2（蓝色）+1（黄色）+1（红色）]×95 = 570（根）。

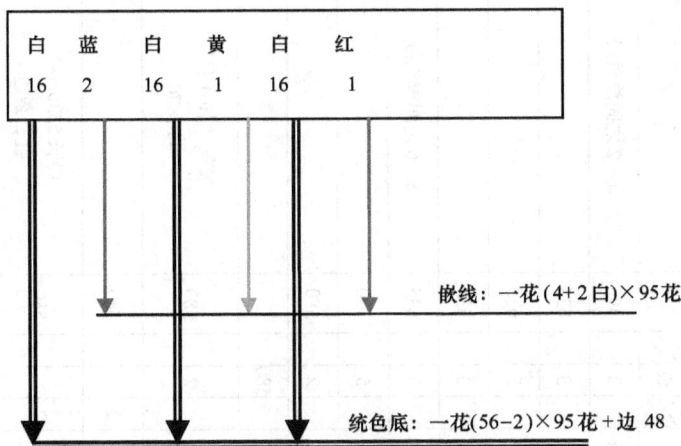

图2-44　稀轴经纱组成

经浆排花

白色经纱根数 = 5748-570 = 5178（根），则白色经轴数 = 5178/640 = 8.09（轴），取9轴。

白色经轴每轴根数 = 5178/9 = 575.3（根），则配轴为 575×6+576×3。

经浆排花工艺案例见表2-24。

三、特殊品种经浆工艺

1. 黑白纱浆纱　相邻黑（也称元色）白经纱应分浆槽上浆（如双浆槽），以避免黑纱毛羽黏附到白纱上，如无法实现双浆槽上浆，可以将黑白纱在浆纱机湿分绞处分开。

2. 近似色经纱上浆　近似色经纱上浆为避免混淆，可分别整经成轴，用湿分绞分开，落轴前用分色绞线分开。

3. 根数少的浆纱　如某一色根数较少，不能单独成轴，可用杂色纱将该色纱隔开，穿综前将杂纱拉出不穿。

4. 缎条织物　缎条与平纹或其他组织间隔织物，缎条之间距离大于5cm，两缎条之间加杂纱进行整经，杂纱支数与缎条色经相同或相近，注意浆纱开缸加张力，杂纱穿综前拉掉。

缎条之间距离小于5cm，单独成轴，开缸加张力。

5. 双轴织物

（1）普通双轴浆纱。在生产由各种组织联合而成的色织物品种时，由于各种组织不同、交织点不同、织缩率不同，若并在一织轴中，就会造成经缩率较小的经纱逐渐松弛，织造时停经片下坠而关车；如平纹与缎条间隔排列，缎纹条交织点少，织缩率小，经纱松弛。

其他采用两个经纱系统组织或者织物，如经起花（花经和地经）、泡泡纱（泡经和地经）、毛巾织物（毛经和地经）等，织缩率差异大的经纱另浆副（花）轴，使它与主轴配合进行织造，俗称双轴织造。

表2-24　南通新飞纺织有限公司浆纱排列组合表

厂编号：14040801-4　　花号：TD-0137 CLASSIC RED TATRAN　　盘板档距：162.6　　设计日期：

品名	回转方向	整经长度(m)	整经长度(m)	总经根数	花数	经密	纱支(英支)	原料
CVC格布	正转	5330	5330	6420	48花+24	110	CVC-45	CVC-45

经纱排列根数（根）循环数（颜色）：

大红	宝蓝	黑色	奶王	加白	草绿	黑色	大红	黑色	大加白	大红	黑色	加白	黑色	奶王	宝蓝	大红	边
23	7	13	1	2	16	2	7	2	1	2	2	2	13	1	7	23	30

轴号	轴数	经密(边)	经密(合计)	备注
1	1	3	490	1、2之间放纹线
2	1	3	635	
3	1	3	635	
4	1	3	635	
5	1	3	635	5、6之间放纹线
6	1	5	490	
7	1	2	580	
8	1	580	580	喷气"纬4色"110×70
9	1	2	580	
10	1	2	580	经长 5330m×1
11	1	2	580	缸，荣边

续表

筒子信息	大红	宝蓝	黑色	奶王	加白	草绿	大
	243×5 个轴 ×26650	97×5 个轴 ×26650	288×6 个轴 ×31980	96×1 个轴 ×5330	48×5 个轴 ×26650	96×6 个轴 ×31980	
	194×4 个轴 ×21320	47×4 个轴 ×21320	96×1 个轴 ×5330			192×5 个轴 ×26650	

分配掐齿

边：30>10×3
布身：48×(大红 22>11×2 大红 1 宝蓝 7 黑色 3>11×1 奶王 1>11×1 黑色 10 加白 2 草绿 5>11×1 黑色 4 加白 2>11×1 奶王 1>11×1 草绿 11>11×1 大红 9
红 8 黑色 2>11×1 大红 1 草绿 10>11×1 宝蓝 1>12×1 黑色 10 奶王 2>11×1 黑色 10 加白 1>11×1 黑色 2>11×1 加白 1)
加头：大红 12>12×1 大红 11 宝蓝 7>11×1 草绿 4 宝蓝 7>11×1
边：30>10×3
每花齿数：12；加头齿数：2；边子齿数：6；总齿数：584；折合片数：23 片，9 齿副轴的排花型方法与主轴相同，由于织机上一般副轴的色纱引出转向与主轴色纱的引出转向相反，所以副轴的排花型方向要与主轴相反（如果引出方向相同，排花型方向应与主轴相同）。由于副轴的色纱根数较少，因此，在浆纱机前部要排筘，以达到排列均匀、卷绕成形良好的目的；副轴上的经纱根数按机型不同，一般不少于400根，否则会给生产带来困难。

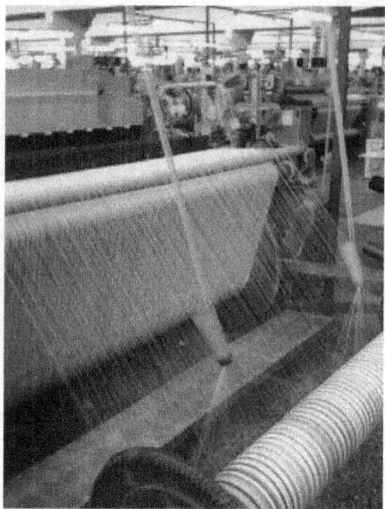

图2-45 根数少的花轴织造方式

（2）根数较少的副轴浆纱。对于某些双轴织造织物，如某些花经较少的经起花织物、泡经较少的泡泡纱织物及嵌条织物，可以采用花经与杂纱共同浆纱成花轴，在织造时将杂纱拉去，不参与织造（图2-45），浆纱方式可以绞纱上浆、整浆联合机上浆。

（3）花式纱浆纱。色织物中可以采用不同纱支的纱线，特别是有些特殊的花式线，如花式结子线、毛巾线、断丝线等可在织物中起到点缀作用，从而突出色织物的风格特征，要使上浆工艺同时适应这些花式线上浆，又利于织造，就必须按照不同情况采用特殊的上浆工艺。一般在织物中，当全幅的花式捻线根数超过100根时，要分轴整经，以便在浆纱机上按不同花式线的上浆要求进行上浆；当花式线的捻度小于10捻/英寸时，往往需要上薄浆，可把该经轴引出的纱线不经浸没辊而直接引入压浆辊和上浆辊之间轧浆，由上浆辊附带上来的浆液拖一拖（俗称过桥上浆）；当采用的花式线捻度大于10捻/英寸时或采用毛巾结子花式线捻线时，不需要上浆，可把该经轴引出的片纱跳过浆槽，而直接引入烘房。

当织物中花式捻线根数少于100根时，整经机上无法单独进行整经。这时有的花式捻线须与其他细支纱同轴整经，整经时必须在伸缩筘处逢花式线放一个空筘，减少粗支纱卷绕厚度，以保证经轴的卷绕平整，使经纱引出时张力均匀，避免在浆纱时产生浪纱现象；有的不经上浆的毛巾线和结子线，当根数少于80根时，可做简易筒子架，把纱从浆纱机上引出，使其与其他片纱在浆纱机伸缩筘处并轴。

（4）不宜做双轴的特殊组织品种在设计与生产中，可能有如下情况。

①一个品种有粗、细经纱排列，而粗支纱的根数较多，粗支纱抗弯刚性大，经纱织缩率小，可以在工艺设计时，将这些经纱插密筘，增加其经纱织缩率。

②组织松紧不同，而交织点较少的松组织的根数又大于紧组织的根数。

对上述两类品种，由于设备条件的限制和操作不便，不宜做双轴。但如果采用单轴工艺生产，则在织造过程中又会因粗支纱和松组织的经纱织缩率较小，而导致经纱张力松弛，出现停经片下坠现象，造成关车。

在浆纱时，把织缩率小的经纱先预伸，浆纱开缸时增大张力，即增加经轴制动力（图2-46），减少这些经纱在织造过程中被拉引的伸长，以减少该部分经纱的松弛，避免停经片下垂引起空关车，从而使织机顺利生产。但当这些经纱根数少于总经根数的一半时，可把这些经纱的经轴放在浆纱机后面的轴架上，采用过桥方式，在浆纱时用增加这些经轴的制动力，使引出张力增加，给予较大的预伸。当这些经纱根数大于总经根数一半时，由于经轴只数多，以致预伸所增加的张力过大，一般过桥不能负担，则可采用把要预伸的几只经轴放在前面，除增加经轴的制动外，并将引纱辊积极传动改为消极传动，以达到预伸目的。当弱捻纱与较细单纱并用时，弱捻线只需拖薄浆，则可跳过浸没棍，只从上浆棍与压浆辊之间轧过。当一般股线与单纱并用时，有时股线（或花式线）可不上浆，则可跳槽，在烘房（或烘房前导棍）处与浆纱并合。

图2-46 通过增加制动力进行花经预牵伸

（5）金银丝品种。随着色织品种的发展，金银丝织物（彩图38）越来越多。目前，金银丝补加方法按其质量情况有以下三种。

①对耐高温的金银丝，为了简化上浆工艺，往往把金银丝与其单纱同轴整经，采取相同的上浆工艺。

②在浆纱机后另用一只特制的筒子架，将金银丝从架子上引出后，过张力调节辊引入烘房（不经浸浆和压浆）与湿浆纱并合。

③对不耐高温的金银丝，可在浆纱机烘房前上方安装特制筒子架（每只筒子旁边应有制动装置，防止松弛），引出后经导辊下方，再按要求放在相应伸缩筘中，随浆纱一同经过拖引辊绕入上浆棍，即不浆不烘，如图2-47所示。

图2-47 不耐热金银丝的特制筒子架

由于金银丝是扁平形的，表面又光洁，所以滑移性大，再加上金银丝伸长大，伸长后又不易复原，为了避免在金银丝浆纱时造成断头、倒塌现象，因此，在金银丝与其他单纱同轴整经时要注意以下几方面。

①由于金银丝是扁平光滑的，在整经过程中容易左右滑移，而盘板属硬性，在整经过程

中不能起到缓冲作用等，因此，金银丝不能放在靠经轴盘边处，否则容易造成嵌边现象，在浆纱时造成倒断头，影响浆轴质量；如在整经排列中，金银丝正好排在边上，则应用边纱补加在边上。

②金银丝与细号单纱整经时，必须放空筘（与股线同经，则不需放空筘）。由于金银丝直径比细号单纱粗，如不放空筘，在整经过程中，使金银丝隆起，引起倒塌，压断相邻的细号单纱，造成无法生产。

③金银丝不宜单独整经，如和其他并列一起整经，必须与其他纱支的经纱间隔开来整经，否则会造成嵌边断头现象。

④在金银丝整经时，必须垂直于轴线方向引出，如沿着筒子轴向引出，造成金银丝加捻影响织造生产，增加断头率，因此，应在整经机上加装简易筒子架。

（6）左右捻品种。左右捻隐条隐格产品应分轴整经，在浆纱机上并轴后，穿放分色绞线，便于穿综（或在筒子端染色，便于整经时区别）。

（7）近似色织物。近似色纱整经应单独成轴，浆纱时放分色绞线。近似色纱不能单独成轴时，要加杂纱做成一轴，杂纱在穿综前拉掉。

情境三　典型色织面料设计

情境目标

色织企业内从事面料设计、工艺设计、贸易工作的人员必备的岗位知识和技能要求，掌握典型色织面料设计要素及其生产技术关键。

任务一　色织府绸设计

一、色织府绸特征

1. 技术特征　府绸采用高支高密、平纹组织为主织造，织物经向紧度在70%以上，纬向紧度为40%，经纬密度之比为5：3。

2. 风格特征　织物质地细密、轻薄、条干均匀，手感滑爽、挺括，外观有绸缎般轻薄的风格及亮丽的光泽，由于织物紧度大，且经密大于纬密，表面有菱形颗粒效应（图3-1）。

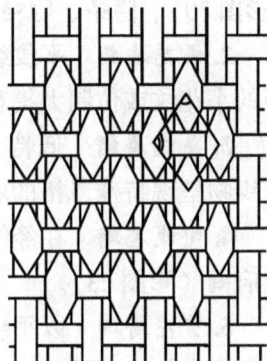

图3-1　府绸的菱形颗粒效应

二、色织府绸规格

色织府绸英文名称为Poplin，由于纱线的原料和结构、纺纱工艺以及组织结构的不同，规格繁多，加上花式线的使用，其规格更加复杂，常用规格见表3-1。

表3-1　色织府绸常用规格

组织	原料	线密度（tex）		密度（根/10cm）		总紧度（%）
		经	纬	经	纬	
提花	纯棉	J 14.5	J 14.5	472	268	80
提花	纯棉	J 14.5	J 14.5	472	268	80
平纹	纯棉	18	18	421	268	82
缎条	纯棉	14×2	17	346	260	81
缎条	纯棉	14×2	17	346	260	82
平纹	涤65/棉35	13	13	441	283	77
平纹	涤65/棉35	13	13	394	276	72
提花	涤65/棉35	13	13+（13+13）	441	260	76
提花	涤65/棉35	13+（13+13）	13	417	283	75
提花	涤65/棉35	13+（13+13）	13+（13+13）	441	276	77

117

续表

组织	原料	线密度（tex）		密度（根/10cm）		总紧度（%）
		经	纬	经	纬	
平纹	涤65/棉35	13+(13+13)	13+(13+13)	409	268	74
提花	涤65/棉35	13+(13+13)	13+(13+13)	417	260	74
平纹	涤65/棉35	21	21	362	260	81
平纹	涤65/棉35	13	13	315	276	63

三、色织府绸分类设计

色织府绸按纱线结构可分为全纱府绸、半线府绸、线府绸；按纺纱工艺可分为精梳府绸、半精梳府绸（经纱精梳、纬纱非精梳）；按纱线的原料可分为纯棉府绸、涤/棉混纺府绸、CVC府绸等。根据织物组织、颜色、纱线配置和不同纤维交织分为以下几类。

1. 条格府绸 以平纹组织运用纱线色彩配置，或不同捻向的纱线生产的条形、格形（彩图30）、隐条、隐格、闪色等的府绸。

2. 提花府绸 平纹组织为地组织，结合各种提花组织，使彩条、彩格的布面呈现稀疏细巧的小花纹或仿制大提花形态的府绸（彩图3）。

3. 嵌线府绸 低特（高支）纱府绸的经纱或纬纱嵌入少量花线，彩色结子线作衬托，使织物呈现特殊风格的府绸（彩图44、彩图46）。

4. 印线府绸 在经纱或纬纱的纱线上间隔印上各种颜色，使产品呈现不规则的彩色竹节的府绸（彩图23）。

5. 剪花府绸 以平纹组织为地组织，以经起花或纬起花织成小型朵花和象形图案，织成后剪去织物反面纱线浮长，呈现单独朵花或图案，类似刺绣产品的剪花府绸（彩图13、彩图14）。

6. 弹性府绸 一般为纬向弹性府绸，采用弹性纬纱和普通纬纱按一定比例相间排列，形成纬向弹性织物，弹性纬纱和普通纬纱排列比为1:1~1:3，视弹性要求而定，弹性纬纱一般采用氨纶包芯纱、氨纶包覆纱或PBT弹性纱等（彩图18）。

7. 大提花府绸 大提花织机生产大花型或复杂的图案，类似丝绸产品的府绸（彩图2）。

8. 金银丝府绸 在条格府绸中，嵌少量各色金银丝产品，布面有闪闪光彩，具有独特风格的府绸（彩图38）。

9. 缎条府绸 平纹结构的半线府绸中嵌以缎纹组织，整理后，缎纹处光泽好，布面又挺又爽的府绸（彩图35）。

10. 套色府绸 原色纱线作经纬，在经纱或纬纱织入少量耐煮练、耐氯漂的有色纱线，形成条子或格子产品，再经整理厂进行染色或漂白，使成品具有色织产品特殊风格的府绸。

四、色织府绸生产技术关键

色织府绸纱支细，密度大，交织次数多，布面质量要求高，织造难度大，需对生产工艺参数和工艺条件加以选择和确定。

1. 络筒 在保证筒子卷绕密度、成形良好的前提下，张力不宜过大，速度不宜过高，较高的车速会增加络纱张力，引起断头增加，接头次数增加，效率下降。采用电子清纱器重点清除短粗节、长粗节和长细节，单纱捻接用空气捻接器，股线用喷雾捻接器。

2. 整经 为保持纱线弹性、强力并减少断头，做到张力、排列、卷绕三均匀。尽可能采取"多头少轴"工艺，色纱整经时，宜采用分色分层方法根据花型特点插筒排花，车速不宜过快，这样可为浆纱提供优质大经轴。

3. 浆纱 府绸织物密度大、纱支细，通过上浆，一方面要保证纱线的弹性，提高纱线的耐磨和强力；另一方面要达到上浆率、回潮率、伸长率、片纱张力、经纱排列和卷绕均匀。纯棉纱宜用淀粉或变性淀粉浆，混纺纱宜用化学浆或混合浆液上浆。上浆过程应坚持"高浓度、低黏度、重浸透、求被覆、轻张力、小伸长、复分绞、湿分绞、分层烘、后上蜡、紧卷绕"的原则。

4. 穿经 府绸织物以平纹为主，交织频繁，经向密度和紧度均较大，织造时纱线上下交错次数频繁，且纱线细，极易使经纱因摩擦剧烈而起毛起球，相互粘连，停经片飞花积聚，断经不关车，织造开口不清，引起断头，并产生"三跳"疵点。所以尽量增加综页数，减少综丝密度。穿综常采用飞穿法，停经片穿法由原来的1、2、3、4顺穿，改为1、1、2、2、3、3、4、4的重叠穿法或山形穿法，可以减少停经架中导棒处经纱间的相互摩擦。

府绸经密大，总经根数多，穿筘4根/齿，相比于2根/齿，筘号减少一倍，经纱与筘片摩擦几率下降一倍，有利于减少断头。

5. 织造 府绸织物纱线细、经密大。在织造过程中，经纱摩擦剧烈，容易出现断头，且易产生静电，开口不清晰等现象，要合理确定经位置线。

（1）较高后梁。府绸织造为了降低断头率，采用4根/筘齿穿筘法，但是因筘号小，会因筘片厚度大而增加织物筘痕，采用较高后梁，使得上层经纱张力小，有利于织造时经纱彼此靠拢，减轻筘痕现象。下层张力大，有利于打紧纬纱。但后梁高度过高，上下层经纱张力差异大，易造成梭口不太清晰，不利于引纬且造成"三跳"织疵。

停经架位置应位于综丝眼与后梁握纱点的连线上，减少经纱与停经架间的摩擦，减少经纱绞头时产生断头。

（2）较大上机张力。上机张力大，有利于开清梭口，打紧纬纱；若上机张力过小，布面菱形颗粒凸出，但开口清晰度差，使跳花及跳纱增加；若上机张力过大，可使布面匀整，但菱形颗粒不凸出，且增加经纱断头，由此处理停台后开车易造成开车横档，织疵增多，降低织机生产效率。

（3）早开口、小双层梭口。采用小双层梭口以降低开口时经纱之间的摩擦；采用适当提早开口时间，这样不仅可以使布面丰满，颗粒凸出，还有利于引纬并打紧纬纱。

（4）确定适当的开口高度。增大开口量可使梭口清晰，但开口太大会增加经纱断头；若开口量减小，引纬时会增加对经纱的挤压，同样会造成经纱断头的增加，故开口高度宜适中。

6. 染整 纯棉府绸紧度较高，前处理工艺要注意退（浆）尽、煮（练）透、漂（白）好、丝光足，以获得晶莹的白度、艳丽的色泽、均匀的满地花以及凸出的颗粒效应。纯棉府绸进行洗可穿整理时，要注意对染色牢度的影响以及释放甲醛的数量。

注：有关府绸的工艺设计和生产工艺设计，可参见情境一任务二和任务三内容。

任务二　色织牛津布设计

色织牛津布（也称牛津纺），英文名称 Dyed Yarn Oxford，源于英国牛津大学的学生校服，常用细特经纱与较粗的纬纱以纬重平或 2/2 方平组织交织而成。一般选择较细的精梳棉纱，高档的采用优质长绒棉细特纱，也可采用涤棉、涤黏、麻纱。

主要特征可以概括为色经白纬、细经粗纬、双经单纬、混色效应和针点效应。

一、色织牛津布风格特征与用途

纱支条干均匀，织纹颗粒饱满，色彩淡雅，手感柔软、滑爽、挺括，透气性好。细特棉织物经液氨整理更为光洁，富有绸感，缩水率低，保持在 1%~2%。外观上具有如下特征。

1. 色织效果　指布面上经向的纱线显现色彩，纬向纱线却呈白色，即"色经白纬"。

2. 针点效应　指经纬纱的组织点凸出于布面，这样既能增强色彩效果，又能体现立体感。针点颗粒应凸出而饱满。

3. 手感松软　织物具有一定悬垂性和柔软性，可使穿着舒适，体形优美。

4. 透气性好　吸湿、透湿性好，穿着闷热现象有所改善。织物透气性能与其原料、纱线线密度、织物密度、组织等有关。

牛津布宜作男女衬衫面料、女式制服或春秋季两用衫，穿着舒适，色彩文雅，体形优美。

二、色织牛津布分类

1. 按花色分　有素色、漂白、色经白纬、色经色纬以及中浅地纹嵌以简练的条格等（彩图4）。

2. 按原料分　分为纯棉牛津布、涤棉交织牛津布、棉麻交织牛津布等。

3. 按纱线种类分　分为普通纱牛津布、包芯纱牛津布等。

4. 按织物组织分　分为双经单纬牛津布、双经双纬牛津布等。

三、色织牛津布生产方式

（1）牛津纺的生产采用经纬异色交织法，既有立体感，又不易褪色。

（2）利用不同原料的本色经纬纱，一般经纱为涤棉、涤黏，纬纱为纯棉，先织后染，经纬纱因原料不同，吸色性不同，染色后经纬异色形成独特的色织效应；采用匹染的方法产生色织布效应，生产成本较低。

四、牛津布设计

（一）原料选择

1. 纯棉牛津布　棉纤维因吸湿性能较好，穿着舒适。涤棉纱与纯棉纱交织的牛津布，与纯棉牛津布比较，织物手感具有柔中寓刚的特点，但吸湿性能略差；与涤棉混纺细平布比较，吸湿性能较好，穿着无闷热感。

2. 涤棉牛津布　织物具有一定的柔软性、吸湿性、挺括性。涤棉混纺比影响牛津布的风格特征，涤棉混纺比可为 40/60、45/55、65/35，现在国内涤棉混分比大多采用 65/35。

（二）产品规格设计

牛津布常见规格见表 3-2。

表 3-2　牛津布常见规格

织物名称	织物组织	经纱线密度（tex）	纬纱线密度（tex）	经向密度（根/10cm）	纬向密度（根/10cm）
色织纯棉牛津布	2/1 纬重平	18	J 58	403.0	160.0
色织纯棉牛津布	2/1 纬重平	14.5	J 36	393.5	196.5
色织纯棉牛津布	2/1 纬重平	J 7.5×2	J 7.5×2	590.5	244
涤棉交织牛津布	2/1 纬重平	14.5	J 36	377.5	177
涤棉交织牛津布	2/1 纬重平	13	J 36	397.5	196.5
涤棉交织牛津布	2/1 纬重平	13	J 36×2	397.5	196.5
涤棉交织牛津布	2/1 纬重平	13	J 42	400.0	181.0
涤棉交织牛津布	2/2 方平	J 7.5×2	J 12	397.5	334.5

（三）织物组织设计

织物的针点效应是牛津布最重要的特征。如果采用平纹组织，经纬纱一上一下相互交织，能形成针点效应，但针点不够饱满，最好选用平纹变化组织，使针点凸出而饱满，通常为 2/2 纬重平或 2/1 纬重平。织物表面的针点效应取决于织物组织的种类。斜纹组织的外观特征是由经纱或纬纱组织点在布面上连续构成斜纹线条，因而不能在织物表面形成针点效应；缎纹织物的外观特征是浮线较长的经纱或纬纱遮盖布面，这也不可能在织物表面形成针点效应。可见，能在布面上形成针点效应的，只有经纬纱每隔一根上下相互交织的平纹组织。普通一上一下的平纹组织虽然能形成针点效应，但针点不够突出，不够饱满。为使针点突出而饱满，最好选用平纹变化组织，通常采用纬重平组织、方平组织，对改善织物松软程度颇为有利。

（四）经纬纱线密度设计

经纬纱线密度的大小应根据织物的用途来选定。用于夏季服装的，可采用细特纱织制；用于春秋服装的，可采用较粗纱织制。经纬纱线密度的配置对针点效应影响颇大，并与织物组织也有关联。现举例如下。

（1）如采用 2/2 纬重平组织，则经纬纱线密度配置应经纱细、纬纱粗。

（2）如采用 3/3 纬重平组织，则经纬纱线密度配置应经纱较细、纬纱较粗。

（3）如采用 2/2 方平组织，则经纬纱线密度配置可以相接近或经纱比纬纱略细。

牛津布大多采用 2/2 纬重平组织（双经单纬），经纱为 29~11.5tex（20~50 英支），纬纱为 58~29tex（10~20 公支），经纬纱线密度比例约为 1:3。这样经纬纱特数的配置，可获得良好的针点效应，促使针点凸出而饱满。目前国内生产的牛津布大多经纱采用 13tex（45英支）左右的涤棉纱，纬纱采用 38tex（15 英支）左右的纯棉纱。

为了增进色彩效果，色织牛津布的经纬纱大都采用先丝光后染色。

（五）织物紧度的选择

织物紧度影响织物的手感松软和透气量，为保证一定的松软程度和透气量，织物经纬向紧度不宜过高，但紧度低时，虽能改善松软程度和透气性能，但将会影响针点效应。2/2 纬重平组织的牛津布，其经向紧度为 50%~60%，纬向紧度为 45%~50%。

五、色织棉麻交织牛津纺设计与生产工艺实例

采用棉麻交织的牛津纺，可使面料具有挺括、滑爽、吸湿、透气、耐用以及穿着不贴身、易洗快干等优良的性能，棉麻交织牛津纺经合理配色、染整加工后，富有立体感，针点效应更突出，手感滑爽，可成为一种高档的衬衫面料。

（一）织物设计

1. 织物规格 CJ 14.6/F 29.2tex，393.5/189 根/10cm，160cm。经向为纯棉精梳纱，纬向为亚麻纱。

2. 组织 2/1 纬重平。

3. 经纬色泽 白经色纬。

（二）生产工艺要点

1. 络筒工序 经纱采用 CJ 14.6tex 绞纱漂白后纱线强力降低，因此，对准备工艺要求高。要求筒子成形良好，卷绕密度均匀适中。采用 1332P 型络筒机，主要工艺参数为：槽筒转速为 700r/min，卷绕密度为 0.48g/cm³，清纱隔距为 0.3mm 左右。

2. 整经工序 一方面要求采用较小的张力；另一方面要求片纱张力均匀，分段分区配置张力盘。经轴表面平整，无凹凸边。采用 1452G 型整经机，整批换筒，导纱磁眼低于锭脚 5mm 左右；水平式加压卷绕，卷绕密度为 0.5g/cm³，中低速卷绕，速度为 300m/min。避免速度过高，张力增大引起整经断头。

3. 浆纱工序 采用祖克 S 432 型浆纱机。

（1）浆料配方：变性淀粉为 100%，PVA 1799 为 40%，CD-PT 为 8%，甘油为 2%，NL-4 防腐剂为 0.2%。

（2）上浆工艺参数：上浆率为 12%±1%，回潮率为 7%±0.5%，伸长率为小于 1%。

14.6tex 纯棉纱线密度低，单强低，织物总经根数较多，上浆工艺采用"紧张力、匀卷绕、重浸透、求被覆、湿分绞、保浆膜"的上浆措施。浆后的经纱表面光洁、韧性好、耐磨性强、单纱增强率较高。要求织轴表面平整，卷绕密度为 0.55g/cm³ 左右。纱片通过压浆辊后，用三根湿分绞棒将湿纱片分成四层。可以减少经纱并头，有利于毛羽伏贴，尽量减少经纱在干分绞棒处碰断或撕裂浆膜。

4. 纬纱络筒 纬纱剑杆织机织造棉麻交织物的主要困难是引纬，由于本产品采用纯亚麻作为纬纱，其竹节、细节等疵点较多，毛羽长且多，弹性小。络筒时贯彻"小张力、大隔距、匀卷绕"的工艺原则，尽可能保护亚麻纱原有的物理机械性能。

（1）纬纱络筒张力。在保证络筒卷绕紧密、成形良好的条件下，为减少亚麻纱的弹性损伤，张力以小为宜，通过优选，确定为 10cN±1cN。

（2）清纱隔距。由于亚麻纱纱身粗糙、毛羽较长，因此，清纱隔距以大为宜，最大限度地减少毛羽，清纱器隔距为 0.7mm±0.05mm，有利于降低络筒断头率。

（3）车速。550r/min，不宜过高。

（4）接头。纯亚麻纱硬挺，织造时纱结极易脱结，故对结头的质量要求较高，应做到小而牢。一般宜采用自紧结为好，有条件可采用空气捻接器。

5. 织造工序

（1）储纬量的调节。由于亚麻纱的弹性不及纯棉纱，它在储纬鼓上的纱圈比较松散，从而储纬鼓上储纬量相对要少些，因而需移动储纬接近开关的位置，增加卷绕量，以适应引纬时高速退绕的需要。

（2）纬纱张力的调节。由于亚麻纱的弹性小、脆性大，如果作纬纱时张力控制过大，容易引起脆断和剑头引纬失误，所以纬纱张力要适当减小，可通过调节储纬器上进纱和出纱张力调节器来合理调整纬纱张力。

（3）剑头夹纱钳的调节。剑杆织机在织造麻类产品过程中，纬纱上的毛羽容易积存在剑头的夹持器内，造成引纬失误。针对这一问题，除要求挡车工随时做好纬纱通道部分清洁工作外，还要将送纬剑的片簧夹持力适当减小，可有效降低纬停次数。

（4）进剑时间的调节。进剑时间过早过迟都会增加经纱的摩擦力，不利于织造。送纬剑进剑时间为57°左右，接纬剑进剑时间为60°左右，这样有利于剑头在梭口中顺利引纬。

（5）开口机构的调节。采用 Staubli 2612 型电子多臂机，其主要工艺是调节开口时间和梭口大小。针对品种的特点，开口时间调整为310°，以减少剑头入梭口时经纱对剑头产生的挤压度，同时也增加了引纬时剑头对麻纱的握持力。梭口大小调节为30mm，这样开口时经纱伸长较小，受到的摩擦也少，梭口比较清晰，较好地满足了织造的要求。

（6）经位置线及上机张力的调节。根据品种特点，需适当抬高后梁，以加大上下层经纱张力差异，促使上层经纱在略有松弛状态下左右摆放，使布面显得丰满且针点效果更加明显。后梁深度定在 6cm 档，高度定在 15cm 档；停经架高度定在 3cm 档，深度定在 8cm 档。该机的上机张力主要是通过上机张力弹簧来调节，将上机张力弹簧固定在 2 号孔位，弹簧的活动量为 75%。

（7）其他工艺措施。在电脑上合理设置经、纬停检测参数。根据品种的特殊性，经纱检测灵敏度设为 45，纬纱检测灵敏度设为 8，滤值设为 3，这样可有效地减少织造时的停车。

任务三　牛仔布设计与生产

牛仔布是由靛蓝染色的经纱与本色纬纱交织而成的，坯布经缩水整理后制成服装，再经陈旧处理。牛仔布服装具有紧密、柔软、结实、耐磨等特点，有良好的吸湿性和保形性，穿着舒适，朴素大方，雅俗共赏，受到各界人士喜爱，百余年来经久不衰。

一、牛仔布的特点

（1）大多采用纯棉纱或纤维素纤维织造，即使使用化学纤维交织、包芯，也多使用纤维素纤维外露，使织物吸湿性强，透气性好，满足了人们要求自然、随意的心理。随着后整理技术的发展成熟，纤维素纤维的抗皱性、免烫性正在进一步提高。

（2）牛仔布常采用粗特纱、斜纹组织织造，质地厚实坚挺，纹路均匀清晰，穿着舒适，且粗犷豪放，充满时代气息。牛仔布有传统牛仔布和花色牛仔布两类，传统牛仔织物是以纯棉靛蓝染色的经纱与本色的纬纱，采用3/1斜纹组织交织而成的。

（3）经纱一般采用靛蓝染料染色，纬纱则为本白色，交织而成。靛蓝染料为一种还原性染料，特点为：颜色不够鲜艳，深色难以获得；对温度较为敏感，易造成染色不匀，是一种较为"娇嫩"的染料；摩擦色牢度差，尤其在湿态时，摩擦色牢度仅为一级。

由于靛蓝染料的这些特点，加上牛仔服装采用特殊的"石磨""水洗"等工艺，使色泽变浅，彩度降低，获得仿旧风格，并且易于搭配。牛仔布总的发展趋势是由厚重粗硬向细薄轻软发展，这一趋势大大推动了差别化纤维的应用，增加了纱线种类和织物类别。

二、牛仔布类型

1. 从重量上分 有重型为 $440 \sim 509 g/m^2$（$13 \sim 15$ 盎司/码^2）；中型：$340 \sim 432 g/m^2$（$10 \sim 12.75$ 盎司/码^2）；轻型：$203 \sim 330 g/m^2$（$6 \sim 9.75$ 盎司/码^2）。

2. 从原料上分 有全棉、麻混纺、黏胶混纺以及毛混纺、氨纶包芯纱弹性牛仔布等。

3. 从织物组织上分 有斜纹、斜纹变化组织、平纹、缎纹、凸条以及大提花组织等。

4. 从后整理分 有预水洗、石磨蓝、超漂白、雪洗等。

三、牛仔布工艺设计

1. 织物组织 织物组织应根据织物重量、纱线线密度、经纬密度以及市场流行趋势或用户要求而定，一般以斜纹及其变化组织为主，3/1、2/1、2/2的左斜、右斜、双面斜纹组织以及缎纹组织、平纹组织、灯芯绒、桃皮绒共同成为牛仔装用主要面料。

2. 经纬向紧度 视织物重量而定。重型牛仔布的经向紧度为95%左右，纬向紧度为70%左右；中型牛仔布的经向紧度为85%左右，纬向紧度为60%左右；轻型牛仔布经向紧度为78%左右，纬向紧度为51%左右。经纬向紧度比一般在1.3~1.4：1。全棉牛仔布的规格见表3-3。

表3-3 全棉牛仔布规格

经纱		纬纱		经纬密度		重量	
tex	英支	tex	英支	根/10cm	根/英寸	g/m²	盎司/码²
83.3	7	97.2	6	283.5×196.5	72×50	508.7	15
83.3	7	97.2	6	276.5×196.5	70×50	500.2	14.75
83.3	7	97.2	6	283.5×181	72×46	491.7	14.5
83.3	7	97.2	6	283.5×165	72×42	474.7	14
83.3	7	97.2	6	267.5×181	68×46	474.7	14
83.3	7	83.3	7	283.5×181	72×46	466.3	13.75
83.3	7	83.3	7	283.5×165	72×42	457.8	13.5
83.3	7	83.3	7	275.5×181	70×46	457.8	13.5

经纱		纬纱		经纬密度		重量	
tex	英支	tex	英支	根/10cm	根/英寸	g/m²	盎司/码²
83.3	7	83.3	7	259.5×181	66×46	440.8	13
83.3	7	58.3	10	275.5×181	70×46	423.9	12.5
58.3	10	83.3	7	315×181	80×46	406.9	12
58.3	10	83.3	7	307×181	76×46	398.4	11.75
58.3	10	83.3	7	299×165	76×42	373	11
58.3	10	58.3	10	307×220	78×56	356	10.5
58.3	10	58.3	10	307×181	78×46	339.1	10
48.6	12	48.6	12	307×181	78×46	271.3	8
36.4	12	36.4	16	307×181	78×46	203.5	6

3. 幅宽　牛仔布的幅宽一般为 114.3cm（45 英寸）和 152.5cm（60 英寸）两种。

4. 总经根数　采用无梭织机织造时，应考虑到剪掉的废边纱数。其总经根数＝布身经纱数+废边纱数，其中，布身经纱数＝经密×幅宽，它包括地部经纱数、边部经纱数和绞边纱数。

5. 绞边纱的选择　绞边纱的作用是锁紧布边，以保证在后加工中不脱边、断边。所以，要求绞边纱强度高、伸长小。一边绞边纱采用线密度较小的中长纤维股线或涤棉股线。

6. 牛仔布的布边设计与工艺

（1）布边的作用与要求。牛仔布的布边是为了保护布身不受后整理过程中的针铗链的损伤，布边的要求是平直、坚牢。

（2）布边宽度。布边应随布幅加宽而加宽，如布幅宽为 150cm 以上，则布边宽度为 1cm 以上。

（3）布边组织。布边组织与布身组织的交织频率尽量一致，以使经纱的织缩率与布身一致，避免卷边、荷叶边（也称猫耳边）等。大多数牛仔布的织物组织是 3/1↖，其布边的组织设计有以下两种方法。

①布边组织采用反斜纹，即 3/1↗，这种布边设计的优点是边组织借用地组织的综页，改变穿综顺序即可，不必增加综页数，但后加工中仍有卷边情况。

②布边组织采用 2/2 方平组织，这种布边设计的优点是布边平整、不卷边，但需增加两页综页专门用于织边。

四、色织牛仔布生产工艺流程（图3-2）

（一）经纱工艺流程

经纱靛蓝染色的工艺流程常用的有两种方式：一种是采用染浆联合机的生产线，也叫片状染色生产线；另一种是采用球经（绳状）染色的生产线，也叫束状染色的生产线。

1. 束状（也称球经）染色工艺方式

　　球经整经→束状染色→分经→浆纱→穿经或结经→织造→后整理

```
                    原纱(转杯纱)
          ┌──────────────┴──────────────┐
        经纱                          纬纱
        络筒                    络纬(或直接转杯纺纬筒)
        整经
     靛蓝染色和上浆
        穿经
              上机织造
              烧  毛
              上  浆
            拉斜(整纬)
            防缩整理
            烘干定型
              成  品
```

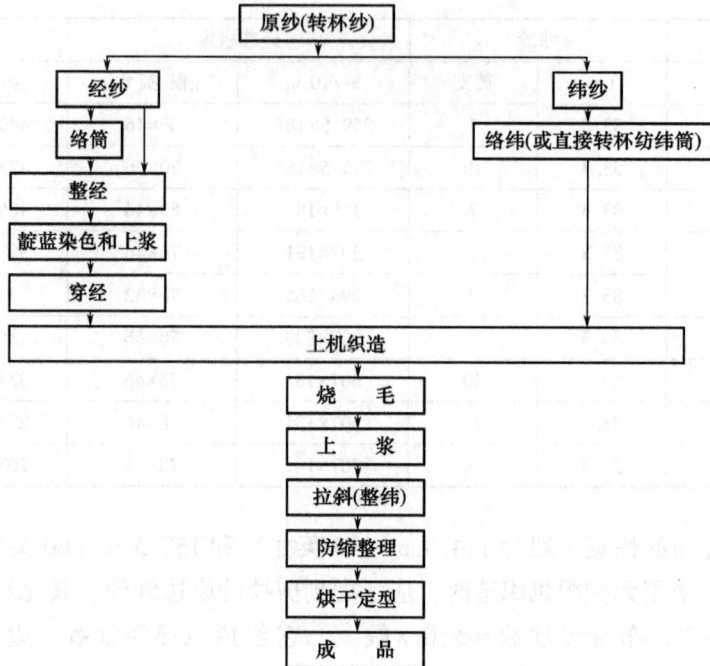

图3-2　牛仔布的生产工艺流程

（1）束状染色的特点。

①染色质量好。该工序流程由于在分经到浆纱的过程中，对染色的经纱进行了两次排列，掩盖了染色过程中所造成的区域性色差，可彻底解决两边与中间的色泽差异问题，色泽、色光透染程度均匀一致，色牢度好。做成服装经石磨加工后，不会产生色条，质量好。

②染色的线速度高，产量高。球经染色的速度最高可达36m/min，较染浆联合机速度高50%（一般染浆联合机的速度不会超过25m/min）。

③浆轴质量好、布机效率高、下机质量好。由于染色、上浆分别进行，不相互影响，对上浆操作控制有利，因此，上浆质量较染浆机明显提高。浆纱工序有充足的时间进行上落轴、排筘齿、处理各种倒断头等操作。

此外，该方式连续开机，无损耗，适合大批量生产，但工序多、投资、占地面积、用工等均较大，生产线的设备和厂房总投资往往是染浆联合机的8~10倍。

（2）束状染色的主要设备。束状染色的主要设备主要由球经整经机、球经（绳状）染色机、重新整经机组成。

球经整经机工艺流程：球经整经机（图3-3）是将数百根经纱牵引整理，集束成一条绳束，然后卷绕在特制的芯轴上做成一个纱球（图3-4），供染色使用。球经整经是球经染色的准备工序，其片纱张力是否均匀一致，会直接影响到染色生产质量的好坏和分经（重新整经）能否顺利进行。

球经整经机的主要机构和工艺流程如图3-5所示。

纱线4由筒子架1上引出，穿过断头自停装置11到达定幅筘2，穿过定幅筘齿后到分纹

图3-3 球经整经机

图3-4 球经纱球

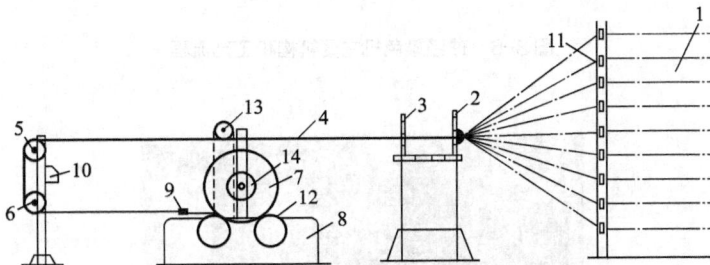

图3-5 球经整经机工艺流程简图

筘3，再通过转向导辊5和测长辊6，进入车头集纱口9，再由纱球卷绕装置8绕成纱球7（10为支架，14为轴芯）。筒子架一般可容纳筒子400~500只，形式有单架集体换筒式和复架分批换筒式两种；前者需要停车换筒，筒脚多，机械效率较低，但纱线张力较均匀，后者可以不停车分批换筒，停台时间少，机械效率高，但因筒子直径大小不一，退绕张力差异较大。

关于经纱张力的控制，由于织制牛仔布用的纱线大多为粗特纱，整经时需较大张力，因此，球经整经机筒子架上的张力加压形式，一般多采用多通道曲折式张力圈加压的装置。定幅筘2、分绞筘3与一般的轴经整经机有所区别，主要是为了在整经的开始和中途，能每隔一定长度（如300m）加放一根绞线，使纱条上的纱线排列位置相一致，以利于后道重新整经（分经）时，可根据纱线在绞线中的排列顺序依次排筘、防止紊乱，或在重新整经（分经）过程中断头对接引起的经纱位置错乱，从而保证重新整经（分经）工作的顺利进行和生产质量。

纱球卷绕装置8主要由纱球传动辊12、加压装置13和左右移动的集纱口9三部分组成。传动辊12由电动机传动，置于两根传动辊上的芯轴因受两侧轴端加压装置13控制，与传动辊12同步回转。当纱条被绕在纱球芯轴时，依靠集纱口的左右横动使纱条均匀卷绕在芯轴上制成纱球。纱球的卷绕密度取决于卷绕时的纱线张力和加压压力，纱线张力大，加压压力大，纱球的卷绕密度大；反之，加压压力小纱球的卷绕密度小。球经整经的加压装置能随纱球的卷绕直径变化而变化，直径增大纱球自重增加，则压力相应减小，目的是确保整个纱球卷绕密度的均匀一致。

（3）球经（绳状）染色机的工艺流程。球经染色机是将纱球上引出的纱条，成绳状通过浸压和氧化处理加工成色纱，最终通过络纱机构，将绳状色纱有规律地排列在储纱桶中，供重新整经（分经）工序使用。喂入的条数有10条、12条、18条、24条、36条等。球经染色机主要机构、工艺流程及染色车间（图3-6、图3-7）。

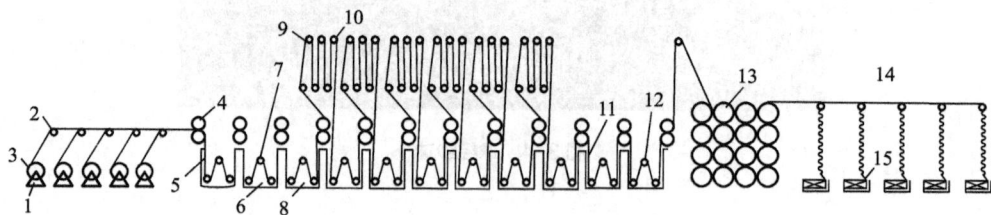

图3-6 球经染色机主要机构和工艺流程

图3-7 球经染色车间

纱条由安置在球架1上的纱球3引出，穿过球架上方的导纱圈2，由后拖引轧辊4送入染前润湿槽5，通过槽内的导纱辊7进入润湿槽拖引轧辊，使纱条进入水洗槽6，经水洗槽轧辊，使纱条继续前进，到达第一个染槽8，由染槽出来的纱条经过轧辊到氧化架9，再通过氧化架导纱辊10，纱条继续前进至第二个染槽，依次经过6~8个染槽和氧化架后进入染后水洗槽11，经过柔软剂处理槽12到达烘筒13，色纱被烘干后，由络纱机构14控制，储存于储纱桶15内，完成染色加工任务。

（4）重新整经（分经）机的工艺流程。重新整经机的作用是将已染好的绳状纱条，重新分成单根的平行经纱片卷绕成色纱经轴，供轴经上浆工序使用。轴经整经机的速度一般为150~200m/min。重新整经（分经）机主要机构和工艺流程（图3-8）。

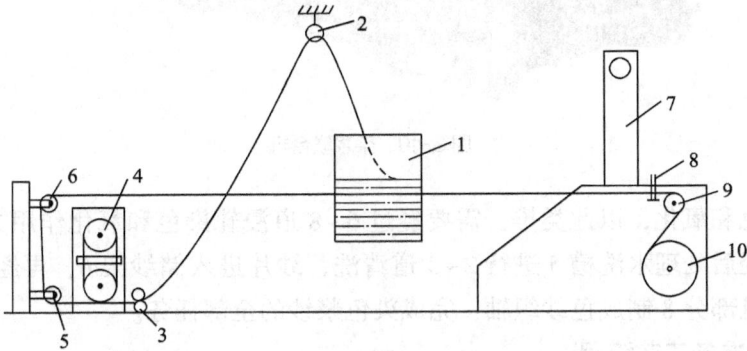

图3-8　重新整经机主要机构和工艺流程

来自储纱桶1的色纱条，通过导纱圈2和纱条压辊3，在张力器4的一对辊筒上绕转3~4圈后，由底部引出通过纱条转向导辊5，到达振动器6，经过振动器的振动，使纱线之间相互离散分开，再经过储纱架7、定幅筘8和测长辊9卷绕到经轴10上。

2. 片状染色（染浆联合机）工艺方式

整经→染浆→穿综或结经→织造→后整理

片状染色生产线采用浆染联合机。浆染联合机是由轴经连续染色机和浆纱机联合的设备，它的前道配套设备是普通的轴经整经机。浆染联合机的任务是轴经平行染色与色纱上浆制成浆轴，供后道工序使用。由于纱线染色时的状态呈片状行进，所以又称片状染色生产线。其主要特点如下。

（1）染浆联合机生产线有工序短、投资省的优点，因此，被广泛采用，我国生产牛仔布大多采用片状染色的工艺流程。

（2）该工艺流程由于染色过程中，停车次数较多，又没有经纱的两次排列，故色泽均匀度较难控制，且效率低，机器速度在15~25m/min。

染浆联合机主要机构和工艺流程（图3-9、图3-10）：从轴经1（10~14只）退绕出来的纱片通过后拖引辊或导纱辊2进入1~2道的前处理槽（润湿槽）3，使纱线充分润湿后再进入染色部分4（上为氧化架，下为染色槽）进行染色，由第一道染色槽内染色和氧化后再

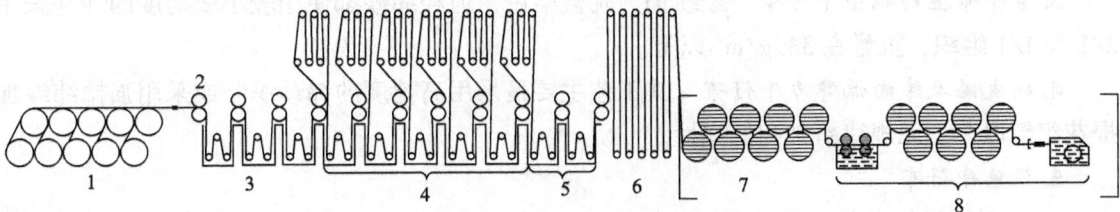

图3-9　轴经多染槽染浆联合机主要机构和工艺流程

129

图 3-10 染浆联合机

进入第二道染色和氧化，以此类推，需要经过 6~8 道浸轧染色和氧化作用方能完成染色任务，然后色纱经后处理水洗槽 5 进行 2~3 道清洗，纱片进入储纱架 6，再经预烘筒 7 烘干，最后到达浆纱机部分 8 制成色纱织轴，完成染色浆纱的全部任务。

（二）纬纱准备工艺流程

1. 无梭织机　无需卷纬工序（纬纱由筒子引出，经织机储纬器引入梭口织造）。

2. 有梭织机　一般需经卷纬工序；如采用直接纬织造，则不需卷纬。

（三）后整理流程

烧毛→浆布→整纬（拉斜）→预缩→成品

1. 烧毛　烧毛的目的是提高布面的光洁度，经石磨、水洗的牛仔布有时不经过烧毛。

2. 浆布　为了达到一定的重量、保持防缩效果和织物平挺而进行的上浆整理。

3. 整纬　又称拉斜。由于牛仔布采用 3/1 斜纹组织及其变化组织，做成服装后易产生纬斜，纬纱倾斜率（纬纱与布边夹角的余切值）可达 8%~10%，故采用拉斜装置。

4. 预缩　预缩是牛仔布后处理的关键。牛仔布如果不经预缩整理，其缩水率高达 13% 左右，属低档品种。通过机械预缩整理，可使缩水率降到 3% 以下。一般为压缩式橡毯防缩整理。

五、新型牛仔布简介

1. 雷花牛仔布　用低比例涤纶与棉混纺纱作经纱，纯棉纱作纬纱，经纱染色后产生留白效应而织制成的牛仔布。

2. 混纺牛仔布　采用棉麻、棉涤、棉涤麻、棉毛等两种以上纤维混纺后织制成的牛仔布。

3. 青年布型的轻型牛仔布　经纱仍为靛蓝染色，但经纬纱都使用较小线密度的纱并采用 2/1 及 1/1 组织，重量在 339g/m² 以下。

4. 树皮绉及纬向低弹力牛仔布　其工艺主要是采用高捻度的纬纱织制或采用强捻纬纱加提花组织以产生无规律褶皱和低弹性。

5. 闪色牛仔布

（1）利用经纬异色，即两种色，如靛蓝经与暗红、棕色纬，黑色经与深红、秋绿色纬等进行交织形成闪色牛仔布。

（2）在靛蓝色的经纱中有规律地嵌入其他色彩经纱而制成的彩条牛仔布。

（3）将本色纬纱染上不同于经纱靛蓝色的各种色泽，从而交织成双面或闪光的牛仔布，能显示出色彩的闪色效应。但该品种染色要求很高，否则会出现色花、色差和色档，影响布的质量。

6. 提花牛仔布　可分为大提花与小提花两种。在织纹组织上，大提花能设计出各种花卉图案，线条流畅，变化较多，但试产过程略为繁复。小提花因综页关系，花型发挥受一定限制，但只要设计得当，花型变化也不少，常用的织纹组织有平纹、重平、各种变化斜纹、经面缎纹、纬面缎纹、仿大提花以及凸条组织等，生产过程要比大提花简便得多。为了有利于织造，用综数最好控制在12页以内，大小提花品种在配色上仍为靛蓝经、本白纬，以保持牛仔布的特色，而其他配色目前略有发展。

7. 弹力牛仔布　弹力牛仔布很受消费者的青睐，主要是纬向有一定的弹性，穿着舒适、紧身而能突出体形美，适宜作女式外裤、健美裤等。弹力牛仔布使用的纬纱有氨纶包芯纱、包缠纱、气流纺紧捻纱、高弹涤纶长丝及PBT等，以氨纶包芯纱、包缠纱为多。其中采用小比例氨纶丝（3%~4%）作芯纱，纯棉作包覆纱制成的包芯弹性纬纱，制织成纬向弹性的牛仔布，其弹性伸度可达20%~40%。

织物组织可采用平纹、斜纹、凸条、树皮绉等，纬向收缩自如，富有弹性。目前生产的弹力牛仔布有厚、中、薄系列，色泽有靛蓝色和彩色多种。

8. 条格牛仔布　如蓝白条、格牛仔布，细条约为0.3~1cm，阔条宽约5.08cm（2英寸）。还有嵌白细条，宽度约1.5cm。蓝白格格型大小近似朝阳格，有的格型经纬不对称，织物组织采用3/1右斜，格子以2/2斜纹为主，以求格型清晰。

9. 彩色牛仔布　采用各种色调的牛仔布，色相有菊黄、秋绿、铁红、莲色、红紫、咖啡、绿灰、西红等，都是色经白纬，其组织规格参照常规品种，单色的用于服装较少，外销用于镶拼款式，内销用于童装。

10. 套色牛仔布　套色牛仔布实际上是套色牛仔服装，采用的方法是将服装先磨"雪花"后套色，用活性染料，色谱有大红色、菊黄色等，即在经过"雪花"工艺整理后的靛蓝牛仔衫、裤、裙上染色，使"雪花"自然云纹罩上一层浮红或浮黄的色彩，色调含蓄，富有朦胧感。

11. 套染牛仔布　主要是硫化染料或海昌染料与靛蓝进行套染，可以用硫化、海昌打底再套染靛蓝，也可反过来，用靛蓝打底再套染其他染料。

12. 丝光牛仔布　大多在浆染联合机上生产，主要色种为硫化黑和硫化什色，其加工方法是经纱染色前先通过2~3道高浓度烧碱液浸轧处理，使经纱表层产生丝光作用，这样硫化染料染色时就可产生与靛蓝染色性能相似的不透芯环染的效果，石磨水洗后，色彩有立体感的风格。

13. 印花牛仔布　大多是将靛蓝牛仔坯布在台板平网或圆筒印花机上经过雕白和涂料的工艺进行印花，再经汽蒸预缩整理做成印花牛仔成品布。

六、牛仔布的设计与工艺实例
（一）双向弹力靛蓝牛仔布的设计与工艺
1. 产品规格
（1）斜纹3/1经纬双弹牛仔布。

规格：64.8tex/70 旦×36.4tex/70 旦，279 根/10cm×181 根/10cm，117cm。

（2）灯芯条 31/11 经纬双弹牛仔布。

规格：64.8tex/70 旦×36.4tex/70 旦，321 根/10cm×185 根/10cm，98cm。

2. 产品特征

（1）纤维弹性特征：氨纶特征一般用以下两个指标来说明。

①氨纶伸长率可达 700%~800%，为纺织纤维中弹性最优者。

②氨纶弹性回复率为 95%~98%，即有高超的回弹率，且为缓性回弹。氨棉包芯纱，其中氨纶纤维牵伸倍数约为 3.5。

（2）双弹织物弹性特征。

织物半弹方向的弹性伸长为 20%~37%；织物全弹方向的弹性伸长为 35%~55%。回弹率在 95%以上，其回弹力最小，故服装穿着贴体、美观，无压迫感，不易疲劳。

3. 产品设计

（1）原料选择。经纬双弹织物为中磅面料，春、秋、冬三季适穿，用此面料制作的服装除具备保暖、耐磨等性能外，最为突出的是它具有伸长大、回弹率大而回弹力最小的特点。选用中、粗号弹性包芯纱做原料，经纱用 64.8tex/70 旦氨纶包芯纱，纬纱用 36.4tex/70 旦或 36tex+70 旦/36.4tex，采用粗经细纬交织而成的双向全弹或经全弹纬半弹织物，具有良好的弹性和舒适感。

（2）组织设计。双向弹性织物是较高档的织物，花型设计应力求新颖、别致，织物组织设计过程在考虑不影响弹性前提下采用以 3/1 斜纹为主的提花、网纹等变化组织或凸条组织嵌于平纹之中，组成宽细不同、间隔不等的明条，增加了织物外观的立体感。

①双弹靛蓝牛仔布。织纹简单，采用普通的 3/1 斜纹组织，配以易于后处理的靛蓝色，结构与水磨、石磨相结合，色泽柔和，风格粗犷，并具有洗一次掉一色、越洗越鲜亮的特点。

②双弹灯芯条布。选用纵向凸条组织，并以粗细不匀、凹凸不平的一定规律镶嵌于平纹地组织中。组织排列为：2 根平纹、4 根凸条、2 根平纹、8 根凸条。设计时，凸条的条纹排列要有所变化，不能单调死板，同时还需注意凸条组织的起点也应随之变化。例如：凸条组织中的细凸条起点为三上一下，而粗条的起点为一下三上，利用经纬组织点交错循环排列，加之纬向 1 根包芯弹性纱与 1 根纯棉纱相交织，使普通的凸条组织锦上添花，更具特色。

（3）工艺设计要点。在工艺制订过程中，要充分考虑经纬纱的缩率。因此，其经纬密较一般织物要小，以保持织物良好的弹性，纬纱特数小于经纱特数，能使布身比经纬纱同特数的轻薄，手感柔软。除对以上要素优选外，还对织物弹性率、织造工艺参变数、布边组织合理配置等都进行慎重的考虑，以期从织物内在质量到外观效应均较完美地达到预期效果。该织物的参数设计分述如下。

①氨纶芯丝与牵伸倍数的选择。氨纶芯丝与纺纱时的牵伸倍数直接影响织物的弹性率。旦尼尔数大，牵伸倍数高，则织物的弹性率也越大；反之，则小。根据人体主要运动部位所受的拉伸程度，优选较佳参数，经纬纱牵伸倍数均为 3 倍、5 倍或不等，适应客户的弹性要求。

②经纬密度与紧度的关系。经纬紧度设计的合理与否，直接关系到经纬密度的大小，而经纬密度及其比例的变化也影响织物的弹性与手感。在相同情况下：紧度过大，造成织物缩水率过大，不但外观差，而且也不适宜四季服装。根据产品特点，不同的组织选用不同的经纬密度，但经密要大于纬密，既达到了满意的弹性效果，又适当降低了原料成本。

③织物组织与弹性关系。要想获得好的弹性，织物组织中的经纬浮长线要适度，浮长线越长，弹性越大；反之，则小。3/1斜纹和粗细凸条组织织物效果较好。在织造过程中，纬纱采用氨纶包芯纱全弹织造；而凸条组织纬向浮线较长，为了弥补纬向回缩过大，在织造中，采取氨纶包芯纱和纯棉纱1∶1选纬比。达到预期的弹性效果和较满意的外观和手感。

④经纬纱线密度的确定。纱线线密度的选用对织物弹性影响很大。线密度越大，织物手感越板硬。在充分考虑到弹性纱的作用和经纬密度、组织、牵伸倍数不变的情况下，纬纱选用较细的包芯纱，从而使弹性舒适，手感柔软，服用理想。

⑤幅宽设计。由于氨纶包芯纱弹性大，加之织物浮长线较长，在生产过程中，纬纱完全处于拉伸状态，织物下机及预缩整理过程中幅宽收缩量较纯棉织物大得多。实践表明，设计经纬全弹织物时幅宽，一定要尽可能加大，方能满足设计时对布幅的规格要求。

⑥布边设计。双弹织物的布边组织主要为2/2重平组织，以确保布边平整，且与地组织织缩一致，利于织造，布边宽度以地组织结构来确定，但要比非弹性纬纱的布边宽，使边纱夹持力增大，保证织物布边平整，并防止预缩整理时卷边。

4. 主要生产工艺流程

（1）经纬双弹灯芯条牛仔布。

筒纱→高速整经→片经染色→片经浆纱→接经→织造→坯布检验→预缩→成品检验→打卷成包

（2）靛蓝经纬双向弹力牛仔布。

筒纱→高速整经→片经染色→片经上浆→接经→织造→坯布检验→烧毛→预缩→成品检验→打卷成包

5. 生产工艺控制

（1）高速整经张力圈的配置。整经是织造该产品生产过程的头道工序，经轴纱线张力配置是否合理关系到经轴成形质量，经轴成形好坏又直接关系到浆轴能否顺利进行，根据包芯纱易伸长的特点，在整经过程中应力求纱线张力与排列均匀，防止松紧经或断经，以防上浆过程中经轴缠线，并要使张力适当加大，提高经轴平整度和卷绕成形良好。

（2）染色上浆。主要考虑棉纤维染色、上浆即可。包芯纱外层是包覆棉纤维，在生产过程中包芯纱受拉虽易伸长，但织物经湿热处理后仍可回缩，回缩后棉纤维完全包覆氨纶纤维，故染色只考虑上染棉纤维即可。

经纱上浆目的是使纱线增加强力、耐摩擦性，并使包芯纱暂时束缚弹性以利于织造，因包芯纱有弹性并遇湿热又易回缩，故经纱必须采用片经上浆，因为片经上浆过程中，经纱始终处于拉紧状态，防止了遇湿过程中的回缩。上浆后暂时与非弹性纱上浆效果相同，便于接经、穿筘、上机织造，而当织物下机制作服装并经湿热处理后又重新显示其独有的弹性特征。注重被覆上浆以防止毛羽产生，增加纱线耐磨性，弹力暂时消失，有利于下道工序的生产。

浆纱工序要严格操作，仔细打绞，前车摆纱力求均匀，以使经轴平整、张力一致、防止断头、车速均匀、气压稳定、防止粘连，以保证织物开口清晰。

（3）接经。接经梳理要轻、准，防止不必要的重复梳理动作，以防刮掉经纱浆膜而起毛。

（4）织造。为了达到布面丰满、纹路清晰的效果，应对剑杆织机的织造工艺参数配置充分考虑。

开口时间不宜过早或过迟，否则均易使剑头与边纱产生过大摩擦，或易造成断边、跳纱等。因此，合理设定织造工艺参数，有利于提高织机效率和产品质量。

储纬器是保证纬纱张力均匀的关键。适当调节纬纱张力，使张力大小适中，应在纬纱不产生纬缩又不产生脱纬的前提下尽量减小张力，以防织物布幅过大而回缩。

在织造过程中，纬纱要分批使用，以防因有差异而产生纬向布面横档，甚至造成布幅差异的质量问题。尤其在织造纬半弹的织物过程中弹性纱与纯棉纱为1∶1，挡车工在换纬筒纱时一定要杜绝用错纬的现象，否则会严重影响产品质量。

织造实践说明，氨棉包芯纱作经纱优于棉纱作经纱，因纱线有弹性，不易脆断，有较好的可织造性能，因而大大降低了台时断头，实测结果表明，台时断头比同等特数纯棉经纱、同密度织物，要降低50%以上，大大提高了产品质量和生产效率。

（5）预缩。预缩目的是通过喷雾加湿后使布料稳定，密度适当，布面丰满，最终达到成品设计规格或用户的要求。在预缩过程中因是双向弹性织物，故一定要将布面充分平展，保证平展入布，以防折皱卷边。预缩过程的温度与给湿要一致，车速要稳定，以使织物均匀回缩，保证成品质量。

（6）包装。该弹性织物长期存放，在包芯纱的回弹作用下，受气候变化或季节不同、温湿度变化而变化，因此，织物下机后应定期存放，预缩后必须卷装成包，以防止织物不同部位产生不同回缩，保证内在质量稳定。

（二）重磅牛仔布的设计与工艺

牛仔面料具有紧密、丰满、厚实、耐磨、穿着舒适、色泽纯正、越洗越艳。

1. 产品组织规格

经纱线密度：83tex；纬纱线密度：83~97tex。

经向密度：283根/10cm；纬向密度：173~181根/10cm。

幅宽：152.5cm。

织物组织：3/1斜纹。

2. 生产工艺流程

经纱→球经整经→束状染色→分纱→浆纱→结经→织造→整理→烧毛预缩→定等→卷布成包

3. 设备选型与工艺要点

（1）球经整经工序。采用美国里德查维公司的WC-480型球经整经机。

要求经纱纱束张力均匀，避免在束染分纱过程中产生浪纱，影响染色和分纱轴卷绕张力不均匀，从而影响浆纱质量，并应控制、优选合适的单纱张力，以保证经纱的强力，有利于降低布机断头和保证成品强力，动态张力以 45~50g 为宜。气流纱筒纱退绕方向应为同向退绕，以防止布面条花产生。

（2）束状染色。美国莫里森公司的 WAR-12-48 型束染机。其工艺流程为：

球经轴（12 束）→一精练碱槽→二槽水洗→八槽靛蓝染色及 32 辊高空透风氧化→三槽水洗→一槽柔软处理→36 柱筒烘燥→色纱落桶

①精练。原纱在未染前经过 4~8g/L 的碱液精练处理，除去单纱纤维上影响色牢度的蜡质和杂质，以达到要求的色光，且要精练温度控制在 85~90℃ 为宜。

②染色与氧化。为保证靛蓝染料在染槽中染色渗透均匀，要控制好浸染时间。浸染时间为 25~30s。浸染时间太短，对染料的浸透性和色调的形成不利；浸染时间太长，又会使纱线上已氧化的靛蓝染料重新被还原，并从纱线上脱落。每当停车排除故障超过 5min 时就会出现色档。高空氧化时间为 120~180s。

③水洗。纱线经过三槽水洗，洗去未固着的染料，最后一槽为柔软处理，加入 2g/L 的柔软剂，以利分纱时纱束分散。

④烘干。水洗后，纱束经过 36 个烘筒，烘至 6%~8% 的回潮率，以保证分纱的顺利进行。并要注意染色过程中气压的恒定。如气压降低，会造成纱束在落筒时缠辊，这时往往需要停车处理，从而造成染色、分纱、浆轴等一系列质量问题。

（3）分纱。采用美国里德查维公司 UB-6300 型分纱机。在保证经轴卷绕密度的前提下，应控制单纱的伸长，使它保持在最小范围内，指针张力刻度以 50~60 为宜。

（4）浆纱。采用香港泰利公司 DSA-180-75 型浆纱机。浆纱是球经染色的最后一关，它直接影响产品的外观及实物质量，也是织机发挥效率的关键。由于气流纺纱蓬松和外包游离纤维多，特别是球经束状染色在准备生产过程中要经过球经、束染、分纱、浆纱工序，工艺路线长，纱线强力损失大，毛羽较多，所以经纱上浆应以适度浸透被覆为主，达到贴服毛羽、增强减摩作用的目的。为了保证气流纺纱有足够的上浆率，采用玉米淀粉、变性淀粉为主，PVA 为辅（玉米淀粉：变性淀粉：PVA＝60%：25%：15%）的混合浆料配方。

（5）织造。采用瑞士苏尔寿·鲁蒂 P 7100 型片梭织机。该机的断经、断纬、卷取等机构设计先进，对织造重磅牛仔布更有优越性，从而保证了产品的实物质量。为使布面丰满，采用上层经纱松弛、下层经纱紧张的不等张力梭口；使布面平整丰满。

为保证布边平直，改变边组织踏盘闭合时间，让综框闭合时间错开一点，以保证布边与地组织梭口的闭合关系，有利于梭子顺利通过梭口。具体上机工艺参数见表 3-4。

表 3-4　牛仔布上机工艺参数设计

项目	工艺参数
综框页数	8 页
梭口闭合时间	0°，3°，5°，8°
平综时间	0°~8°（边纱 0°，地组织 8°）

项目	工艺参数
投梭时间	120°
扭力	25°
摆动后梁高度	+10mm
托布架高度	51mm

（6）烧毛预缩处理。采用美国莫里森公司的烧毛预缩联合机组，最大预缩率可达18%。工艺流程为：

坯布→刷毛→烧毛→上浆→正纬（拉斜)→烘燥→预缩→呢毯烘干→落布

根据牛仔布粗厚、织造张力大、坯布缩水率高的特性，控制机械缩率为12%～13%，以保证经纬向的缩水率达到3%以下，并达到缩水率1%以下的国际牛仔布通用标准。该机设有拉幅机构，在预缩过程中应尽量减少经向张力和伸长，以保证幅宽。

任务四　泡泡纱设计

色织泡泡纱造型新颖、风格别致，富有立体感和凉爽感。泡峰、泡谷起伏均匀，泡形稳定，经久耐洗，主要是用于制作夏季服装，也可作装饰用，如窗帘、床罩等。

色织泡泡纱是由两组经纱与纬纱交织而成的织物，其中一组经纱称为地经，交织成平整的布面；另一组经纱称为泡经，织成的布面具有规律的波浪皱纹，形如泡泡。

一、泡泡纱分类

1. 织造的泡泡纱（彩图16）　泡泡纱织物由双轴织造而成。织造时，利用泡经和地经不同的送经量形成经纱张力的差异。送经量小的地经纱，张力大而直；送经量大的泡经纱，张力小而弯。由于泡经、地经的张力差异造成它们与纬纱交织后织物紧度的差异，使得泡经与地经缩率不同，泡经张力小，布面产生了泡泡效果。一般泡经比地经粗一倍，或采用双股线作为泡经。

2. 整理的泡泡纱　选用合适的组织与高收缩丝配合，织成坯布后经过一定温度的热水处理，高收缩纱遇热收缩，获得泡泡效果。用高收缩丝生产各色泡泡纱，免去了双轴织造的复杂工艺，没有污染，无需对纱线加强捻，生产设备和普通织物生产所需设备一样。

二、泡泡纱织造方法

泡泡纱采用双轴织造，分为泡经纱织轴和地经纱织轴。地经轴卷绕不起泡的地经纱，泡经轴卷绕起泡的泡经纱。增加泡组织经向长度来增加泡经纱的送经量。泡经送经量与地经送经量之比叫泡比，视泡泡高度而定，一般在1.2：1～1.3：1。

1. 保持钩式泡经送经机构（图3-11） 泡经轴送出的经纱绕过张力感应杆向前穿过停经片、综丝眼、钢筘到达织口（图3-12）。

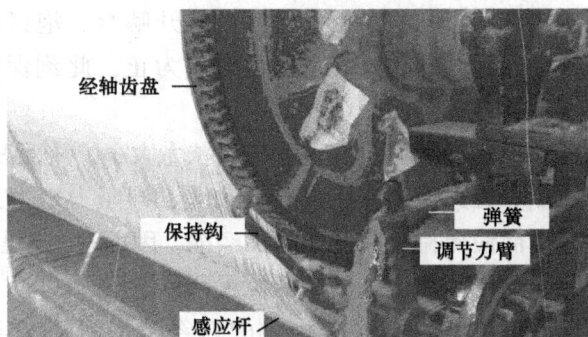

图3-11 保持钩式泡经送经机构

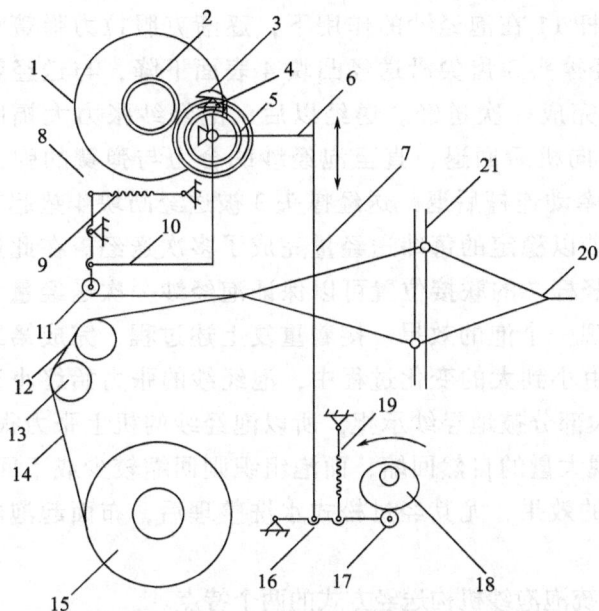

图3-12 泡泡纱织造棘轮棘爪式送经机构

1—泡经轴 2—轴头齿轮 3—送经撑头 4—送经凸块
5—送经棘轮 6—V形双臂杠杆 7—升降竖杆 8—泡经纱
9—张力感应杆拉力弹簧 10—连杆 11—张力感应杆
12—摆动后梁 13—固定后梁 14—地经纱 15—地经
轴 16—摆动杠杆 17—转子 18—停经凸轮
19—拉力弹簧 20—织口 21—综丝

泡泡纱织
造送经机构

泡经轴采用消极送经方式，即依靠织机卷取的的作用力拖动经轴回转，送出经纱，随织物卷取运动，经轴受力有送经趋势，但此时保持钩在弹簧的作用下，紧压在泡经轴的齿间，阻止泡经轴逆时针回转送出经纱，因而导致泡经纱张力增大。增大的张力作用在下张力感应杆上，上、下张力感应杆组成以上张力感应杆为轴心的力臂结构，因而有带动上张力感应杆绕自身轴心逆时针回转的趋势，保持钩固定套装在上张力感应杆上，当张力达到一定程度，使得保持钩克服弹簧阻力与泡经轴齿盘脱开啮合，泡经轴在卷取力的作用下送出经纱。直到卷取作用力与弹簧的作用力重新平衡为止，此刻保持钩重新压在经轴齿盘上，送经停止。

通过调节弹簧在调节力臂的上下位置，改变弹簧拉力大小，从而改变保持钩与经轴齿盘脱开的难易程度，如作用点靠近力臂上端，则作用力大，即阻力矩大，在卷取力的作用下，感应杆不易带动保持钩回转而使保持钩脱开而送出经纱，因而泡经送经量小，泡比小，泡高度小，即可通过调节弹簧在力臂的作用点的高低位置调节泡比。

2. 棘轮棘爪式泡经送经机构　泡泡纱织物中的地经纱上机工艺与正常织物生产工艺相同。由图 3-12，泡经纱从泡经轴 1 引出，经过张力感应杆 11，穿入停经片、综丝眼、钢筘，到达织口 20。当泡经轴不送经时，从织口到泡经轴的经纱长度保持不变。钢筘每一次打纬，泡经纱与纬纱交织一次，形成一次织缩，每纬织缩的累加使长度不变的泡经纱张力逐渐增大，张力感应杆 11 在泡经纱的作用下，逐渐克服拉力弹簧 9 的拉力，推动连杆 10 向机前移动，送经撑头 3 齿尖沿送经凸块 4 表面下降，与送经棘轮 5 啮合，带动泡经轴转动一定角度，完成一次送经。送经以后，泡经纱张力大幅度变小，张力感应杆在弹簧的作用下迅速向机后回退，直至泡经纱的合力与弹簧的弹力平衡为止，同时，张力感应杆在回退时牵动连杆后退，送经撑头 3 被送经凸块 4 垫起，开始第二次张力积累。与此同时，地经纱以稳定的每纬送经量完成了多次送经。在此过程中，通过调整 V 形双臂杠杆 6 与升降竖杆 7 的联接位置可以保证泡经纱一次送经量大于地经纱的总送经量，这样在布面上出现一个泡的效果。接着重复上述过程，完成第二次送经，以此类推。在整个泡经纱张力由小到大的变化过程中，泡经纱的张力始终小于或等于地经纱的张力，织物的经向张力大部分被地经纱承担，所以泡经纱的机上张力很小。当织物下机去除张力后，地组织会出现大量的自然回缩，而泡组织则回缩较少或不回缩，两种组织下机缩率的不同加大了起泡的效果，尤其经过松式水洗整理后，布面起泡的效果更加明显。

从上述传动过程的分析可以看出传统泡泡纱机构送经方式的两个特点。

（1）泡经纱与地经纱的送经运动具有不同步性，泡经纱的送经运动为间断式送经，这种送经方式使泡经纱张力在织造过程中由小到大呈周期性变化，这种周期性张力作用的结果使起泡具有间断性，有利于增强泡的效果。

（2）泡经纱在张力感应杆拉力弹簧的作用下始终保持一定张力，这样才能形成清晰的梭口，织造才能顺利进行。

三、泡泡纱设计

1. 纱线原料选择　宜选用弹性较好、刚度较大的纱线为经纱。原料弹性越好、刚度越大，泡泡的凹凸效果就越显著，以 65/35 涤棉和纯棉相比较，在其他条件相同的情况下，前者的泡泡效果较好，原因是涤棉纱线的弹性和刚度较纯棉纱线好。因为在织造时弹性好、刚度大的泡经弯曲度大，泡泡屈曲波就高，泡泡就大且分布均匀。但原料的弹性和刚度过大，织物反而会有粗糙感。当前生产的色织泡泡纱选用的原料以 65/35 涤棉和纯棉纱为主。

2. 线密度选择 泡经以中特（支）纱为宜，一般比地经的线密度大一倍，或者用双股线，这样起泡的效果较好。因为泡经粗或用双股线，其弹性和刚度大于地经，织造时泡经与地经的织缩差异亦大，泡泡的屈曲波就高。色织泡泡纱织物规格见表 3-5。

表 3-5　色织泡泡纱织物规格

类别	纱线线密度（tex）		密度（根/10cm）		幅宽（cm）		总经根数（根）	每筘穿入数	送经比泡：地
	经	纬	经	纬	坯布	成品			
纯棉精梳泡泡纱	J 14.5+28	J 14.5	314.5	299	94.48	91.44	2880	泡2地3	1.24：1
	J 14.5+28	J 14.5	346	299	93.98	91.44	3168	泡2地3	1.24：1
	J 14.5+28	J 14.5	393.5	299	93.47	91.44	3576	3	1.28：1
	18+28	18	338.5	291	93.98	91.44	3068	泡2地3	1.26：1
纯棉半线泡泡纱	18×2	36	314.5	236	93.98	91.44	2880		1.32：1
	18×2	36	299	236	94.48	91.44	2736	3	1.32：1
65/35 涤棉泡泡纱	21+28	21	314.5	228	94.1	91.44	2964	2	1.27：1
	13+(13×2)	13	362	291	96.52	91.44	3488		1.28：1
	13+(13×2)	13	393.5	275.5	97.12	91.44	3824	2	1.29：1
	9.5+(9.5×2)+尼龙+银丝	8.3（75旦）三叶丝	429	322.5	96.52	91.44	4194	3.5	1.24：1 剪花泡泡纱

3. 经纬密度配置 经纬密度越大，起泡效果越好。经密越大，织缩率越大，纬密越高，经纬纱的交织次数就多，使泡经与地经的织缩差异增大。而且经密大的织物筘号也大，打纬时筘片与经纱的摩擦力增大，这样就容易使松弛的经纱移向布面，形成波浪形的泡泡。应该在满足穿着凉爽的前提下，选用较大的经纬密。

4. 泡泡条形宽度确定 泡泡的条形不宜过宽也不能太窄，条形以 1～1.2cm 为宜，当泡泡条形在 0.4cm 以下或者 1.8cm 以上时，泡泡的效果变差。因为泡泡条形过窄时纬纱的自由长度就短，打纬时，松弛的泡经会被纬纱拉住，泡峰、泡谷不明显。如色织精梳泡泡纱条形在 0.4cm 时，即使把泡经、地经的送经比例调节到 1.3：1，泡泡的凹凸效果也不明显，致使停经片下垂而空关车。当泡泡的条形过宽时，纬纱的自由长度太长，泡泡的均匀度变差。

在同一布面上设计几种条形的泡泡时，要注意各泡泡条形的宽度既要有明显的区别，又不能相差太大，因阔泡泡与窄泡泡的泡经、地经送经比不同，一般阔泡泡的送经比小，窄泡泡的送经比大。若在同一织物上设计 1.5cm 和 0.5cm 宽度的泡泡条形，泡经地经的送经比就很难调节，阔、窄泡泡条形的均匀度就差。泡泡条形的宽度与泡经、地经的送经比见表 3-6。

表 3-6 不同宽度泡泡条形的送经比

泡泡条形宽度（cm）	1 以上	0.8~1	0.4~0.8
泡经、地经送经比	1.22：1	1.24：1	1.26：1

以泡泡条形的总宽度与织物的幅宽相比较，泡泡条形以占 25%~40% 为好。若泡泡条形总宽度超过 40% 时，泡泡的挺爽感就差，强力下降，且布面显得粗糙。这是因为泡泡纱织物在织造和整理时，织物的地经承受张力，若地经根数少时，单根纱线的伸长就大，织物亦易伸长和变形，影响泡泡的大小，甚至把泡泡拉平。

5. 组织设计 组织以平纹为主，这是因为平纹组织经纬纱的交织次数最多，屈曲次数也多，最易造成泡经、地经之间的织缩率差异，不仅起泡容易，而且泡形均匀、圆滑，泡泡也坚牢、耐磨。地组织大多也用平纹组织，为了增加织物的美观，也可在平纹组织上点缀一些小花纹组织，但用综数不宜过多，花经的经浮长不宜过长。但在地经、泡经交界处，一定要用平纹组织，以锁住泡泡，使泡泡长短均匀、整齐，且能挺立。

6. 色彩设计 以特白纱起泡泡凹凸效果最明显，其次是浅色调的泡泡，深色调的泡泡凹凸效应较差。织物的色彩对泡泡的效应有衬托作用，一般织物的色泽以不浅于泡泡的色泽为宜。

7. 泡经、地经长度比的确定 泡经与地经的长度比，也叫泡轴与地轴的送经比，是泡泡大小和成形的主要参数，同时对织造生产的顺利进行和织疵的多少有密切关系。习惯上把泡经的织轴称为泡轴或副轴，把地经的织轴称为地轴或主轴。

以色织精梳泡泡纱为例。若泡经、地经的送经比在 1.18 以内时，泡泡的泡形既小又不均匀，外观不美，若泡经、地经的送经比在 1.2~1.22 时，泡泡条形较宽，泡泡的均匀度亦较好，且织造断头和织疵也少，布面丰满。若泡经、地经的送经比超过 1.28 时，泡泡虽然较大，但泡泡成形渐趋不匀，布面筘路明显，织造时断头和织疵显著增加，停经片下垂等，织造困难。各类泡泡纱地经、泡经送经比的控制范围一般为：纯棉精梳泡泡纱（J 14.5+28）× J 14.5tex 为 1：1.22~1.28；纯棉半线泡泡纱（18×2）×36tex 为 1：1.30~1.32；涤棉泡泡纱（21+28）×21tex 为 1：1.26~1.28。

四、泡泡纱生产技术要点

1. 整浆工艺 织泡泡纱织物的泡经线密度比地经的线密度大且悬殊较大，并且地经比较细，为了保证织造效果，宜采取联合浆纱机整经上浆，若泡经为单纱且泡经根数超过总经根数一半以上时，同样可以采取联合浆纱机整经上浆，但要采取轻浆，否则在织造中难以起泡或起泡不匀、布面粗糙等，甚至形成泡经起圈，布面效应较差；若泡经根数较少时，可采用绞纱上轻浆，用分条整经机整经；若泡经为股线，则不需上浆，以保持股线的弹性与刚度，可采取分条整经机整经。

2. 穿综工艺色织泡泡纱 由于采用泡经轴与地经轴双轴上机织造，为了保证产品质量，减少断头，提高生产效率，在穿综时可以采取飞穿法或分区穿法。若泡经根数超过总经根数一半以上时，采用飞穿法。如用八页综框：泡经穿 1、3、5、7，地经穿 2、4、6、8；在泡经根数较少时，采用分区穿法，如用八页综框：泡经穿 1、2，地经穿 3、4、5、6、7、8。

3. 织造工艺　织造色织泡泡纱，采用泡经轴与地经轴双轴织造，泡经与地经的送经比是色织泡泡纱织造过程中一个非常重要的参数。送经比的大小，要根据所采用的原料、纱线的线密度、经纬密度的大小及条形的宽窄来确定，以满足布面丰满、泡泡均匀为原则，达到泡泡纱织物的应有效果。泡泡条形宽的，地经与泡经的送经比小，一般为1∶1.25，泡泡条形窄的，地经与泡经送经比大，一般要达到1∶1.3~1∶1.4，再大就会造成松经停车。

任务五　色织绉类织物设计

绉类织物随意自然，外观有颗粒效应、起伏效应的立体感，织物光泽柔和，质地轻薄，手感爽滑，富有弹性，穿着舒适。

一、绉类织物设计方法分类
（1）利用组织结构变化使织物形成绉纹效应。
（2）利用强捻纱线使织物形成绉纹效应。
（3）利用不同缩率、不同弹性、不同张力的纱线相互交织形成绉纹效果。
（4）利用特殊后整理工艺使织物起绉。

二、绉类织物形成机理
1. 利用绉组织形成绉织物　原理是利用组织中不同长短的经纬浮点沿纵横向均匀交错排列，浮点长的组织结构较松，浮点短的组织结构较紧，使织物表面产生均匀不规则的、凹凸不平的细小颗粒状外观效应。

2. 利用强捻纬纱形成绉织物　原理是将强捻度的纬纱在一定张力和温湿度条件下暂时定形，然后与普通捻度的经纱交织成坯布。坯布在后整理加工中通过热和碱液的作用，破坏强捻纬纱的暂时定形，强捻纱解捻，产生收缩力，从而在织物的经向形成不规则的绉纹，如色织顺纡绉布。

3. 采用不同缩率的纱线交织形成绉织物　原理是纱线的缩率不一样，织成织物在后整理时其长度会出现差异，因而具有绉效应。如将高收缩纤维与棉等普通纤维混纺、交织的织物，经沸水处理，因纤维的收缩率不同可形成强烈绉效应的织物、高花织物和泡泡纱织物，织物手感柔软，质轻蓬松，保暖性好。

4. 利用弹性纱与非弹性纱交织形成泡绉织物　如将纯棉纱与氨纶包芯纱按照一定的规律间隔排列进行织造，经后整理加工，消除了织物中的内应力，使氨纶包芯纱得以充分回缩，而纯棉纱由于不具备弹性无法回缩，被氨纶包芯纱带动而凸起，使织物表面出现泡绉效应。如果经向采用纯棉纱，纬向采用纯棉纱与氨纶包芯纱间隔排列，则织物表面形成单向的泡绉效应；如果经纬两向均采用纯棉纱与氨纶包芯纱间隔排列，则织物表面产生双向的泡绉效应。又如将PBT弹性纤维与棉等非弹性纤维混纺、交织，织物经整理后也会起绉。

色织物压
绉纹处理

5. 物理处理形成绉织物　折绉整理、热轧整理、水洗绉整理；如褶绉织物，它是在后整理时将织物制成一定的褶绉进行热定型（彩图 39），利用纤维的热塑性能，将织物的褶绉状固定下来而形成特殊绉效应的织物。此外也可采用机械抓绉、热水整理起绉方式（彩图 11）。

三、绉类织物设计方法

（一）颗粒效应绉布——利用绉组织设计起绉

通过经、纬浮长线长度不规则的变化配置在布面，浮长线较长的组织点，张力较大，使得所在位置的布面凸起，浮长线较短的组织点，纱线受到的束缚作用较大，布面平整，因而织物表面形成了凹凸起伏的起绉效应。

设计时应注意使组织点看似无规律的随机配置，形成细小的凹凸颗粒状外观，组织图和上机图分别如图 3-13、图 3-14 所示。

图 3-13　绉组织图　　　　　　　　　　图 3-14　绉织物上机图

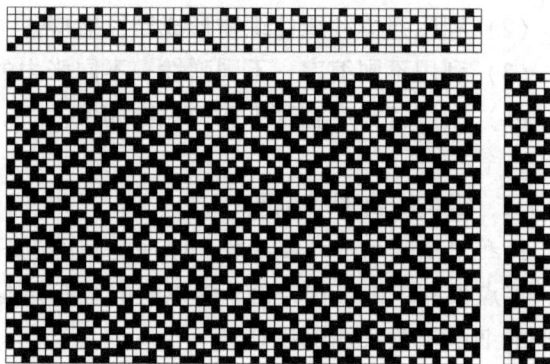

（1）绉组织中经、纬浮长不宜过长，以不超过 3 个组织点为好。不同浮长的组织点应沿各个方向均匀分布，不出现纵、横或斜向的纹路，也不能有大群的组织点聚集在一起。

（2）避免各个方向出现纹路，其织纹的规律性越不明显，织物的起绉效果越好，同时避免大群相同的组织点，否则织物表面会出现过亮或过暗的区域。

（3）一个组织循环中各根经纱的浮沉次数不宜相差太大，防止经纱的织缩差异过大，影响梭口的清晰度，造成织造困难，并影响布面的平整度。

绉组织常用的设计方法有重合法、嵌入法、调序法、旋转法、省综设计法等。其中以省综设计法设计的绉组织循环最大，起绉效果较好，可以采用 CAD 软件完成设计。

绉织物上机图如图 3-14 所示，$R_j = 60$，$R_w = 40$，组织图看起来似乎很复杂，其实经纱总共只有六种规律，综框也只用了六页。穿综时采用照图穿法，减少综页数。

通常采用经纬纱异色的方法来设计绉组织织物，使外观呈颗粒效应。

（二）杨柳绉——普通捻度的经纱与强捻度的纬纱交织方法

1. 形成机理　普通捻度的经纱与强捻度的纬纱交织，利用强捻纬纱在织物整理后产生的纬向扭应力，在织物表面沿纵向呈现细长的柳条状起伏效应（彩图 8）。强捻纱要进行热湿蒸纱定捻以稳定捻度，避免因纬纱扭结的纬缩疵点，定捻设备如图 3-15 所示。

织造后，绉纱坯布在全松式后整理加工过程中，通过烧碱溶液的煮练，溶液渗透到纱线内部，使暂时定型的强捻纬纱有一个扭曲和解捻的趋势，以恢复其弹性收缩，但因受到织物中其他纱线的摩擦制约，强捻纬纱不能自由解捻和弯曲，因而就造成强捻纬纱呈现一种断续性不规则解捻和弯曲状态，并带动经纱一起凹凸起伏，从而使布面起绉。

图 3-15　强捻纱湿热定型蒸箱

2. 产品的设计

（1）纬纱捻度。经纱通常采用一般捻度，纬纱则采用强捻度，以获得良好的起绉效果。

一般纯棉强捻纬纱捻系数可为普通纱捻系数的 2.0 ~ 2.2 倍，粗特纯棉强捻纱捻系数为普通纱捻系数的 2 倍左右，涤棉强捻纱捻系数为普通纱捻系数的 1.8 倍左右。

（2）经纬纱线密度。绉纱布的经纬纱线密度的确定首先要考虑织物用途，如用作夏季服装面料，要求质地轻薄、手感松软、透气性好，宜选用细特纱为好，经纱细与纬纱粗的配置对起绉效应为好，因为细特的经纱细而柔软，这为粗特强捻纬纱的收缩创造了有利条件，同时纬纱线密度越粗越容易获得良好的起绉效果。另外，在确定纬纱线密度时，必须考虑纬纱在加捻时的捻缩，一般捻缩率在 12% 左右。

（3）经纬向紧度。织物经纬向紧度对绉纱布的起绉效应有较大影响。经向紧度过大，织物中经纱排列得紧密，经纱之间空隙较小，从而阻碍了强捻纬纱的收缩，起绉效果差，如当经向紧度达到 45% 时，在染整加工过程中，起绉效果极差，甚至不发生起绉现象；当经向紧度在 35% 左右时，起绉效果较好；当经向紧度降低到 30% 左右时，起绉效果更好。但经向紧度过小，织物强力降低，还会产生透光现象，影响织物的牢度和实际使用价值。综合起绉效果、织物牢度、实用价值等多方面因素，通常经向紧度以 25% ~ 35% 为宜，经纬向紧度比例可采取 1.1 : 1。

（4）织物幅宽。绉纱布在后整理时纬纱产生较大的收缩，因此，其幅宽加工比常规品种低。影响绉纱布幅宽加工系数的因素主要有布面起绉形态、经密大小、纬纱捻系数、原料种类等。经密低，加工系数就低；纬纱捻系数高，加工系数就低；起绉效应强，加工系数也就低。通常绉纱布的幅宽加工系数为 0.65 ~ 0.75。

3. 生产工艺要点　由于绉纱布的纬纱捻度大于普通纱，其生产工艺与一般织物有所区别，主要体现在纬纱的加捻与定捻、后整理时的起绉加工等方面。

（1）强捻纬纱的加捻方法。强捻纬纱的加捻方法有一次加捻法和两次加捻法两种。一次加捻法是指强捻纬纱所需的捻度在细纱机上一次直接加捻纺成，这种加捻法能缩短工艺流程，节省设备，但由于纱线捻度高、捻缩大，细纱断头后会立即扭曲在一起，并且接头较为困难，操作难度较大；两次加捻法是将纬纱所需的捻度分两次加捻来完成，第一次仍按正常办法在细纱机上加捻，第二次加捻可在细纱机或捻线机上进行，操作方便，能使生产顺利进行，但要增加设备与工序。

（2）强捻纬纱热定捻。为使织造生产顺利进行，在织造前必须对强捻的纬纱进行高温湿空气定捻，使其捻度稳定，避免织造时产生纬缩疵点。定捻可在强捻纱湿热定型蒸箱进行，也可以在高温高压染锅内进行，温度为 75～95℃，并保温一段时间，使捻度均匀一致。

（3）经纱上浆。上浆过程中除了达到增强、耐磨、保伸、贴伏毛羽的目的外，还要求选用淀粉类或水溶性好的浆料，一是方便退浆；二是在织物后整理时，起绉容易。

（4）织造。绉纱布纬纱采用强捻纱，织造工序重点要控制好纬纱张力。张力过大容易断头，张力过小则容易出现小辫子，造成织疵。应调整好储纬器纱线的进出张力，减少纬纱从筒子上退绕时的张力变化。车间温度宜控制在 25℃左右，相对湿度为 70%～75%。

（5）起绉整理。色织绉纱布起绉整理采用稀碱热水浸渍，使水分子进入纤维内部，使纤维内部膨化，产生扭转张力，消除纬纱强捻后的假定形，达到解捻目的而起绉，并使织物上的浆料膨化，有利于退浆煮练。如果一开始就浓碱煮练或高温液处理，会产生起绉不匀和局部丝光定形，再进行修复就比较困难。

4. 产品设计实例 纯棉高支强捻色织顺纤绉。

（1）产品规格。经纱原料与线密度为 CJ 11.7tex（50 英支）纯棉纱；纬纱原料与线密度为 11.7tex（50 英支）纯棉纱；经纬密度为 354×283 根/10cm；织物组织为平纹；产品幅宽为 122cm±2cm。

（2）产品特点。外观风格自然，透薄飘洒，手感滑爽，富有弹性，穿着舒适，不贴身，具有麻纱风格。经向采用不同色泽的纱线间隔排列，纬向采用漂白纱，织物表面呈现鲜艳的柳条形绉纹。

（3）设计与生产技术要点。

①捻度与捻向。经纱为纯棉精梳纱，捻系数为 360～400；纬纱为纯强捻纱，捻系数为 720～760。经纬纱捻向相同。

②织造工艺流程。

经纱：松式络筒→筒子染色→倒筒→整经→浆纱→穿综→织造

纬纱：松式络筒→筒子漂白→倒筒→强捻→汽蒸→织造

③定捻工序。为稳定捻度，使织造生产顺利，强捻纱需经过定捻处理。采用高温湿空气定捻，其工艺条件为 90℃，汽蒸 10min，再闷 20min。

④织造工序。该织物属于低线密度织物，织物经纬密度不高，织造生产难度不高，整经、浆纱、织造工艺参考普通府绸织物即可，参见情境一中任务三。

⑤后整理。采用松式湿热起绉整理，包括松式水洗、松式退浆、松式加软。使强捻纬纱产生强烈的热收缩，从而在织物表面产生纵向的柳条绉纹。同时经纱由于不同的缩率而在布面产生小泡泡和水波浪纹。

（三）弹性绉布设计案例

纬纱采用氨纶包芯纱、PBT 等弹性纱线与非弹性纱线相间排列形成绉效应（彩图9）。

1. 产品规格 经纱原料与线密度为 T65/C35 13tex；经纱原料与线密度为 T 65/C 35 10tex+8.3tex（PBT）；经纬密度为 362 根/10cm×315 根/10cm。

2. 产品设计要点

（1）原料的选择与配合。PBT 纤维的价格较低，是具有相当程度的伸缩性、高弹性能的新型纤维原料。PBT 纤维既具有涤纶纤维的抗皱性，又有锦纶的手感柔软及耐磨性能，弹性回复性优于锦纶，其染色性能又优于涤纶，可用分散染料在常压下沸染，且染色鲜艳。

本产品经向采用涤棉纱，纬向采用 PBT 与涤棉纱以 1∶4 间隔排列，织物在后整理时纬向两种原料收缩不一，使织物表面起泡绉效应。

（2）密度的选择。织物整理后，由于 PBT 沿纬向的弹性收缩，使织物幅缩率加大引起经密增大，因此，在设计织物上机工艺时应充分考虑整理的幅缩率。为了体现该产品轻薄、柔软、飘逸的绸型风格要求，纬密过小会造成织物稀疏疲软现象，同时也影响缝纫强力，其经向密度一般控制在比同类非收缩品种略小的范围内。

（3）织物组织设计。为体现不同的外观风格与花型，可采用不同的组织配合。

①平纹组织。采用简单的平纹，提花部分用 PBT 作纬纱交织，由于 PBT 原料较好的弹性和收缩率，使布面呈现凹凸起绉效果，花型丰满具有立体感。

②平纹地局部凸条组织。利用凸条组织与平纹相结合，使布面形成局部泡泡与凸条相结合的效果，层次分明，起绉效应强，织物富有弹性。

③双层提花组织。采用单层平纹地与双层平纹交替配合的方式，PBT 纤维在单层平纹处缩率小，在双层组织中处于里层的缩率大，不仅起绉效果明显，而且能形成块状或几何图案的凹凸泡泡，立体感强。

3. 生产要点　生产工艺流程。

经纱：绞纱染色→络筒→整经→浆纱→穿综→织造→坯验→整理

纬纱：绞纱染色→络筒

（1）络筒。涤棉纱的络筒工艺与常规纱相同，PBT 的络筒要尽可能减少络筒工序的伸长，纱经过的通道要保持光滑，避免纱被刮毛。

（2）整经。中速度、小张力，保证"张力、卷绕、排列"三均匀，适当增加边纱张力，保证布边平直。

（3）浆纱。涤棉纱上浆以 PVA 作为主浆料，CMC 作为辅助浆料，浆槽温度控制在 96~98℃，上浆率掌握在 7%~8%，伸长率在 1%。

（4）织造。PBT 易被刮毛，织造前，凡织机运转过程中，纬纱可能接触到的地方，都要打光，尤其是筘座上有关的部件要做到非常光滑，无毛刺快口。

（5）后整理工艺要点。

①汽蒸处理。因退浆后织物收缩率并没有达到最高点，故再进行松弛湿热处理，以使织物纬向收缩率达到饱和。坯布无张力、70~75℃ 条件下浸轧退浆，再汽蒸 20min，坯布门幅的收缩率为 25%~30%，织物纬向收缩率效果好，起绉立体感强。

②热定型。PBT 属于热塑性纤维，同涤纶一样，必须经过热定型。热定型即是在一定时间内在高热能的作用下，PBT 分子链段的运动加剧，分子结构重新排列，在张力的条件下取得适当的形态结构，冷却后，这种新的形态固定下来，在低于热定型温度条件时，材料就不会或少产生变形现象。影响热定型效果的主要因素是温度、时间、张力。涤棉 PBT 弹力绉织物的热定型部分条件可参照一般涤棉色织布，如定型时间 20~60s、热定型机超喂 2.5%~4%。为了使织物形成弹力绉效应，热定型温度一定要掌握好。况且 PBT 纤维的软化温度又比涤纶低 30%~35%，热定型既要使织物获得尺寸稳定性，又要保持织物固有的风格。

任务六 色织绒布设计

色织绒布（彩图 22）运用织物组织的变化和色彩的配合形成各种风格的产品，手感柔软，色泽柔和，质地厚实，穿着舒适，保暖性好，可用作春秋季外衣用料、衬里用料、装饰用布；规格特殊的绒布可作工业过滤用布。

一、色织绒布分类

色织绒布可根据起绒工艺、织物组织、拉绒方法、色纱配置分类。起绒工艺不同，可分为拉绒布和磨绒布；按常见织物组织不同，可分为斜纹绒、提花绒、凹凸绒；按拉绒方法不同，又可分为单面绒、双面绒；按色纱配置不同，可分为条绒、格绒等。

常用色织绒布的规格见表 3-7。

表 3-7 色织绒布的规格

类别	组织	纱线线密度（tex）		密度（根/10cm）		幅宽（cm）	
		经	纬	经	纬	坯布	成品
条绒	2/2↗	28	42	252	283	166	147
彩格绒	2/2↖	28	36	314	228	158	150
彩格绒	2/2↗	28	28	314	228	165	152
芝麻绒	2/1↖	28	42+42	215	157	138	119
厚衬绒	3/3	28	96	181	220	101	120
双纬绒	3/1↖	29	29+29	248	193	161	145
凹凸绒	$\frac{3\quad 1}{1\quad 3}$	28	42	252	283	128	120
手套绒	3/1 人字斜	28	42	362	213	97	91.4
汽车绒	八枚五飞加强纬面缎	28	42	268	476	159	152
涤黏中长格绒	2/2↗	18+18	18+18	252	204.5	159	148
纯涤纶过滤绒布	7/3↗纬二重	29×2	(29×2)+72	212	267.5	176	142

二、色织绒布设计概要

色织绒布规格主要包括：组织、经纬纱配置、经纬向紧度、经纬纱的捻度以及斜纹斜向和拉绒的关系。

1. 纬纱捻系数 纬纱选用较小的捻系数。捻系数小的纬纱纤维间抱合力小，拉绒时纤维易被拉出形成绒毛。

2. 纱线线密度 绒布是纬向拉绒织物，纬粗经细，纬纱一般为中特纱，便于形成细密的拉绒效果和保持织物强力。

3. 组织 一般采用斜纹组织，如 2/1、2/2 及 3/1 等。交织点过少，则绒毛不易拉出，交织点过多，则拉绒时容易拉破坏布。

4. 紧度 纬密大于经密，纬向紧度大于经向紧度，便于拉绒后绒毛丰满。

5. 纬纱捻向和斜纹斜向 纬纱 Z 捻向，斜纹为左斜，有利于拉绒。

三、色织绒布品种设计
（一）绒布组织的选择

绒布的绒毛主要由纬纱拉出，织物纬浮点的多少和分布，对绒毛的长短、稀密有很大影响。设计双面绒组织时，为保证正反两面有相同的绒毛，必须使组织正反两面的纬浮长和纬浮点基本相仿。设计厚衬绒组织时，为保证绒毛的短密均匀，必须注意纬浮点在织物上分布均匀。设计做外衣用的彩格绒组织时，由于绒毛要求不高，但布身保型性要好，因此，纬浮点不宜过多。利用斜纹纬浮点的不同分布，可获得不同的拉绒效果，使织物表面呈凹凸状。

1. 芝麻绒 作衬里用料，单面绒，保暖性要好，绒毛长，可采用 1/2 的斜纹组织，拉绒面上纬浮点长，纬浮点多易拉出较长的绒毛，能满足使用要求。

2. 厚衬绒 作衬里用料，双面绒，保暖性要好，要求正反两面都有短密均匀的绒毛。如采用 1/2 或 1/3 斜纹组织，正反两面纬浮点不相同，拉绒后正反面绒毛疏密，长短不相同。采用 3/3 斜纹组织正反面纬浮点虽然相同，但纬浮点在织物表面分布过于集中，绒毛难以匀密，所以厚衬绒组织，必须采用 3/3 急斜纹组织。这种组织正反两面纬浮点、纬浮长相同，且纬浮点在织物上分布较均匀，拉绒后，正反两面绒毛都能达到短密均匀的外观。

3. 双面薄绒 作内衣用料，绒毛不宜太稠密，柔软性要好。一般选用平纹组织，拉绒后绒毛短匀，柔软性良好。

4. 彩格绒 作春秋季外衣用料，有双面拉绒和单面拉绒之分，既要求有一定的保暖性，又要求有一定的挺括度和保型性。用平纹组织，布身太硬，且难以起绒。3/3 斜纹组织，经浮长和纬浮长太长，拉绒后绒毛长，织物断裂强度低。选用斜纹组织，拉绒后布身挺括、保型性好，轻度拉绒后，斜纹纹路仍较清晰，似有哔叽毛料风格。

5. 凹凸绒 两种纬组织点有明显差异的组织，按一定规律相间排列，拉绒后纬组织点多的区域绒毛稠密，纬组织点少的区域绒毛稀少，这样就形成了立体感强、手感柔软、有规律的凹凸形外观。在同一织物中选用两种不同的组织相间排列成小方块状，其中I区方块是 6/2↖急斜纹，$S_j = 2$；II区方块是 6/2↗急斜纹，$S_j = 2$（图 3-16）。I区方块纬浮长短，纬浮点少，II区

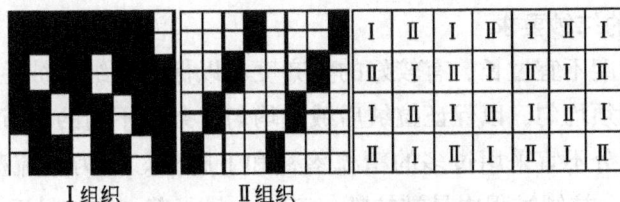

I组织   II组织

图 3-16　凹凸绒的组织配置

方块纬浮长长，纬浮点多。拉绒时I区方块不易起绒，绒毛较少，成凹状，拉绒时II区方块容易起绒，绒毛较多，成凸状。拉绒后整片织物就形成了凹凸方块相间排列立体感很强的凹凸绒。

（二）经纬纱的配置

绒布是纬向起绒，拉绒后纬向断裂强度下降幅度很大。绒布经纬纱配置，既要便于纬向起绒，又要保持织物强力，一般经纬纱配置的原则是纬向粗、经向细，经向作为织物骨干，纬向作为绒毛的主要来源。最常用的经纱是28tex（21英支）左右，方能保持织物应有的强力，又能便于纬向用纱配置。

绒布纬用纱，主要视织物的绒毛要求而定。绒毛越长、越密，则纬向用纱特数越高（支数越低）；反之，则特数越低（支数越高）。厚衬绒要求绒毛稠密，经纬纱配置是28tex×96tex（21英支×6英支）；彩格绒要求绒毛稀疏，经纬纱配置是28tex×28tex（21英支×21英支）或28tex×36tex（21英支×16英支）。绒布纬向也常用股线，保证绒毛短密均匀、手感舒适以及一定的纬向断裂强度。

（三）经纬向紧度的选择

绒布纬密一般大于经密，但由于绒布经纬向用纱粗细不同，所以密度并不能真正反映经纬向纱线排列的紧密程度。现以经纬向紧度来说明经纬纱配置时排列的紧密程度。绒布纬向紧度与经向紧度的比值 J=纬向紧度/经向紧度，J 越大，则绒毛越稠密；反之，则越稀疏，表 3-8 为绒布紧度参考表。

表 3-8　绒布紧度参考表

类别	纱线				密度				紧度（%）		$J=\dfrac{纬向紧度}{经向紧度}$
	经纱		纬纱		经密		纬密		经向	纬向	
	tex	英支	tex	英支	根/10cm	根/英寸	根/10cm	根/英寸			
双面绒	28	21	5.8	10	204.5	52	212.5	54	40.03	59.87	1.495
芝麻绒	28	21	4242+42	14/14	192.5	49	159	40.5	37.68	53.91	1.430
厚衬绒	28	21	96	6	179	45.5	220	56	35.04	79.75	2.276
彩格绒	28	21	28	21	314.5	80	228	58	61.57	44.63	0.725
凹凸绒	28	21	42	14	251.5	64	283	72	49.24	67.85	1.378

（四）斜纹斜向的设计

斜纹是绒布常采用的一种组织。斜纹织物正反两面斜向不同，生产单面绒时，选择适当的斜纹方向作为拉绒面，在相同条件下，纬纱纤维捻向与斜纹斜向相同时，拉绒后绒毛较密；生产中由于纬纱常用 Z 捻，所以选择左斜向作为拉绒面。

（五）色织绒布的纬纱要求

（1）纬纱纤维长度不宜过长，有较好的整齐度，以保证拉绒后绒毛均匀丰满。

（2）纬纱条干必须均匀，以保证拉绒后绒毛均匀，条干不匀的粗节纱易产生纬向皱档。

（3）纬纱配棉成分不宜采用过多的精梳落棉和下脚棉。因为精梳落棉和下脚棉的纤维太短，纤维强度较差，拉绒过程中易被拉断，产生大量飞花，影响绒毛均匀稠密程度。

（4）纬纱应选择较高的线密度。粗的纬纱比经纱更易于凸出布面，便于纬向起绒。

（5）纬纱选用较小的捻系数。因为捻系数小的纬纱纤维间抱合力小，拉绒时纤维易被拉出形成绒毛。

四、色织绒布染纱加工注意事项

（1）漂白纱白度必须一致，否则会造成黄白档。

（2）纬纱要保持一定的棉脂层，煮练时间不能大长，否则脱脂过多，将影响起绒效果，造成横向皱档。如发现脱脂过多，可以重新上硬脂酸。

五、色织绒布坯布生产要点

1. 后梁位置

（1）织造斜纹绒布时，宜采用等张力梭口，以后梁比胸梁低 40~50mm 为宜。

（2）织造平纹绒布时，后梁应高于胸梁。下层经纱的张力较上层经纱大，打纬时张力较小的上层经纱能有少量的横向移动，使经纱在织物中的配置较为均匀，织物表面显得比较丰满，为绒毛匀密提供了良好的条件。

2. 开口时间

（1）斜纹绒布织造时，应采用迟开口。迟开口在打纬终了时，梭口开得小，纬纱压入时受到阻力较小，经纱受张力也较小，容易被纬纱挤压凸出布面，形成较清晰的斜纹纹路。

（2）平纹绒布织造时，应采用早开口。早开口在打纬终了时，次纬梭口已经开得相当大，上下层经纱交叉角大，经纬纱之间的摩擦亦较大，易使纱线表面起绒毛，且纬纱不易反拨，织物表面显得比较丰满。

3. 拉绒工艺　M 301 型钢丝起毛机拉绒导布流程如图 3-17 所示。

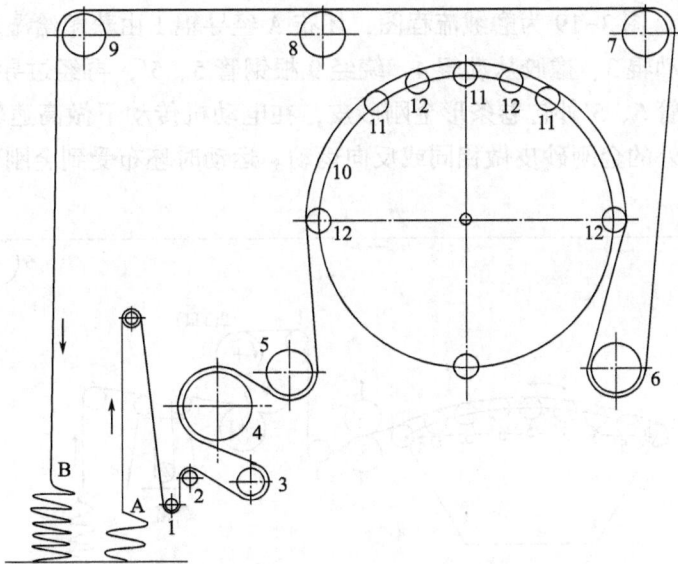

图 3-17　拉绒导布流程

织物 A 经夹辊 1 和 2、刺皮辊 3、烘布滚筒 4、前导辊 5，绕经正反刺起毛辊 12、11，再

149

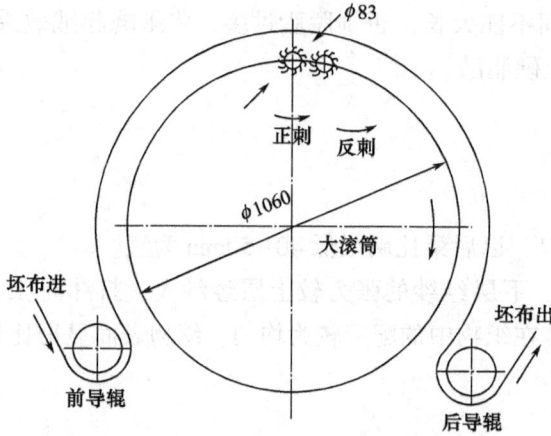

经后导辊 6，导布辊 7、8、9，堆放到 B 处，完成一道拉绒工序。

夹辊 1 和 2、刺皮辊 3 的作用主要是增加布的张力，使坯布紧紧贴在正、反刺起毛辊 12 和 11 上，同时也使坯布紧紧贴在前、后导辊 5、6 上，获得导布的动力。

正刺起毛辊 12 和反刺起毛辊 11 的主要作用是拉绒。烘布滚筒 4 的主要作用是烘燥坯布，使坯布纤维蓬松，容易起绒；前、后导辊 5、6 的主要作用是引导坯布按一定方向行走。常使后导辊的卷布速度略大于前导辊的卷布速度，使坯布在前后导辊之间产生较大的张力，以保证坯布能紧贴在正反刺起毛辊上，为拉绒创造有利的条件。

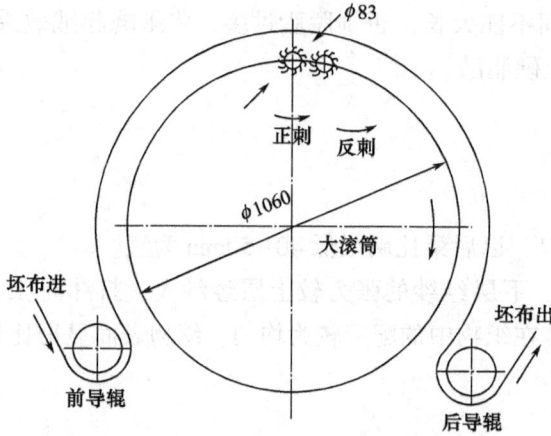

图 3-18 正反刺起毛示意图

正反刺起毛辊与坯布间相对运动，由正反刺起毛辊上弯脚针针尖从坯布纬向中拉出绒毛。图 3-18 是正反刺起毛示意图。

4. 色织磨绒工艺 磨绒织物主要是经纱起绒，磨绒后织物表面呈现出短密均匀的绒毛。磨绒织物组织花纹清晰可见，手感柔软有呢绒感，具有保暖、柔软、透气、耐磨等特点。由于磨绒织物质地比较厚实，所以大都用作外衣、沙发套、坐垫套等。

（1）磨绒织物组织规格。由于磨绒织物主要用作外衣和外套，所以在产品设计时，要考虑到织物的服用性能和穿着牢度。在经纬用纱相同的情况下，经密应高于纬密。纬纱线密度一般与经纱线密度相同，或略粗于经纱。磨绒织物常用组织以 3/1 斜纹为主，生产较多的是劳动布、坚固呢、灯芯条等磨绒产品。

（2）磨绒工序。图 3-19 为磨绒流程图，坯布 A 经导辊 1 由蒸箱给湿后，经过烘筒 2 烘燥，再经过喂布主动辊 3、橡胶从动辊 4，绕经 9 根钢管 5、5′，再经过导辊 6 堆放到 B 处，完成磨绒工序。钢管 5、5′外包卷条形金刚砂皮，在电动机传动下做高速转动，坯布在外加张力作用下与钢管外的金刚砂皮做相同或反向运动。运动时坯布受到金刚砂皮的摩擦产生绒

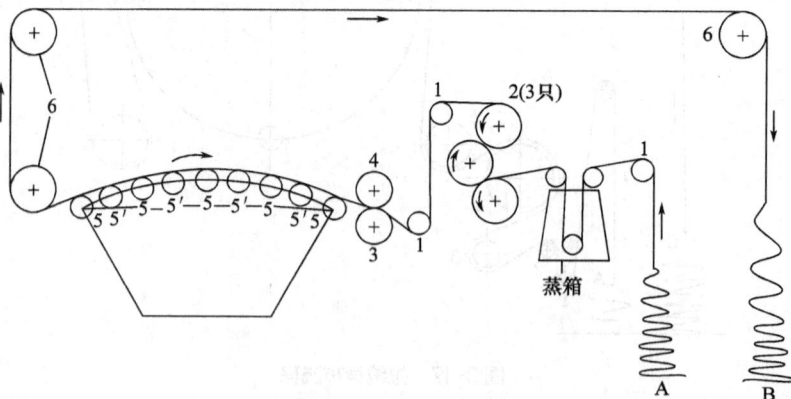

图 3-19 磨绒流程图

毛。织物的导布速度由变速箱调节，为 25～35m/mm，和拉绒工序相仿，磨绒工序也以采用轻拉多磨为宜，以防成品经向断裂强度下降过甚。

（3）磨绒工艺流程。

坯布→落水防缩→喷汽给湿→烘燥→磨绒→防缩

任务七 色织弹性织物设计

色织弹性织物（彩图9）保留了棉织物柔软、舒适、透气的服用功能，同时由于弹性纱的介入，使穿着更舒适柔软，有弹性，无压迫感，并且克服了棉织物易褶皱的缺点。

可以在经纱或纬纱中全部采用弹性纱线，生产经弹、纬弹和全弹织物，也可以在经纱或纬纱中部分采用弹性纱线生产泡绉类弹性织物。

一、氨纶弹性纱线的结构与性能

1. 氨纶合捻线　将经过牵伸的氨纶丝与两根或多根单纱（或长丝）并合加捻成的弹性合捻线。这种合捻线纱支粗，手感较硬，适用生产粗厚织物。

2. 氨纶包覆纱　又称包缠纱，以氨纶丝为芯，外包以长丝或短纤维纱线而形成的弹性纱。它与其他弹性纱线最明显的区别之一是芯丝无捻度，芯丝与外包层之间的抱合程度低，因此，其强力和弹性高，伸长性能可达 200%，在高弹织物中可获得 50%左右的弹性。

3. 氨纶包芯纱　以氨纶丝为纱芯，外包一种或多种非弹性的短纤维所纺成的纱线，芯丝提供优良的弹性，外包纤维则提供所需的表面特征。包芯纱的芯丝被外层短纤维所包围，两者结合较为紧密，适用于各类弹性织物，尤其是色织弹性织物。

二、产品设计

（一）氨纶包芯纱的规格选择

应根据织物最终的风格和弹性性能要求，确定该品种的弹性伸长率，进而进行氨纶包芯纱规格的选择与有关织物的结构参数的确定。

氨纶包芯纱的规格包括纱线线密度、纱线的捻系数、氨纶丝的旦尔尼数（或线密度）、氨纶丝的牵伸倍数、氨纶丝的含量等参数。影响包芯纱弹性大小的因素主要有三个方面：氨纶芯丝旦尼尔数的大小、氨纶芯丝的牵伸倍数及氨纶在成纱中的百分率。

1. 纱线的特数　织物中弹性纱线的线密度应根据织物成品中的线密度，考虑织物的弹性率，加工缩率，通过计算得出。氨纶弹性纱线的支数和芯丝的旦尼尔数，在纺织染整加工过程中受到外力的作用而始终在变化。弹性丝的旦尼尔数一般地说是指弹性丝在松弛状态下的旦尼尔数，当伸长后旦尼尔数即发生变化；包芯纱的支数有纺出支数和成品中支数的区别。包芯纱的纺出支数是芯丝经过预牵伸后的支数加上包覆纤维前罗拉牵伸时的支数，也就是夹在前罗拉中一瞬间的支数。芯丝脱离前罗拉后，由于细纱张力小于芯纱牵伸时所受拉力，所以氨纶纱发生回缩，包芯纱变粗。成品中的包芯纱支数（即工艺设计支数）介于纺出支数与最大回缩之间。包芯纱纺出支数与织物成品中纱线支数之间的差值决定于织物需要的弹性和包覆纤维收缩率的大小。

$$纺出线密度 = \frac{成品线密度 \times (1 - 包覆纤维缩率)}{1 + 织物伸长率}$$

或 $$纺出支数 = 织物成品支数 \times \frac{1 + 织物弹性}{1 - 包复纱缩率}$$

2. 纱线捻系数的确定 氨纶包芯纱应适当加大成纱捻系数，一般比同线密度纯棉纱捻系数大 10%~20%。公制捻系数范围通常为 330~380，以增大短纤维之间、短纤维与氨纶丝之间抱合力。

3. 氨纶丝的规格 氨纶芯丝越细，弹性越小，其织物的弹性伸长和回缩率也小，外形保持性较差。常用的氨纶丝有 4.4tex、7.7tex、15tex 三种规格，应根据织物弹性要求确定。

4. 氨纶丝的牵伸倍数 氨纶包芯纱弹性的大小，取决于芯丝牵伸的大小，牵伸倍数大小可以通过试验确定。牵伸倍数越大，成纱的弹性越大，但过大易造成芯丝断裂，影响后道加工。因此，应综合考虑氨纶的规格、牵伸特性、织物用途等因素来确定氨纶丝的牵伸倍数。织物弹性越大，所用氨纶丝的牵伸倍数应大些；规格粗的氨纶丝牵伸倍数可大些。通常 4.4tex 氨纶丝选用 3~3.5 倍，7.7tex 氨纶丝选用 3~4 倍，15tex 氨纶丝选用 4~5 倍。

5. 氨纶丝的含量 氨纶含量与织物的弹性和延伸性有直接关系。氨纶含量越高，弹性和延伸性越好。然而氨纶含量的增加，将使织物成本增加。因此，应寻求最佳氨纶含量，使氨纶弹力织物既符合穿着时的弹性和延伸性的要求，又不致因氨纶含量过高而增加产品成本。

氨纶丝含量的计算公式为：

$$包覆纤维的旦尼尔数 = 纺出支数(折旦尼尔数) - \frac{芯丝旦尼尔数}{予牵伸倍数}$$

$$芯丝含量 = \frac{芯丝旦尼尔数}{予牵伸倍数 \times 纺出旦尼尔数} \times 100\%$$

（二）织物的结构参数设计

织物的结构参数主要有经纬纱的排列密度、织物组织、经纬色纱的排列等，其中，经纬纱的排列密度、织物组织是影响织物弹性的重要因素，应将各因素对织物弹性的影响进行综合分析，以保证织物弹性的要求。

1. 经纬纱紧度和密度的确定 经纬向紧度影响织物的风格特征和服用性能，对弹力织物而言，还影响织物的弹性和尺寸稳定性。织物紧度比用经纬密度更能反映织物真实的紧密程度。对于纬弹织物，增加经向紧度，会使织物弹性减小；对于经弹织物，增加纬向紧度，会使织物弹性减小；对于双弹织物，不管是增加经向紧度或是增加纬向紧度，都将导致织物弹性减小，甚至丧失弹性。同时，紧度过大，织物过于僵硬，影响织物的舒适性；紧度过小，织物回缩过大，使尺寸稳定性变差。

弹性织物紧度设计时应考虑到织物弹性收缩率大造成的成品紧密，通常比同品种非弹性织物的紧度低 10%~15%，以保证织物的弹性伸长能力不会降低。

2. 织物组织的设计 织物弹性随织物组织结构的紧凑程度不同而有较大变化。一般织物中经纬纱交织次数少的松组织，其纱线收缩程度大，织物的弹性伸长率大，有利于充分发挥弹力织物的弹性伸长；反之，经纬纱交织次数多的紧组织，其纱线收缩程度小，织物的弹性伸长率小。氨纶弹性织物常采用斜纹、缎纹、斜纹变化及提花组织等。轻薄弹性面料可采用平纹组织。平纹、2/2 斜纹、人字斜纹等组织的左右对称，属于平衡组织，2/1、3/1 斜纹属于不平衡组织，有利于发挥纬向高弹织物的性能。为了使弹性织物布面平整，在设计织物组织时应尽可能使同一系统纱线的交织次数相同，以保证纱线的收缩程度一致。

3. 布边设计 为防止卷边，边组织相对非弹力织物要加宽，浮线越长的松组织，其边组织越宽。经纬双弹织物由于其经向有弹性，因此，布边组织应与布身结构相似，以免产生褶皱。

4. 染整幅缩率 弹性织物的染整幅缩率一般为 20% ~ 25%，其幅宽变化如图 3-20 所示，长度变化如图 3-21 所示，实际变化率应通过先锋试验确定。

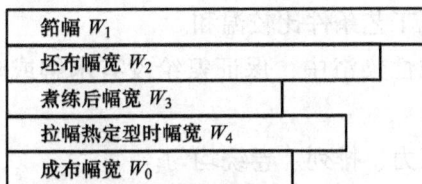

| 筘幅 W_1 |
| 坯布幅宽 W_2 |
| 煮练后幅宽 W_3 |
| 拉幅热定型时幅宽 W_4 |
| 成布幅宽 W_0 |

| 在机布长 L_1 |
| 下机布长 L_2 |
| 煮练后长度 L_3 |
| 定型时长度 L_4 |
| 成品布长 L_0 |

图 3-20 纬弹织物幅宽变化示意图　　　　　　图 3-21 经弹织物长度变化示意图

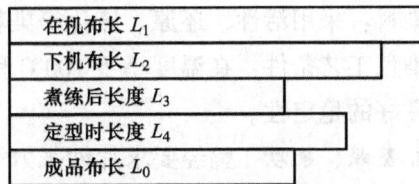

5. 筘幅

$$筘幅 = \frac{成品宽度 \times (1 + 弹性伸率)}{(1 - 织缩率) \times (1 - 弹性纤维收缩率)}$$

（1）对于纬弹织物。

$$纬纱织缩率 = \frac{筘幅\,W_1 - 坯布幅宽\,W_2}{筘幅\,W_1} \times 100\%$$

$$煮练加工收缩率 = \frac{坯布幅宽\,W_2 - 煮练后幅宽\,W_3}{坯布幅宽\,W_2} \times 100\%$$

$$弹力纤维永久收缩率 = \frac{坯布幅宽\,W_2 - 拉幅热定时幅宽\,W_4}{坯布幅宽\,W_2} \times 100\%$$

$$染整幅缩率 = \frac{坯布幅宽\,W_2 - 成布幅宽\,W_0}{坯布幅宽\,W_2} \times 100\%$$

$$弹性伸长率 = \frac{热定型时幅宽\,W_4 - 成布幅宽\,W_0}{坯布幅宽\,W_4} \times 100\%$$

（2）对于经弹织物。

$$下机缩率 = \frac{在机布长\,L_1 - 下机布长\,L_2}{在机布长\,L_1} \times 100\%$$

$$煮练长度收缩率 = \frac{下机布长\,L_2 - 煮练后布长\,L_3}{下机布长\,L_2} \times 100\%$$

$$弹性纤维永久收缩率 = \frac{下机布长\,L_2 - 煮练后布长\,L_3}{下机布长\,L_2} \times 100\%$$

$$弹性伸长率 = \frac{定型时长度\ L_4 - 成品布长\ L_0}{定型时长度\ L_4} \times 100\%$$

(三) 生产技术要点

1. 氨纶包芯纱的染色 氨纶包芯纱的染色是开发色织弹力织物的第一关，目前，氨纶包芯纱在染色过程中的卷装形式有绞纱染色和筒子染色两种。

(1) 绞纱染色。采用绞纱染色时，包芯纱处于松弛状态，弹性损失小，染色成本低；但氨纶包芯纱的高收缩性使绞纱容易乱绞，给络筒带来困难，纱线易断头，浪费大，而且纱线的颜色不易控制。

(2) 筒子染色。采用筒子染色时，不会造成纱线乱绞，断头率低，纱线浪费少；但氨纶丝处于伸直状态，易损伤其弹性，染色成本高，考虑到降低成本，则尽量采用绞纱染色，在生产布面质量较好的产品时，选择筒子纱染色。

染料：采用活性、还原、硫化等染料，使得染色工艺条件比较温和。

染色工艺条件：在温度小于100℃和一般的酸碱性染浴中，保证氨纶没有水解或降解，具有良好的稳定性。

2. 整经、浆纱 整经要求片纱张力均匀，做到张力、排列、卷绕均匀。

如果是经弹织物，需上浆，以形成浆膜，防止经纱起毛，固定伸度、烘燥温度对氨纶伸缩性有很大影响，所以浆纱烘燥温度在100℃以下。织轴要先浆先用，尽快上机，避免回软复弹。

3. 织造 剑杆织机对弹性纬纱的可控性好，可以有效避免纬弹织物的边部纬缩问题。

喷气织机的引纬难度在于芯纱与外包棉纤维抱合不及常规纱紧密，气压过高，弹性纬纱易被引纬气流吹散造成纱与丝分离形成"露芯""赤膊丝"。由于纬纱回弹性好，气压过低，则纬纱牵引力不足，造成纬纱牵引不到位，或到达规定位置延迟，钢筘到达织口时纬纱已回弹，产生出口侧边部纬缩。采用"低气压，主喷低于辅喷气压，延长最后一组辅喷喷射时间，吸嘴引纱"的工艺，例如主喷压力为0.25MPa，辅喷压力为0.28MPa，以始终保持对纬纱的有效牵引，避免前拥后挤；最后一组辅喷嘴喷射时间由常规的180°～260°延长至180°～280°。缩短最后一组辅喷嘴的间距，以加强气流对纬纱的握持，使纬纱始终保持伸直的状态。

经弹织物上机张力采用较大张力配置，降低张力不匀率。

4. 后整理 氨纶弹性色织物的后整理有两道重要的工序。

(1) 松式退浆水洗。弹性织物下机后，其中的弹性纱线及其芯丝仍然存在着相当大的内部残余应力，必须进行充分的松式退浆水洗，从而消除可引起收缩的潜在内应力。

(2) 热定型。弹性机织物是通过弹性纱的回弹能与织物的阻力之间的平衡，来达到稳定的状态。得到所需的弹性。热定型工序重点在于控制热定型的温度和时间，热定型温度为170～180℃，时间为45～55s，以使弹性织物获得需要的外观、尺寸稳定性和平整度。

注：弹性织物工艺设计参见情境二任务三的项目四纬弹泡泡纱工艺设计。

任务八 纱罗织物设计

纱罗织物又叫绞综布，它与普通机织物的显著差别在于纱罗织物中经纱左右绞转与纬纱交织，仅纬纱相互平行排列，织物表面呈现清晰纱孔，质地稀薄透亮，且结构稳定，织物透气性好。因此，纱罗织物适用于夏季服装、窗纱、蚊帐、筛绢等。色织纱罗织物由于有色彩及其他组织的配合，外观更加丰富多彩，特色鲜明。

一、纱罗组织

色织纱罗织物的经纱分为绞经和地经两组，相邻间隔排列，并有规则地相互扭绞后与纬纱交织。织制时，地经位置不动，同一绞组的绞经有时在地经的右方，有时在地经的左方。当绞经从地经的一方转到另一方时，绞、地经之间相互扭绞一次。

凡每织一根纬纱或共口的数根纬纱后，绞经与地经相互扭绞一次，使织物表面呈现均匀分布纱孔的组织称为纱组织，如图3-22（a）（b）所示。每织入奇数纬纱绞经绞转一次与纬纱交织、绞纱组织与平纹组织沿纵向或横向联合，使织物表面呈现横条或纵条纱孔的组织称为罗组织，有纵罗与横罗之分。图3-22（c）（d）是织入奇数纬的平纹组织后，绞经与地经相互扭绞一次，纱孔呈横条排列，称为横罗，图3-22（c）称为三梭罗，图3-22（d）为五梭罗。图3-22（e）为直罗，纱孔呈纵条排列。

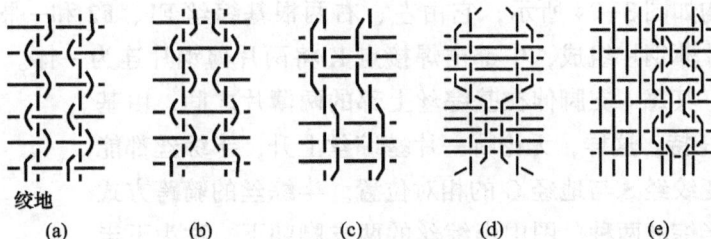

绞地
(a)　　　(b)　　　(c)　　　(d)　　　(e)

图3-22　纱罗组织类别

形成一个纱孔所需的绞经与地经称为一个绞组。一个绞组中的绞经与地经根数可相等也可不等，图3-23所示为几种常见的绞组，图3-23（a）中绞经：地经=1:1，即一个绞组由1根绞经和1根地经组成，称为一绞一，图3-23（b）中绞经：地经=1:2，称为一绞二。图3-23（c）中绞经：地经=2:2，称为二绞二。绞组内经纱数少，纱孔小而密；绞组内经纱数多，纱孔大而稀。

若每一绞孔中织入一根纬纱，则称为一纬一绞；若每一绞孔中织入共口的两根及两根以上的纬纱，则分别称为称二纬一绞、三纬一绞等。图3-22（a）（b）均为一纬一绞，图3-23（a）（b）（c）均为二纬一绞。

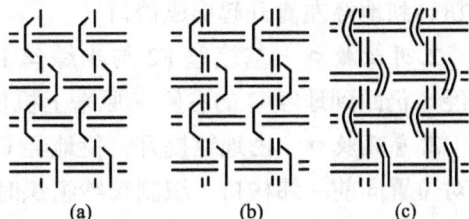

(a)　　　　(b)　　　　(c)

图3-23　纱罗组织的几种绞组

若各绞组间，绞经与地经绞转方向均一致的纱罗组织称为一顺绞；若相邻两个绞组内绞经与地经绞转方向相对称的纱罗组织则称为对称绞。图3-22（a）（c）为一顺绞，图3-22（b）（d）（e）为对称绞。

二、纱罗织物类别

1. 条格纱罗 纱罗组织运用纱线色彩配置，生产条形、格形产品。

2. 剪花纱罗 组织中以经、纬起花织成小型朵花，织成后剪去反面的纱线浮长，呈现单独朵花的织物（其中有纯棉经、纬起花及化纤长丝起花）。

3. 弹力纱罗 利用绞经的屈曲，使织物在整理时纬向大幅度收缩，经高温定型加工，具有永久性弹力的纱罗织物。

4. 花式线纱罗 纬纱用毛巾、结子等花式线织成的纱罗织物。

5. 烂花纱罗 用涤棉包芯纱（即棉包涤）染色后织成纱罗，再经过酸处理按花型烂去棉纤维部分，即成烂花织物。

6. 金银丝纱罗 在纱罗织物中嵌少量各色金银丝，布面呈现闪闪光彩的纱罗织物。

7. 胸襟纱罗 利用纱罗织物的多孔特点做胸襟花，形成胸襟纱罗织物。

8. 涤长丝纱罗 利用涤纶长丝形成的纱罗织物。

三、绞综机构

（一）金属绞综

金属绞综结构如图3-24所示，它由左、右两根基综丝F1、F2和一根半综丝D组成。每根基综丝由两片薄钢片组成，中部由焊接点K将两片薄钢片连为一体。半综丝D骑跨在两根基综丝之间，其每一支脚伸在基综丝上部的两薄片之间，由基综丝的焊接点K托持。这样，无论哪一片基综丝上升，半综丝都能随之上升，以改变绞经S与地经G的相对位置。半综丝的骑跨方式有下半综丝和上半综丝两种，图中半综丝的两支脚朝下，称为下半综丝；若半综的两支脚朝上，则称为上半综丝。一般均采用下半综丝，形成上开梭口。

金属绞综织造纱罗时形成三种梭口形式，以常用的右穿法（左绞穿法）为例，说明三种梭口的成形。综平时绞经S位于地经G的右侧。

1. 绞转梭口 基综丝F1与半综丝D上升，绞经S从地经G下面扭转到地经左侧升起形成梭口。

2. 开放梭口 基综丝F2与半综丝D上升，同时后综亦提升，绞经S仍回到地经G的右侧（原来上机位置）升起形成梭口。

3. 普通梭口 由地综提升，使地经G升起形成梭口，绞、地经相对位置同前一纬梭口。织制绞纱组织时，只要交替地使用绞转梭口与开放梭口，使绞经时而在地经的左侧，时而在地经右侧，相互扭绞而形成纱孔。地综不运动，地经始终位于梭口

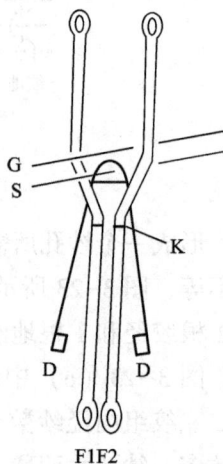

图3-24 金属绞综

下层，而半综丝每一梭都要上升，不是随着基综丝上升，便是随着后综上升，它不可能单独提升形成梭口。

织制罗组织时，地经也要提升，因此需采用三种梭口。织三梭罗时，梭口顺序为：开—普—开，绞—普—绞；织五梭罗，梭口顺序为：开—普—开—普—开，绞—普—绞—普—绞。

（二）圆盘绞综

除了纱罗绞综以外，无梭织机使用圆盘绞综织边。图 3-25 表示出用圆盘绞综织制纱罗组织的原理。用作纱罗边的两根经线穿入圆盘中相对排列的眼孔里，通过圆盘的旋转，两根纱线相绞在一起。每两次（或多次）相绞之后引入一根纬线。

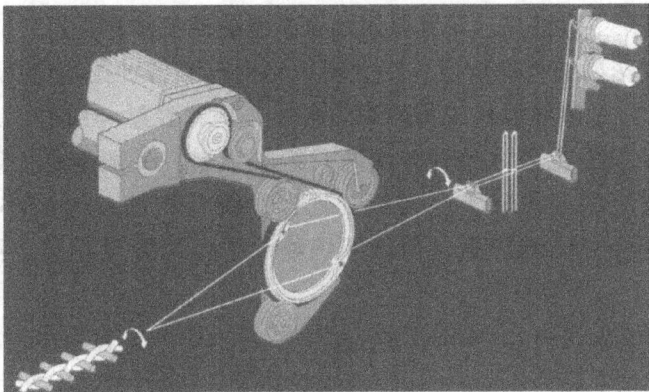

图 3-25　圆盘开口装置形成纱罗的原理

纱罗织物轻薄、凉爽、透气、舒适，尤其花式纱罗织物典雅美观，属高档装饰或服饰面料，产品附加值比较高。然而纱罗织物技术含量较高，生产难度亦相对较大。

四、纱罗织物设计与上机工艺生产

1. 原料选择　应考虑到绞经比地经纱受到更多的摩擦和屈曲，应选择优质、强力好、耐磨的纱线。纱线的条干要均匀，原纱捻度适当提高，可使纱线光洁，纱孔清晰，织物挺爽。地经纱可选择细特的纯棉或涤棉单纱，绞经纱一般以两根股纱或两根粗特的单纱为一组，也有用多根单纱为一组的，便于绞经花纹凸出，富于立体感。采用涤棉包芯纱可加工成烂花纱罗织物，纬纱还可以采用涤纶长丝。

2. 经纬纱紧度　织物紧度比一般织物小。经向紧度为 30%～35%；纬向紧度为 25%～30%。服装用纱罗织物紧度宜略高些，经向为 35%～40%，纬向为 30%～35%。

3. 组织设计　需视织物的用途而定，蚊帐布、绷带布等用普通纱罗组织即可，服装与装饰用织物则宜设计花式纱罗。设计时除要通过纱罗组织形成一定的纱孔，以使透气性良好外，还要与一定数量的提花、色纱、剪花、空筘等结合使用。

4. 幅缩率确定　由于色织纱罗织物的组织复杂、结构稀疏、质地柔软，因此，纱罗织物在整理加工过程中的幅缩率较大。为了使整理加工后的成品保持一定的幅宽，一般纱罗织物的幅缩率应保持在 5.2%～7.6%。某些特殊色织纱罗织物如弹力纱罗等的幅缩率更大，一般在 12%～27%。此外，幅缩率不仅与纱罗织物的组织结构有关，还与纱罗织物的整理加工方式有关，因此，应通过先锋试样才能确定。

5. 穿筘 同一绞组中的绞经与地经必须穿在同一筘齿中，否则无法实现绞、地经之间的扭绞。如绞、地经一绞一时应为 2 穿筘或 4 穿筘；一绞二、二绞一时应为 3 穿筘或 6 穿筘，以此类推。为了强调纱罗织物扭绞的风格，加大纱孔（图 3-26），采用空筘法或花式穿筘法。

图 3-26 特制花筘

6. 双轴织造 当织制两组绞经交替起纹的变化纱罗织物时，若两组纹经的扭绞次数和屈曲大小差异过大，因而使两组绞经的织缩差异悬殊。可将两组绞经分开，用两只织轴织造。将地经与织缩较小的绞经卷绕在主织轴上，而将织缩大的绞经卷绕在副织轴上。

为了织制出各种花型的色织纱罗，在纱罗织物上点缀各种提花组织。但由于提花组织（如经起花、剪花等）花型的浮长较长而织缩较小，提花经纱与绞经、地经的织缩差异悬殊，应将绞经、地经和提花经纱分开，用两只织轴织造，一般地经、绞经卷绕在主织轴上，而将提花经纱卷绕在副织轴上。当织制地经、绞经织缩差异较小的色织纱罗织物，为简化生产，可采用一只织轴织造，但纱罗织物的纱孔清晰度稍差，网目的屈曲程度亦较小。

7. 绞综位置 为了保证开口的清晰度、减少断经，绞综位置应尽可能偏向机前（以筘座在后死心时手扶筘帽不碰为原则）；后综与地综布置在机后，绞综与后、地综之间的间隔以 3～4 片综框（6～7cm）为宜。对于绞、地经合轴织制的品种，尤其要求保证这一间隔距离。

8. 绞转张力调节装置 起绞转梭口时，由于绞经与地经扭绞，绞经承受的张力较大。为减少断经和保证梭口的清晰，机上应配置张力调节装置。

（1）保持钩式调节装置。保持钩式送经装置（图 3-27）在起绞转梭口时送出较多的绞经，以调节绞经的张力，纱罗织造起绞松弛经纱，通常根据织物组织，以多臂机的最后一片综框主动控制摆动后梁来实现。

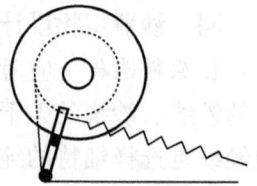

（2）松纱杆式绞经张力调节装置。如图 3-28 所示，上机时，使绞经位于松纱杆上。起绞时，通过纹板上钉植的纹钉，使多臂机提综杆提起时拉动松纱杆向前摆动一定角度，此时绞经松弛，使起绞动作顺利完成。而后，多臂提综杆落下，弹簧使松纱杆复位，此时绞经绷紧。织制一组绞经的纱罗织物用一根松纱杆，织制两组绞经要用两根松纱杆，分别由第15、16片多臂提综杆控制。

图 3-27 保持钩式张力调节装置

9. 回综弹簧的弹性大小 综框上回综弹簧的弹性大小也是影响织造顺利与否的重要因素。若弹性太小，则回综不准、不稳，使开口不清晰和组织错乱。所以要求弹簧弹性适中，并使同一页综框的弹簧弹力一致。

10. 车速 纱罗织物由于存在绞转梭口，所以车速不宜太快，否则绞转梭口来不及形成，造成开口不清。

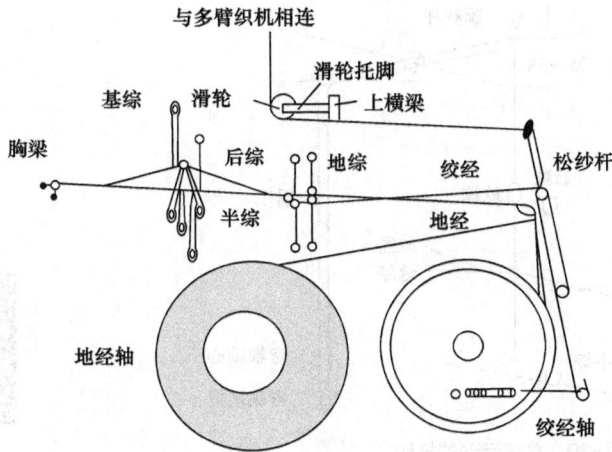

图 3-28　松纱杆式绞经张力调节装置

11. 上机张力　绞经张力应小于地经张力。绞经张力小，可以方便绞转，减少断头，使纱孔清晰；地经张力大，可以防止和绞经粘搭，造成开口不清。

12. 经位置线　纱罗织物一般配置低后梁，松纱杆高低位置在胸梁与后梁之间，以不碰地经为宜。设某品种平综时，后梁低于胸梁 40~50mm，松纱杆则低于胸梁 25mm 左右。

13. 开口与引纬　纱罗织物织造时，梭口不易清晰，因此，配置早开口，迟引纬，避免载纬器出梭口时所受的挤压度太大。

14. 采用金属绞综　采用金属绞综织制纱罗织物，平综时应使地经稍高于半综的顶部 4~5mm，以便绞经在地经之下顺利绞转；采用线制绞综织制纱罗织物，综平时应使绞综综眼低于地综综眼，半综环圈头伸出基综综眼 2~3mm，以便绞经在地经之下顺利地左右绞转，形成清晰梭口。

织制色织纱罗织物，当形成绞转梭口时，为了使绞经顺利地起绞，应先使穿于地综综丝内的地经做少许提升，致使地经轧在基综与半综之间或停滞在半综上一起带起，而使绞经顺利地绕过地经下方起绞。因此，在此时要加装一套跳跃运动装置才能使纹经起纹转作用。即在弯轴每一回转中，在绞经形成开口前，先使穿于地经的地综综框跳跃 25~38mm，以便使绞经顺利地在地经下方通过，跳跃运动的机构如图 3-29 所示。

五、纱罗组织上机图

1. 实例一　图 3-30 为织物结构图，组织特征是：一绞一，五梭罗，对称绞。织制对称绞纱罗组织，一般有绞经对称穿法（图 3-31）和绞经一顺穿法（图 3-32）两种。

（1）绞经对称穿法。如图 3-31 所示，相邻两个对称绞组的绞经分别采用左穿法和右穿法的联合穿法。组织图中，第一个绞组为左穿法，第二个绞组为右穿法，绞经序号分别为 1、4，地经序号分别为 2、3。绞经对称穿法的优点是综框数并不增加，但穿综比较麻烦，容易穿错。多臂织机因综框有限，所以多采用对称穿法。

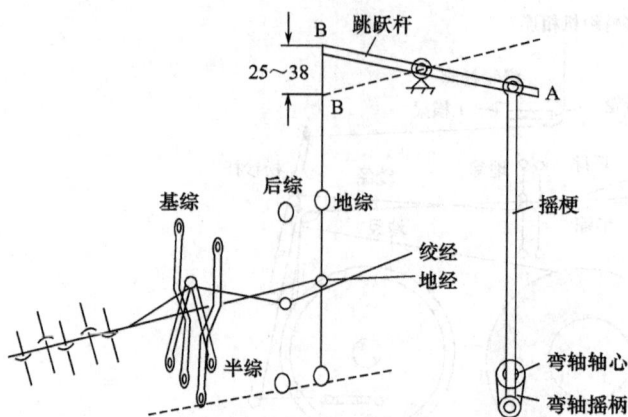

图 3-29 跳跃运动的机构

纱罗织造

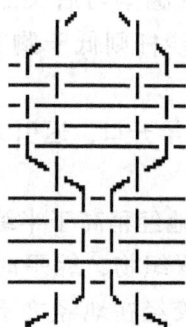

图 3-30 织物结构图　　　图 3-31 绞经对称穿法　　　图 3-32 绞经一顺穿法

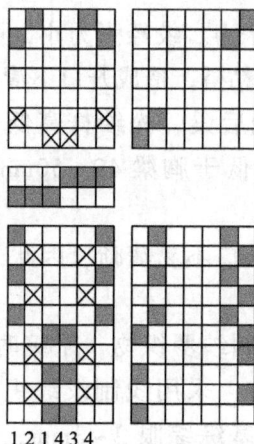

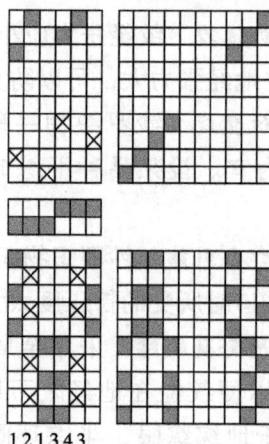

（2）绞经一顺穿法。如图 3-32 所示，相邻两个对称绞组的绞经均采用左穿法或右穿法（本例为左穿法），但由于它们的梭口形式不同，即第一个绞组起绞转梭口时，第二个绞组起的是开放梭口；第一绞组起开放梭口时，第二绞组起绞转梭口。因此，所用的后综与绞经数量必须增加一倍。组织图中，绞经序号分别为 1、3，地经序号分别为 2、4。绞经一顺穿法由于综框数增加，一般适合于在提花机上使用。

2. 实例二　图 3-33（a）为织物结构图，其组织特征是：普通平纹组织与绞纱组织左右并列构成的直罗组织，绞纱部分为一绞一、一纬一绞的对称绞。图 3-33（b）为绞经对称穿上机图。上机时，绞组中的地经穿入地综 5，平纹中的经纱分别穿入地综 1、2、3、4。织造过程中地综 5 不提升，地综 1、2、3、4 按平纹规律运动。为增强纱孔效果，适当采用了空筘措施，穿筘图内的"○"表示空一筘。

3. 实例三　两种花式纱罗组织的结构如图 3-34 所示。

160

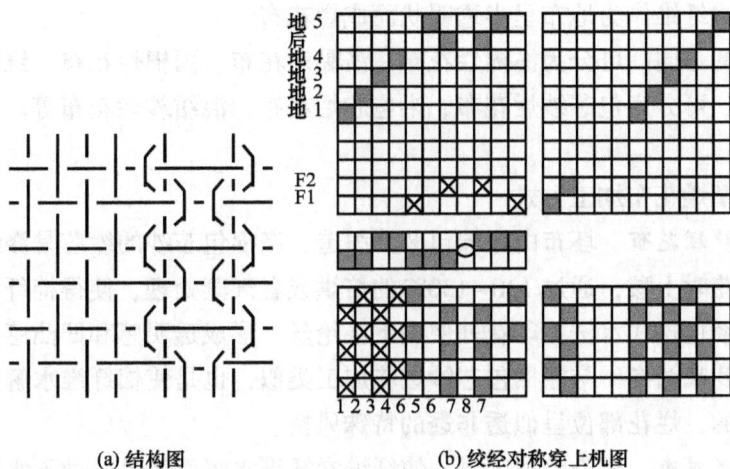

(a) 结构图　　　　　　　　　　　(b) 绞经对称穿上机图

图 3-33　纱罗组织上机图实例之二

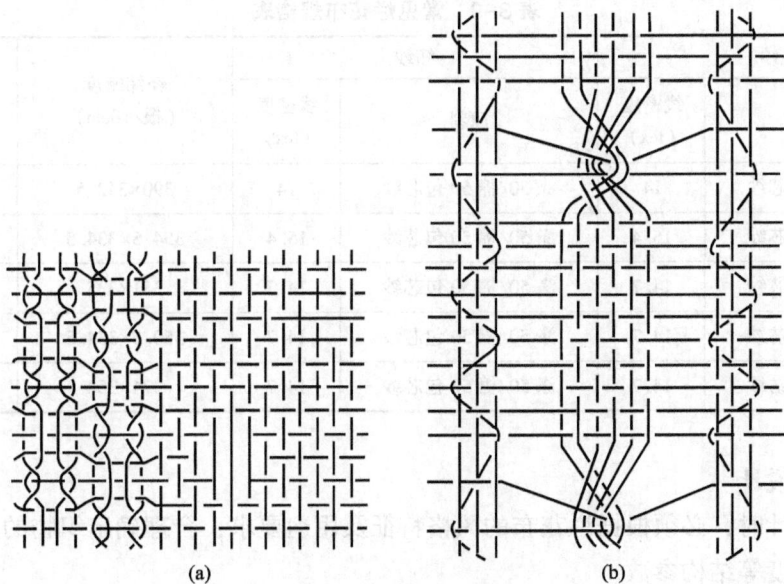

(a)　　　　　　　　　　　　　　(b)

图 3-34　两种纱罗组织的结构图

任务九　烂花布设计

一、概述

烂花布采用涤棉包芯纱或混纺纱织造，质地轻盈，花型轮廓清晰，有凹凸的立体感，局部透明，透气性好，是装饰织物和夏季女装的理想面料（彩图 27）。

烂花坯布未经染整加工前犹如普通涤棉布一样，通过特种的染整加工，由于合成纤维与纤维素纤维（如天然棉、黏胶纤维）对酸碱作用的不同，将纤维素纤维的花纹（或地纹）腐蚀掉，留下合成纤维作为地布呈半透明状而成烂花布。

按使用原料的不同，可分为涤棉烂花布、涤黏烂花布、丙棉烂花布、维棉烂花布等；按纱线结构的不同，可分为包芯纱烂花布、半包芯烂花布、混纺纱烂花布等。

二、常见棉型烂花布加工方式

1. 涤棉包芯纱烂花布　坯布由涤棉包芯纱织造，涤棉包芯纱的纱芯是涤纶丝，外包覆棉纤维，坯布在印花时上酸，通过120~130℃的焙烘或者气蒸处理，使得棉纤维碳化，而涤纶丝不受损伤，再经过松式水洗，印花处便剩下涤纶丝，形成透明感和凹凸感。

2. 涤棉混纺纱烂花布　与涤棉包芯纱烂花加工类似，也是使棉纤维水解，由于涤纶和棉纤维是均匀混合的，烂花部位呈似透非透的特殊风格。

3. 彩色印花烂花布　在染整加工时，使纤维素纤维水解而使另一种不水解的纤维染色的染料或者涂料，印出各种颜色的花纹，配合不烂花的部位印花，使得图案更加丰富多彩。常见的烂花布规格见表3-9。

表3-9　常见烂花布规格表

经纱		纬纱		经纬密度（根/10cm）	织物组织
原料	线密度（tex）	原料	线密度（tex）		
涤50/棉50包芯纱	14	涤50/棉50包芯纱	14	390×342.5	平纹
涤56/棉44包芯纱	15.4	涤50/棉50包芯纱	15.4	354.5×334.5	平纹
涤40/棉60包芯纱	14.7	涤50/棉50包芯纱	14.7	351×335	平纹
涤40/棉60包芯纱	14.7	涤50/棉50包芯纱	14.7	350.5×334.5	平纹
涤50/棉50混纺纱	14.7	涤50/棉50包芯纱	14.7	374×354	平纹

三、结构设计

在织物设计时，必须根据烂花布的风格特征及用途要求，合理确定织物的原料、纱线线密度、织物密度等结构参数。

1. 涤纶芯丝线密度　合成纤维与纤维素纤维的混纺纱线是构成烂花布的主要纺织原料。合成纤维以涤纶为主，其次为丙纶、维纶、氨纶等；纤维素纤维以天然棉为主，其次为黏胶纤维等。烂花布使用的涤纶，分为短纤和长丝两类，涤棉包芯纱是用涤纶长丝作为轴芯，外包纤维素纤维，如棉短纤维。

对于涤棉包芯纱烂花织物，如果要求夏季烂花织物轻盈细软、飘逸，则选用较细的涤纶芯丝，如5tex（45旦）；如果用于悬垂性比较好、烂花面积较大装饰用织物，如窗帘等，则应选用线密度较大的涤纶长丝，如7.6tex（68旦）。对于涤棉混纺烂花织物，涤纶短纤的规格与普通涤棉织物一样，即线密度为1.33~1.67dtex（1.2~1.5旦），长度为55~38mm的棉型化纤。

2. 混纺比

（1）涤棉包芯纱。外包棉纤维的包覆量，对布面凸花效果、纱线质量、生产成本等都有密切关系。如纤维包覆量较多时，则凸花效果较好，立体感较强，生产成本较低；但包棉过多，则在纺纱过程中每当长丝断头后，棉纤维仍能单独纺纱，从而造成缺丝，形成空芯纱，烂花整理后，烂花部位出现缺丝现象；如果棉纤维包覆量过少，会产生包覆不良，芯丝裸露，且凹凸效果差。一般棉纤维的包覆量为40%~60%。

（2）涤棉混纺纱。混纺比影响烂花效果和织物强力，因为织物经烂花处理后，棉纤维被腐蚀，仅剩涤纶纤维，如果涤纶含量少，则涤纶纤维之间抱合力下降，结构疏松，强力下降，一般涤纶纤维含量不低于50%。

3. 纱线捻度　纱线捻度的多少与烂花布的风格特征、织物强力、纱织疵等有密切关系。

烂花布用的涤棉包芯纱捻度如偏低，则棉纤维与长丝结合得较松弛，会使染整后烂花部分手感不挺、不爽，缺少筛网风格；此外，纱在织造过程中往往经不起摩擦而失去棉纤维，从而形成剥皮纱疵点。捻度如偏高，则在纺纱时容易缺一段芯丝，即形成所谓空芯纱，影响布面外观质量，染整后烂花部分会造成缺段纱现象。一般捻系数掌握在305~335。

4. 经纬纱配置　烂花布使用的纱线，按其结构的不同，可进行不同的配置，即包芯纱与包芯纱、包芯纱与混纺纱、混纺纱与混纺纱三种不同的经纬纱配置。由于经纬纱配置的不同，其构成烂花布的风格特征就有所差异。

如经纬都采用涤棉包芯纱，则烂花效果好，轮廓清晰，可大面积烂花、多用于装饰织物；如经纱为涤棉包芯纱，纬纱为涤棉混纺纱，则烂花效果较好，轮廓较清晰，不适宜大面积烂花，适合服装织物；如经纬纱均为涤棉混纺纱，则烂花效果差，轮廓不清晰，不适合大面积烂花。

5. 织物组织　烂花布坯布经酸腐蚀而形成的烂花部分，纱线变细，织物紧度变稀，从而使经纬纱容易产生移位现象，影响织物中经纬纱正常的排列。为了避免经纬纱移位现象，保证织物中经纬纱的正常排列，就必须选用交织点较多的织物组织，因此，烂花布一般选用织物组织中交织点最多的平纹组织。

6. 织物紧度　烂花布的织物紧度包括两个方面，一是未经酸腐蚀的凸花部分的紧度，二是经酸腐蚀的烂花部分的紧度。织物紧度不宜过高，否则织造生产难以顺利进行；反之，紧度过稀，则烂花部分的经纬纱容易移动，影响织物中经纬纱的正常排列。烂花布紧度的确定除根据其特点外，还与芯丝粗细、纱线结构等因素有关。如长丝越细，则织物紧度应适当偏高；反之，则织物紧度应适当偏低。采用包芯纱织制时，织物紧度可适当偏低掌握；当采用混纺纱织制时，织物紧度可适当偏高掌握。据试验生产品种统计，涤棉包芯纱烂花布的织物密度，使用长丝为7.5~8.5dtex（68~75旦）时，为334.5~354根/10cm，使用长丝为5dtex（45旦）时，密度为354~393.5根/10cm，经向紧度在47%~56%，纬向紧度在44%~54%。涤棉混纺纱烂花布的经向紧度为50%~60%，纬向紧度在45%~50%。

四、烂印加工

烂印加工主要包括酸剂与酸浆糊料的选择与用量、印制设备的选择等。

1. 酸剂的选择与用量　根据涤棉织物的特性，可以选用三氯化铝、硫酸铝、重硫酸钠及硫酸作酸剂，以硫酸为最好。但酸对纤维素的水解作用除了与酸的性质有关外，还与水解温度、作用时间有很大关系。温度越高，水解越剧烈，如果温度在 20~100℃ 范围内，酸浓度不变，则温度每增高 10℃，纤维的水解速度增加 2~3 倍，因此，对烂花条件应予以注意。

在固定花筒雕刻深度的情况下，烂花浆中硫酸用量与坯布的选择有关，由于涤棉包芯纱织物与涤棉混纺织物性质不同，烂花时，后者应比前者的酸量增加 20%~30%，才能达到预期目的。

2. 酸浆糊料的选择　用于烂花酸浆的糊料为了达到多功能要求，一般采用多种糊料拼混，以羟乙基皂荚胶、白糊精及邦 A 浆三合一糊料较为理想，其中羟乙基皂荚胶的流动性、渗透性和耐酸性等较其他糊料好。

3. 印制设备的选择　烂花一般在平网印花机上进行。对于活泼精细的花型，如连续直线、精细的点线和喷笔等，可采用辊筒印花，它还具有生产效率高、成本低等优点。

情境四　面料创新设计

情境目标

色织企业内从事面料设计、产品研发、贸易工作的人员必备的岗位知识和技能要求。

任务一　纺织品创新设计内容

一、纺织品创新设计流程

1. 用途定位　市场调研、走访客户、参加展会，发现新的消费需求，确定流行趋势和流行色。

2. 消费群体定位　确定产品消费人群，如文化、教育水平。

3. 功能定位　如吸湿、透气、保暖、紧密、挺括、柔软、抗菌等功能。

4. 档次定位　所面向群体的消费水平。

5. 风格设计　如质地、色彩、光泽、手感等设计。

6. 确定产品方案

7. 产品工艺设计

8. 投产工艺设计

9. 经济分析与成本核算

10. 产品发布

二、织物设计的内容

（1）风格设计。

（2）色彩设计。

（3）纹样设计。

（4）纤维纱线设计。

（5）组织结构设计。

（6）工艺设计。

（7）生产难度分析。

（8）生产工艺设计。

任务二 织物风格设计

项目一 织物风格评价与实现方式

一、风格特征评价

1. 织物的风格 包括织物的色彩、纹理、光泽、手感等。织物的风格使织物产生千变万化的效果，使织物的品种更加丰富，产品附加值进一步提高。

2. 织物风格的评价指标 织物风格是定性非定量指标，通过视觉、触觉和心理感觉进行评价，一般是不能用测试数值加以评价的，一般评价内容包括以下几项。

（1）质地。细腻、细洁、粗犷、匀整。

（2）手感。滑爽、活络、挺括、粗厚、丰满、软烂、滑糯、身骨。

（3）光泽。悦目、柔和、有极光。

（4）织纹。清晰、隐现、不清、绒毛丰满。

（5）配色。谐调、冷暖、对比、反差。

（6）条干。是否均匀，布面是否有条影。

（7）悬垂性。好、一般、差。

（8）心理感觉。华贵感、凉爽感、温暖感、愉悦感、稳重感、透视感、棉型感、毛型感、丝绸感、立体感、金属质感。

（9）文化、地域特征。古典风格、青花风格、现代风格、少数民族风格、异域风格、田园风格、梦幻风格、简约风格、水墨风格、油画风格。

二、风格特征实现方式

1. 风格的实现方式 通过纤维原料、纱线结构、织物纹样、织物组织和结构、纱线色彩、织造方式以及后整理方式实现。

2. 表现文化、地域风格的表现方式 可以通过色彩、纹饰、组织借鉴、移植相关对象的要素方式实现。

项目二 立体风格设计

织物立体风格设计

织物上形成立体效应的设计方法，通过利用不同的织物组织、色纱排列、纱线色相与明度的变化、线条空间走向的变化形成视觉的立体感；利用花式纱线、不同线密度的纱线组合，结合特殊的织造工艺和后整理工艺形成触觉的立体感。

织物的风格包括织物的色彩、纹理、光泽、手感等，织物表面形状的起伏化、凹凸化即织物的立体风格，深受消费者的青睐，很大程度上提高了产品的附加值，已成为国际流行面料的重要发展趋势。其独特的立体外观效应与面料质感，在时装、童装、睡衣和装饰织物上被大量采用。

一、视觉的立体感设计

通过织物组织、线条、色块、光影明暗的变化，可以使人眼产生错觉，将平面的织物误认为具有立体效应。

1. 利用配色模纹组织　通过色经和色纬的色相和明度协调与对比，结合织物的配色模纹组织产生如阶梯状的空间立体感（彩图41）。

2. 利用色条宽度渐变排　利用同一色条色纱排列宽度的渐变与组合，将直线排列转换成曲面凹凸感、球状感，由于浮长线变化，还可形成波纹感（彩图42）。

3. 利用表里换层组织　采用表里换层组织，配合色经和色纬的排列组合，形成如编织状的空间立体感（彩图43）。

4. 利用色相和明度渐变

（1）利用色纱色相和明度的渐变，与背景相互映衬，形成透视的空间立体感（图4-1）。

（2）利用线条或者纹路空间走向和同一色相的色纱明度排列变化，形成错落起伏立体效应（图4-2和图4-3）。

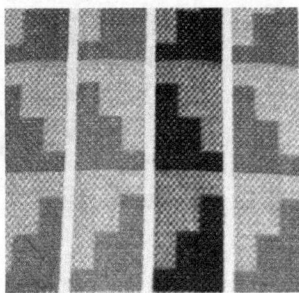

图4-1　线条和明度变化　　　　图4-2　改变线条空间走向　　　　图4-3　不同纹路构成方格组织

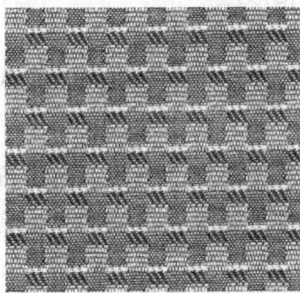

二、外观形态的立体效应设计

1. 利用花式纱线　花式纱与普通纱线间隔排列与经纱交织可以产生立体效应，如牙刷纱织物（彩图44），牙刷纱穿入的筘齿要加宽（剪去相邻筘齿），以保证织造进行。

采用花式纱做纬纱的交织方式，可降低织造难度，增加美观，如雪尼尔纱织物（彩图45）。花式纱线一般不需上浆，可采用地经上浆后、出烘筒后与分绞区挂纱架上的花式纱进行并合，由于花经和地经的张力不同，应采用花经与地经分开的双织轴织造方式。

2. 利用不同线密度　利用不同线密度的纱线组合，使织物局部凸显立体感（彩图46）。

3. 利用纱线的配合及后整理

（1）强捻纬纱与普通经纱交织，经染整工序热水处理后，在纬纱捻应力的作用下，形成绉纱效果（彩图8）。

（2）利用弹性纬纱和普通纬纱相间排列，形成波浪形绉纹效果（彩图9）。确定弹性纬纱和普通纬纱的比例时要综合考虑服用性和外观效应。

（3）高收缩纤维纱与普通纬纱相间排列与普通经纱交织，热处理后，高收缩纱收缩，形成泡绉效果（彩图 47）。

4. 利用织物的组织结构 利用织物组织浮长线长度不同分布，使得纱线张力在不同位置作用力分布不同，引起布面的凹凸、起伏效应，相关的组织结构有绉组织、蜂巢组织、凸条组织、经起花组织、纬起花组织等（彩图 48~彩图 51）。

5. 利用特殊的织造工艺

（1）泡泡纱和管状布。采用双织轴织机及单独送经、卷取控制装置和张力单独调节，可以使织物形成特殊的立体风格，如采用双轴织造时泡经和地经送经量差异的泡泡纱（彩图 16）；利用局部双层组织与停送和停卷装置相结合织造的纬管状布（彩图 17）。

单轴织造，但采用弹性纬纱与普通纬纱间隔排列，局部二重组织的经管状布（彩图 18）、局部弹性纱错位排列的乱管布等（彩图 19）。

（2）浮纹织物。由第三种纱（花纹纱）与经纱（地经纱）和纬纱（地纬纱）通过附加机构在织机上一次织造完成（彩图 25）。

（3）垫纱织物。采用粗纬纱或经纱垫织形成浮雕效果（彩图 53）。

6. 利用特殊的后整理工艺 后整理工序利用机械或者化学处理方法，如压纹（彩图 26）、烂花（彩图 27）、抓皱（彩图 11）、剪花（彩图 13~彩图 15）、静电植绒（彩图 28）等方式，可以赋予织物立体风格效应。

项目三　青花风格设计

青花风格设计

青花瓷以其古朴宁静的器形、素淡雅致的色彩、温润细腻的质地、柔和的光泽以及蕴含中华传统文化寓意的纹饰让人情有独钟，传承至今。

青花瓷艺术因其匠心独具的器形美、色彩美、质地美、纹饰美，在面料设计中有诸多应用。

在以青花风格为主题的色织小提花、大提花面料的设计中，借鉴、吸收、融入青花瓷的器形、色彩、质地、光泽，尤其是纹饰的元素，结合色织生产工艺技术特点，将艺术性和织造工艺技术可行性、经济性有机结合起来，让绚烂多彩的古典艺术焕发出现代光彩。为此了解青花瓷器形、纹饰和色彩是青花风格面料设计的基础（彩图 52~彩图 55）。

一、青花瓷器形
青花瓷的器形是实用性和艺术性的有机统一，古朴大方、含蓄内敛，通过线条轮廓的变化，赋予青花瓷以无尽的想象空间，寄托了人们对生活的美好愿望，构成了青花"形之美"。部分典型青花器形如图 4-4~图 4-13、彩图 143 所示。

二、青花纹饰
青花纹饰是青花风格的灵魂，青花纹饰源于人们对大自然山水、花草树木、花鸟和自然现象的观察提炼以及古代故事、神话传说等，主要纹饰归纳为如下几点。

图4-4 八宝吉瓶	图4-5 棒槌瓶	图4-6 凤尾尊	图4-7 观音瓶	图4-8 葫芦瓶

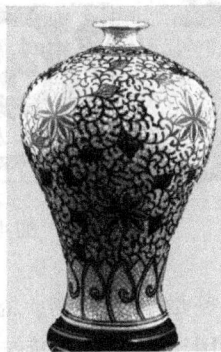

图4-9 天球瓶	图4-10 玉壶春瓶	图4-11 蒜头瓶	图4-12 梅瓶	图4-13 六棱瓶

1. 海水江崖纹　在图案的下端，斜向地排列着许多弯曲的线条，名谓水脚，水脚之上有许多波涛翻滚的水浪，水中立一山石，它寓意福山寿海（图4-14），也带有一统江山的寓意。

图4-14　海水江崖纹香炉、纹饰与服装

2. 缠枝莲纹　缠枝莲纹（图4-15）是汉族传统吉祥纹样之一。缠枝莲纹以莲花为主体，以蔓草缠绕成图案，在面料设计上一般用于面料边部二方连续装饰。

3. 卷草纹　作图机理似缠枝莲纹（图4-16），以植物枝茎作连续波卷状变形，以波状线与切圆线相组合，作二方连续展开，形成波卷缠绵的基本样式，再以切圆线为基干变化出有

图 4-15　缠枝莲纹大盘和纹饰

规则的草叶或茎蔓形成枝蔓缠卷的装饰花纹带。

图 4-16　卷草纹青花器形和纹饰

4. 忍冬纹　忍冬是蔓生植物，忍冬纹（图 4-17）类似忍冬花植物的花纹，始于东汉，盛行于南北朝，多用于建筑雕刻装饰、装饰用和服用大提花纺织面料设计上。

图 4-17　忍冬纹贯耳瓶及西夏（右上）、唐朝（右下）纹饰

5. 回字纹　回字纹（图 4-18）由单体回纹以间断排列的形式组成边饰，有的回纹呈规矩的方形，有的为减笔式回纹，有的回纹以变形手法绘制。明代后，回纹改变其原来独立单体间断排列形式成为一正一反二方相连的回纹边饰。回字纹饰面料很容易在多臂织机上织造。

6. 莲花纹　莲花是中国传统花卉。有独立纹样，也有四方连续。莲花纹（图 4-19）应用在小提花色织面料设计上，尽量将花型简化并对称以节约综页数，便于多臂织机织造。

7. 蕉叶纹　以芭蕉叶组成带状纹饰，作二方连续展开成装饰用辅助纹样（图 4-20）。

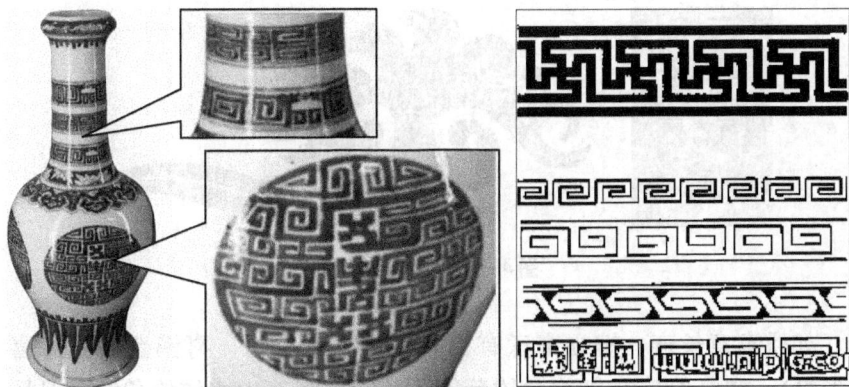

图 4-18　回字纹蒜头瓶及纹饰

图 4-19　清官窑莲花纹大盘及纹饰

图 4-20　蕉叶纹觚、玉壶春瓶及纹饰

8. 鱼藻纹　鱼纹种类繁多，如莲池游鱼、水波游鱼、水藻游鱼，或点缀以浮萍、水草、莲花之类花草（图 4-21）。

9. 花叶纹　以花和枝叶作为装饰纹样（图 4-22），也为纺织服装面料纹样设计所借鉴。

图 4-21　鱼藻纹大罐

图 4-22　花叶纹提梁壶、纹饰及在服装面料上的应用

10. 云纹　云纹（图 4-23）以简单线条回转勾勒轮廓，寓意祥云、紫气东来、吉祥美好之寓意，并赋予纹饰以飘逸的动感。

11. 其他纹饰　除上述纹饰之外，还有图腾纹饰（如龙、凤纹、螭龙纹、饕餮纹），美

图 4-23　云纹斗与纹饰

好寓意纹饰（如桃寓意长寿、蝙蝠寓意有福、葫芦寓意福禄、喜鹊登梅寓意喜上眉梢、葡萄寓意多子多福），象征纹饰（如梅兰竹菊象征品行高尚、山水纹饰象征超凡脱俗与宁静致远），历史典故与神话故事纹饰等。

三、基于青花风格的色织面料工艺设计

青花风格在色织面料设计上的体现，具体从色彩、质地、纹饰上入手，借鉴其表现手法。

1. 色彩　青花并非单纯的青色或者蓝色，其色相、明度均有差异，素净淡雅而不失绚丽变化、独具神韵，色纱的色号为潘通 2707~2768 系列。

2. 质地与光泽　为了体现青花瓷细腻温润的质地与柔和内敛的光泽，应从纤维原料选择、纱线设计和织物组织上加以体现。

（1）纤维原料。天然纤维采用长绒棉，使成纱细洁、毛羽少、光泽好。人造纤维选用莱赛尔纤维、莫代尔纤维、黏胶纤维等再生纤维素纤维，纤维光洁、成纱光泽柔和。莱赛尔纤维织物整理后可以产生原纤化效应且布面柔和的桃皮绒效应。

（2）纱线设计。采用精梳细特莱赛尔纤维或纯棉纱，成纱光洁、毛羽少、条干均匀，有利于织物质地细腻、布面匀整。此外，可采用紧密纺纱、涤棉、涤莱赛尔纤维混纺纱等。

（3）织物组织结构。小提花组织宜采用质地细腻、光泽较好、富于衍生变化的平纹、斜纹、缎纹、经起花、表里换层组织及其衍生组织等，不宜采用绉组织、透孔组织、纱罗组织等。

大提花铺设组织宜采用纬缎，注意组织点的影光和渐变过渡。花纹要求层次较少且轮廓清晰、线条简洁，不宜过于繁复以利于勾边、铺组织。

任务三　织物色彩和纹样设计

项目一　色彩设计

"远看色、近看花"指的是色彩和纹样在设计中的重要性。

一、色彩构成

光的三原色与部分间色排列成一个圆环，即色相环（彩图 56）。色相环上相对 180° 的两种色光混合得到白色，这两种色称为互补色。色相环上相隔 90° 以内的色光称为类似色。色彩的混合见彩图 57。

二、色光三要素

1.色相 区别颜色种类的名称叫色相。如红、橙、黄、绿各代表一类具体的色相。如红色系中有大红、朱红、橙红、桃红、枣红、玫红、落日红、胭脂红等。

2.纯度 色彩的纯净程度或色相的鲜艳程度叫纯度，也叫艳度、彩度、饱和度。

3.明度 色彩的明暗程度叫明度。光源色也称光度，物体色也称亮度。

纺织色彩设计中的浅色系是指浅灰、柠檬黄等；中色系是指明黄、橙色、草绿、翠蓝；深色系是指紫色、深绿、深蓝、黑色等。

三、色彩联想和象征意义

色彩的联想和象征意义：由于人们对色彩的认识来源于具体物质和现象。

红色：让人联想到鲜花、火焰、热血，因而象征喜庆、热烈、热情。

黄色与橙色：让人联想到秋天、麦浪、黄金，因而象征成熟、高贵。

绿色：让人想到春天的绿草、树木，因而象征生机、青春、生命、活力。

蓝色：让人联想到湖水、蓝天、大海，因而象征安定、平和、开阔、冷静。

紫色：在现实中较少出现，因而象征高贵、神秘。

白色：让人联想到白雪，因而象征纯洁、清爽。

黑色：让人联想到黑夜、磐石、金属等，因而象征沉重、稳定、坚强、悲哀、恐怖。

灰色：由黑白混合而成，因而象征平易、质朴、消极。

四、色彩的心理感觉

1.冷暖感觉 冷色：如青色、白色、蓝色（彩图58）；中间色：如黄、绿、赭石（彩图59）；暖色：如红、橙、亮黄色（彩图60）。

2.远近感 浅色：如白、蓝给人空间深远感；亮色：如粉色给人距离上的迫近感。

3.轻薄与厚重感 浅色：如白色织物给人轻薄感；深色：如黑色给人厚重感。

4.味觉 青色：给人酸涩感；粉红、桃红、枣红：给人甜感；艳红、辣椒红：给人辣感；灰色、黑色：给人苦感。

五、色彩与面料

（1）棉织物保暖、吸湿，感觉朴实、自然，色彩可较为鲜艳。

（2）毛织物是一种高级的面料，用色力求稳重、大方，常采用中性色。

（3）丝织物光滑、轻薄、柔软、轻盈飘逸，是一种高档面料。用色既要柔和、高雅，又要艳丽、轻盈，如嫩黄、浅绿。

（4）麻织物风格比较粗犷、洒脱，常做夏衣用料，用色应自然、素雅，如浅棕色、玉米色。

项目二　色彩与纹样的配合

色彩不是孤立存在的，织物组织和纹样是色彩表现的载体。在纺织品上，要明确主色、衬色、点缀色的层次关系。主要通过纹样处理好以下关系。

1. 变化与统一 变化寓于统一中，统一中有变化，即整体上统一感，局部或细节的变化相互统一。如彩图 42 所示，整体表现为蓝白色调，表现海洋的宽阔与宁静感；局部为渐变的球形曲线效应，代表星球；旁边为弧形曲线效应，代表海洋波浪；统一于浩瀚宇宙，动静结合、曲直结合，实现了变化与统一，这些组织和纹样包括经起花、平纹地小提花组织。

2. 对称与均衡 对称是色彩和纹样稳定的基础，对称基础上力求均衡，对称强调的是稳定的美，均衡体现比例美，如彩图 46 的嵌条织物、彩图 55 的青花剪花风格织物。

3. 对比与协调 对比是两个或若干事物之间的明显差异，通过对比强调差异与特色，对比具有鲜明、醒目的特点。对比织物上有色彩对比、明暗对比、形状对比（方与圆、长与短、宽与窄、高与低、曲与直）、动静对比、立体与平面、粗犷与细腻、夸张与低调等。

协调是减少差异，或者在对比间过渡，具有含蓄、协调的特点。如彩图 30，体现格子明暗、宽窄对比的同时，中间间隔中间色过渡、线条宽度也起到调和作用。

此外，阔条（彩图 35）、中细条（彩图 37）、嵌线格（彩图 38）也可实现对比与协调目的。

4. 节奏与韵律 指规律性、趋向性的重复（如大小、粗细、疏密、冷暖），使之呈现音乐般节奏韵律，或者水中涟漪的美感，如彩图 24、彩图 41、彩图 42。

5. 安定与比例 采用块格或者套格纹样，使之通过简单循环体现整体安定，通过细分的小格子体现比例美，如朝阳格（彩图 40）。

通过宽色条、深色条、中间色、浅色甚至亮色的中细色条按一定比例排列组成格子效应。大比例的宽色、深色条给人安定、大方、稳重感，中细条使得纹样富于变化（彩图 61）。

6. 动感与静感 静感给人安定、严肃的感觉，一般通过直线、粗线条表现，动感给人悦动、活泼的感觉，一般通过曲线或者起伏的波浪感方式表现，其实现方式如下。

（1）采用异形钢筘织造方式，如彩图 24 的曲线布，给人以流动感。

（2）配色模纹，如彩图 42 中布面左侧的球形效果。

（3）依靠浮长线拉力，使得与之垂直的浮长线偏离组织形成弧形，如彩图 42 右侧的部分如涟漪和细浪。

（4）通过泡泡纱织造方式，不起泡部分表现静感，起泡部位表现动感（彩图 16）。

7. 渐变与突变 渐变表现一系列均等梯度的变化，如色相、明度、条宽变化，实现明暗、阴影、韵律的表现形式，如彩图 24，曲线布是采用线条明度渐变；彩图 34 和彩图 37 为色相渐变，彩图 42 为配色模纹+色条宽度渐变；彩图 62 为色相渐变+明度渐变。

8. 统觉与错觉 某以组织或者纹样为一单元沿上下左右连续复制成片的整体感觉称为统感，通过组成纹样的不同组织、线条粗细、色彩明暗、色相的变化的排列组合，给人在整体纹样的心理上的错觉，如由直到曲、由方到圆、由平面到立体、由小到大等。如彩图 41，采用配色模纹组织和不同色相的线条的巧妙组合，给人以阶梯状的立体感；彩图 43，采用表里换层组织和相应的不同色相的线条组合给人一种空间编织感；彩图 42，通过色条宽度渐变和组合形成球状感。

总之，色彩搭配要注意：基本色调、用色比例（地色、陪衬色、点缀色的比例）、同种色的渐层式处理（深色面积小于浅色面积，从深到浅，既调和又清晰）。

项目三　织物纹样设计

一、条纹织物的设计

条格花纹是色织物最主要的纹样表现形式。要注重条格纹路粗细、疏密的变化，注重颜色之间的对比与调和。黑色与白色的应用不应忽视。构成条纹的方式有以下几种。

1. 利用色纱方式　如嵌条、宽条、中条、细条、渐变条（彩图 4、彩图 63）等。

2. 利用织造方式　如泡泡纱（彩图 16）、稀密筘织物（彩图 21）、曲线布（彩图 24）等。

3. 利用联合组织方式　如平纹地+斜纹条、平纹地+缎条（彩图 35）等。

4. 利用特殊纱线方式　如粗特纱、花式纱（彩图 44、彩图 45）、金银丝（彩图 38），有光人造丝（彩图 64）等。

5. 利用不同组织方式　如纱罗（彩图 7）、凸条（彩图 50）、透孔、网目（彩图 71）、经起花（彩图 31）、纬起花（彩图 51）、经纬管状组织（彩图 18、彩图 17）、平纹地小提花组织等。

6. 利用后整理方式　如剪花（彩图 13）、纬纱强捻绉布（彩图 8）等。

二、格子纹样的设计

1. 配色模纹格子纹样　通过配色模纹花纹的设计，实现组织与色纱排列之间的巧妙配合，形成独特的花纹效果。特别要注意不同颜色的组织点之间的混色效果。

（1）千鸟格。2/2 斜纹组织，纱线排列 4A4B 或者 6A6B、8A8B 两色（彩图 65）。

（2）格林格。

方式一：平纹组织，纱线排列采用重复 4A4B（或 6A6B）与 1A1B（或 2A2B）组成格头和格底，另外在格头和格底中间加一色或多色嵌线，以丰富花型效果（彩图 66）。

方式二：2/2 斜纹配色模纹组织，纱线配置（2 深 2 浅）×12+（4 深 4 浅）×6（彩图 67）。

（3）犬牙格。采用 2/2 破斜纹的配色模纹组织，4 深 4 浅（彩图 68）。

2. 格子的构成方式

（1）朝阳格。平纹组织，两色的细条间隔方格织物，配色简单、和谐（彩图 40）。

（2）苏格兰格。属于对称格型，是多色（5 色以上）、多层次的男女装格型。颜色运用方面多采用饱和度强的对比色及互补色，如艳红、艳蓝、艳绿与黑、白、淡黄为主体的格型（彩图 61）。除了对比色强烈外，也有协调的邻近色的配置，粗细条相间的大型套格，外观粗犷、大方。

（3）套格。不同色泽、不同大小的格子按一定比例组合，讲究和谐与对比，稳定中有变化（彩图 30、彩图 61）。

（4）块格。规整的正方形格子（彩图 38、彩图 69、彩图 70）。

（5）渐变格。通过经纬纱色彩、明度渐变，配合织物组织形成渐变效果（彩图 62、彩图 70）。

（6）利用不同组织而形成的小格。如配色模纹、表里换层（彩图 12、彩图 15、彩图 21）。

（7）块格加嵌线。通过在格子上加嵌线，使格子富于变化和立体感（彩图38、彩图46）。

三、小提花纹样

无论是平纹地小提花、经起花，还是纬起花、剪花，都必须利用有限的经纱变化规律，尽可能形成富有变化的图形效果，背景的主色与所要突出点缀的小提花之间的颜色和各自所占比例，要和谐，有对比，避免主次不清、喧宾夺主、杂乱无章。如为对比色，则避免平均用色，底色组织占比例要大（彩图3、彩图7、彩图13、彩图14、彩图18、彩图31、彩图43、彩图52、彩图54、彩图55、彩图73和彩图74等）。

四、用金银丝、花式纱、有光人造丝装饰纹样

利用花式纱线，如段染纱（印节纱）、牙刷纱、竹节纱、彩点纱、起圈纱、雪尼尔纱及金银丝、有光人造丝等做装饰纱与普通纱间隔排列织造，在布面上合理布局，形成断续（彩图23）、闪光（彩图38）、亮色（彩图64）、绒刷（彩图44）、绒毛（彩图45）等各种特殊效果。

五、纹样的空间结构设计

1. 利用纱线张力、弹性、缩率的不同　纱线张力、弹性、缩率不同，可以形成起泡织物（彩图16）。

2. 利用局部双层或多层织物　如管状（彩图17、彩图18、彩图19）、表里换层（彩图12）等，可以形成立体效果的高花织物。

3. 利用空筘、缺纬方式　通过空筘、缺纬的方法，可以形成局部镂空的织物（彩图21）。

4. 利用绞综、蜂巢、透孔、网目方式　应用绞综（彩图7）、蜂巢（彩图49）、透孔、网目（彩图71），形成特殊效果。

5. 利用后整理方式

（1）经、纬剪花织物，形成仿绣效果（彩图13、彩图14）；表里换层加剪花形成乞丐布效果（彩图15）。

（2）压纹整理形成凹凸效应织物（彩图26）。

（3）局部烂花形成局部透明、镂空织物（彩图27）。

（4）静电植绒形成浮雕效果（彩图28）。

任务四　创新面料的工艺设计

项目一　棉型面料的纤维选用

完成了外观设计后，下一步是选择纤维原料和纱线。棉型服用面料的常用纤维性能如下。

1. 天然纤维

棉：吸湿、柔软；

麻：吸湿、导湿，纤维初始模量大，织物挺括；

丝：光泽悦目、吸湿性好。

2. 化学纤维

涤纶：易洗、快干、免烫，吸湿透气性差，易起毛起球，强力高，不易染色；

锦纶：耐磨、耐疲劳性好，强力高；

腈纶：保暖性、蓬松性好，剩余伸长大，保型性差；

氨纶：弹性好，面料中一般采用氨纶包芯纱或者包覆纱；

丙纶：织物轻，导湿性好。

3. 再生纤维

黏胶纤维：吸湿、柔软、染色鲜艳、成本低，抗皱性差，湿强力低；

莱赛尔纤维：具有丝绸般光泽、桃皮般外观、环保，湿强接近干强，干强接近涤纶纤维；

莫代尔纤维：性能与莱赛尔纤维接近、柔软、光泽好，一般用作女士内衣；

大豆纤维、牛奶纤维：有丝绸般光泽，穿着舒适，吸湿性好；

甲壳素纤维：有杀菌、保健作用。

4. 金属纤维 抗辐射性、抗静电性好，一般用作防护服，如孕妇服面料。

项目二　棉型面料的纱线设计

一、纱线种类

服用面料常用纱线为纯纺纱或混纺纱。

1. 常用混纺纱 涤棉混纺纱具有条干均匀，穿着较舒适、挺括、易洗、快干、免烫，可织性较好的特点。

2. 常用股线 常用 32 英支/2、42 英支/2、80 英支/2、100 英支/2 等。单纱一般用 Z 捻，股线则用 S 捻，这时单纱在股线反向加捻的过程中，在一定程度上达到了退捻的目的，因此，总体细度相当的股线与单纱相比，往往显得更为柔软；如 80 英支的双股线通常要比 40 英支的单纱更为柔软；此外，股线中的纤维接近平行，织物的光泽更强。而对于一些夏季的轻薄织物，要利用纱线的强捻使织物获得挺爽的风格，则可以采用股线与单纱捻向相同的配置，一般为 Z—Z 捻。总之，股线强力高，耐磨性好，织物服用性能好，织物风格较丰满。

3. 精梳纱和普梳纱 精梳纱相对于普梳纱，由于精梳工序去除了短纤维而光泽好、毛羽少、条干均匀、质地更加细洁、强力高。

4. 常用新型纺纱

（1）气流纺纱。也称 OE 纱，采用转杯纺纱机生产，将粗纱、细纱和络筒三个工序合并为一个工序，工艺流程短、成纱条干均匀、毛羽短而多，成纱强力较环锭纺纱约低 20%。

（2）紧密纺纱。在加捻前，纱条中单纤维充分伸直，相互平行，而且排列紧密，所以在加捻罗拉钳口处纱条直径变得很小，基本消除了加捻三角区。强力高、耐磨性好、毛羽少、条干均匀，常用纱支有 40 英支、50 英支、60 英支等。

（3）赛络纺纱。纺纱时两根纤维须条喂入，形成类似股线纱线结构，但易分离成两股单纱。表面纤维排列整齐、顺直，纱线结构紧密，毛羽少，较光洁，抗磨性好，起球少，手感柔软光滑，条干与环锭纺相近或略低。

（4）喷气纺纱。由无捻或少捻的芯纱和外包纤维组成，外包纤维大多以螺旋形包缠较多，平行无包缠最少，无规则包缠次之。与环锭纱相比粗细节少，条干较好，3mm 以上毛羽少，结构蓬松。各种纱线结构特征见表 4-1。

表 4-1　各种纱线结构特征

普梳纱	精梳纱	紧密纺纱	赛络纺纱	喷气纺纱

（5）色纺纱。先染纤维后纺纱，再织布，染色均匀。

（6）竹节纱。纱线有局部粗—正常—节细的竹节的效应，面料具有返璞归真自然感。

5. 花式纱　局部采用段染（印节）纱（彩图 23）、金银丝（彩图 38）、牙刷纱（彩图 44）、雪尼尔纱（彩图 45）、圈圈纱、羽毛纱、彩节纱（彩图 72）、花线等与普通纱间隔排列，起局部装饰之用。

注：（1）段染纱是在同绞纱上染上一种或多种色彩。

（2）雪尼尔线是用两根股线做芯线，通过加捻将羽纱夹在中间纺制而成，赋予面料厚实蓬松的感觉。

（3）圈圈纱和竹节纱是纺纱时采用超喂原理制成。

（4）金银丝主要是将三氧化二铜或铝片夹在涤纶薄膜片之间或蒸着在涤纶薄膜上得到。

（5）花线由两种或两种以上不同色彩的单纱并合加捻而成。

（6）彩点纱一般用各种短纤维先制成粒子，经染色后在纺纱时加入。

二、纱线捻向和捻度

1. 捻向　一般经纱 Z 捻，纬纱 S 捻，使经纬交织处纤维反光一致，光泽较好。不同捻向经纱间隔排列可形成隐条织物，不同捻向经纬纱间隔排列可形成隐格织物。

2. 捻度　常见的捻系数为 320~380，纬纱的捻系数比经纱捻系数小 15%~20%。

（1）巴厘纱。经纬纱强捻，织物挺括、不贴身。

（2）柳条绉布。纬纱强捻，经纱普通捻度，经松式后整理，扭应力作用下，沿经向形成绉效应（见情境三任务五和彩图 8）。

当纱线的捻度达到一定程度，纱线将产生强烈的捻缩起圈的趋势，如果在织造过程中不能很好地控制纱线的张力，尤其是纬纱的张力，将会在布面上产生纬缩起圈的疵点，可以通过纬纱湿热定型来加以控制（见情境三任务五和图 3-15）。

（3）绒布。纬纱捻系较小，以利于拉绒（见情境三任务六及彩图22）。

项目三　面料的组织结构、经纬密度设计

一、组织设计
组织设计应根据织物风格特征、织造方式、后整理及用途要求而定。

1. 平纹　平布、府绸（彩图3）、青年布（彩图5）、米通布（彩图6）、柳条绉布（彩图8）、弹性绉布（彩图9）、巴厘纱（彩图21）等。

2. 斜纹　常见2/1细斜纹布、3/1卡其、2/2哔叽、2/2华达呢、2/1或2/2绒布坯。

3. 缎纹　纬面缎纹：横贡缎（彩图2），纬密大于经密；经面缎纹：直贡缎，经密大于纬密。

4. 蜂巢组织　也称华夫格织物（彩图49）。

5. 绉组织　起绉织物（彩图48）。

6. 纱罗组织　也称绞综布（彩图7），用于夏季面料。

7. 凸条组织　通常用作冬季面料（彩图50）。

8. 双层组织　表里换层（彩图12、彩图15）、接结双层、纬管状布（彩图17）。

9. 起毛组织　灯芯绒、平绒。

10. 配色模纹　配色小花纹组织（彩图41、彩图42、彩图43）；千鸟格（彩图65）、格林格（彩图66、彩图67）、犬牙格（彩图68）。

11. 局部应用的组织　在织物上局部应用，做装饰用的组织：透孔、网目组织（彩图71）；平纹地小提花（彩图7）、经起花（彩图31）、纬起花（彩图51）、经剪花（彩图31）及纬剪花（彩图14）等。

二、不同组织的织造要点
1. 织造难度　一般来讲，其他条件（如线密度、经纬纱密度）一定时，一组织循环内交织点越多，则经纱摩擦越剧烈，打纬越频繁，织造难度越大。如三原组织：平纹>2/1斜纹>3/1斜纹>缎纹。

2. 织造方式　经起花、泡泡纱、纬管状布、表里组织不同或者原料不同的双层布、毛巾布应采用双轴织造。

三、织物松软程度设计
在经纬纱的原料、纱线线密度、织物密度等相同的条件下，织物的松软程度随着织物组织的不同而有差异，其相互关系可近似地用下式表示为：

$$\varepsilon = \frac{R^2}{2R} = \frac{R}{2}$$

式中：ε——织物松软程度；

R——一个完全组织循环根数。

织物的松软程度随着一个完全组织循环根数的增加而改善。例如：平纹组织$R=2$，$\varepsilon=2/2=1$；斜纹组织$R=3$，$\varepsilon=3/2=1.5$；缎纹组织$R=5$，$\varepsilon=5/2=2.5$。

从上可知，原组织织物的松软程度以缎纹织物为最好，其次为斜纹织物，最差为平纹织物。这是由于平纹织物的经纬纱在织物中的交织点最多的缘故。

四、经纬密度设计

根据不同织物的紧度 E，计算织物的经、纬纱密度。

例：某纯棉府绸 J 14.6/14.6tex，根据其风格要求，确定经向紧度 E_j = 61%；确定经向紧度 E_j = 61%，纬向紧度 E_w = 42%，求得经纬纱密度如下：

$$P_j = \frac{E_j}{0.037 \times \sqrt{Tt_j}} \times 100 = \frac{61\%}{0.037 \times \sqrt{14.6}} \times 100 = 432.5(根/10cm)$$

$$P_w = \frac{E_w}{0.037 \times \sqrt{Tt_w}} \times 100 = \frac{42\%}{0.037 \times \sqrt{14.6}} \times 100 = 299(根/10cm)$$

任务五　经起花织物设计

一、经起花织物的设计要点

多臂织机综页数一般为 16~20 页，还要考虑布边所占的综页数，因而要利用有限的综页巧妙设计新颖、漂亮的花型。

1. 纹样尽量对称　对称纹样可以有效节约综页，使得花型扩大一倍（图4-24，彩图74）。

2. 花经和地经要间隔排列　花经之间要间隔平纹组织的地经，以减少纬纱浮长线的长度。

3. 花区经密要大于地区经密　花区经密要大于地区经密，一般花区与地区经密之比为 2:1 或者 3:2，以保证织造后花经将相邻地经覆盖，避免地经显露影响花经构成花型的效果。

4. 花经线密度要大于地经线密度　花经可采用股线，地经可采用单纱，或者花经与地经根数之比为 2:1 等，以保证花经对相邻地经的覆盖效果。

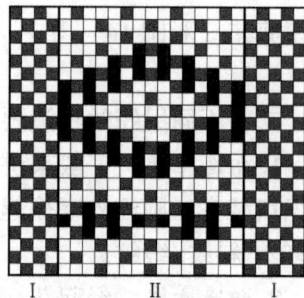

图4-24　经起花组织

5. 倍增经纱根数　可以通过并列法倍增经纱根数扩大花型宽度（彩图73）。

6. 沿纬纱排列方向增加花型　在既有穿综规律基础上，通过沿纬纱排列方向增加纹板数以增加花型（彩图18，彩图52，彩图54）。

二、经起花织物纹样大小设计

如图 4-24 所示，如花区 Ⅱ 中，花经:地经=2:1，则根据组织图，花经 16 根，地经 8 根，合计 24 根；平纹地区 Ⅰ 为 48 根。已知花区 Ⅱ 每筘穿入数为 4 根/筘齿，地区 Ⅰ 每筘齿穿入数为 2 根/筘齿。公制筘号为 120 齿/10cm。如织物筘幅为 160cm，则相关计算如下。

1.花区所占齿数　花区所占齿数＝花区齿数/花区每筘穿入数＝24/4＝6（齿）。

2.花区宽度　花区宽度＝花区齿数/公制筘号＝6×10/120＝0.5（cm）。

3.地区所占齿数　地区所占齿数＝48/2＝24（齿）；地区宽度＝地区齿数/公制筘号＝24×10/120＝2（cm）。

4.一花宽度　一花宽度＝花区宽度+地区宽度＝0.5+2＝2.5（cm）。

5.估算全幅花数　估算全幅花数＝筘幅/一花宽度＝$\dfrac{160}{2.5}$＝64（花）。

三、经起花织物工艺设计与计算

工艺计算参见情境二任务三的项目三变经密织物工艺设计，不复述。

四、经起花织物织造关键

1.穿经　平纹地经交织点较多，应穿在前区，这是因为前区梭口小、拉伸变形小，交织次数较多的平纹地经穿在前区，有利于减少断头；花经交织点少，穿在后区。

2.双轴织造　经起花织物要采用花轴和地轴双轴织造，花轴采用消极送经（依靠卷取作用力拖动织轴回转送经），如图4-25所示。地轴采用织机固有的调节式送经方式。

3.插筒方向　花轴在织机花轴和地轴一般回转方向相反，整经机筒子架上的插筒方向亦应相反。如情况允许，也可将废盘头再利用，拉头做花经以降低成本，如图4-26所示。

图4-25　花轴与地轴

图4-26　废盘头做花轴

任务六　画面感仿大提花织物设计

1.基于局部经起花组织对称的乘法设计　相邻花型纹样左右拼接成一个完整的花型，并增大花型尺寸；在同一经纱穿综规律基础上，通过局部或者全部倍增原有穿综规律的经纱根数，达到改变花型外观或者增大花型目的。

（1）纹样对称法。以经起花组织为基础，在现有经纱穿综规律基础上，利用已有综页，通过改变穿综次序的方向，即对称穿综法，形成左右对称的花型，增加表现力。由于增加的花型与原来的相同，仅仅是方向水平复制，根数倍增，故可定义为乘法设计。

彩图74为熊猫图案装饰面料，在图4-27中，花型分为熊猫、竹子、透孔和间隔的平纹组织四部分，画面中熊猫和竹子图案采用以经起花为基础组织的对称穿综法，将熊猫图案分为左右两部分，花区组织穿综所需的综页数仅为中心线左侧图案所需综页数，右侧不需增加综页数，仅在原有穿综基础上，将穿综次序反过来即可，组成一幅完整的图案。熊猫图案花经共用6页综，加上竹子图案4页综、透孔间隔组织4页综和平纹地2页综，共16页综。

（2）局部经纱根数倍增法。同一穿综规律下的经纱根数倍增以增大局部花纹装饰效果，使花型尺寸横向增大，这种方式最适宜在经起花基础上进行倍增，浮长线较长的花经与平纹地经间隔排列，可有效压住纬浮长点。

图4-28为中国"龙"字图案，其主体是横平竖直的规则几何纹样。

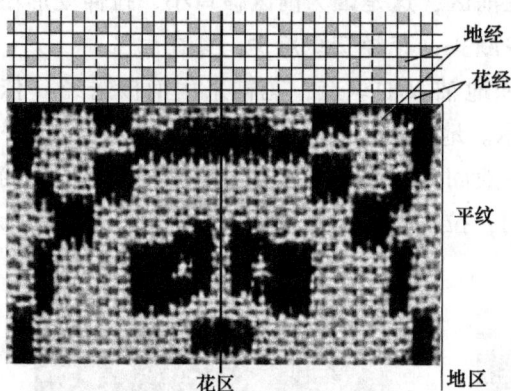

图4-27 对称法纹样设计

图4-28 局部组织

字的左侧偏旁为对称穿法，花经共用5页综（第3~第7页），地经为平纹，穿在第1、第2页综。其穿综次序为：(3, 3, 1; 3, 3, 2)×4，(4, 4, 1; 4, 4, 2)×2，(5, 5, 1; 5, 5, 2)×2，(6, 6, 1; 6, 6, 2)×2，(7, 7, 1; 7, 7, 2)×2，(7, 7, 1; 7, 7, 2)×2，(6, 6, 1; 6, 6, 2)×2，(5, 5, 1; 5, 5, 2)×2，(4, 4, 1; 4, 4, 2)×2，(3, 3, 1; 3, 3, 2)×4。

右侧偏旁为非对称、并列式穿法，花经用3页综（第8~第10页）。其穿综次序为：(8, 8, 1; 8, 8, 2)×4，(9, 9, 1; 9, 9, 2)×8，(10, 10, 1; 10, 10, 2)×4，加上平纹两页综，织造龙字共需12页综。

（3）单一花型倍增法。对单一花型，可以采用倍增法使花型二方连续和四方连续，目的是使面料兼具局部和整体效果（图4-29），上述三种方法常常在一个纹样设计中同时使用。

2. 基于全幅经起花组织的加法设计　在花型对称设计的基础上，将相邻的花型左右拼接成另一个完整的花型，或者实现左右、上下连续的效果。如图4-30所示，现代青花风格面料设计，以荷花中心线为对称轴线，构成如下。

图 4-29　单一花型倍增法

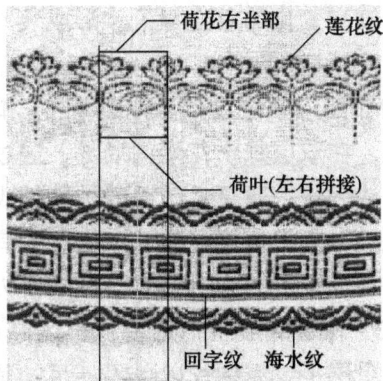

图 4-30　加法设计示意图

（1）莲花。采用对称花型的山形穿综法，以莲花中心线为分界线，以上述经起花组织，通过花经：地经＝2：1间隔排列：左半花穿综为：3，3，1；4，4，2；5，5，1；6，6，2；7，7，1；8，8，2；9，9，1；10，10，2；11，11，1；12，12，2；13，13，1；14，14，2；右半花穿综规律相同、次序相反。由左右两半部分组合成一朵完整的较大莲花。在此基础上，还是利用原有花经穿综规律，适当减少组织点，形成相邻的较小莲花，增加变化。

（2）荷叶。穿综不变条件下，中心线右半荷叶和另一荷花下的左半荷叶左右拼接成一完整荷叶。

（3）海水纹、回字纹。也是同一穿综规律和次序下，左右拼接成完整连续的纹饰。

3. 基于经纬起花、双层组织，结合后整理剪纱的减法设计　减法设计是采用织造后，将经、纬浮长线减掉，其剩余的固结组织起到装饰作用，减法设计可以分为减（剪）纱法和减（剪）布法。

（1）剪纱法的减法设计。基于经、纬剪花织物的减法设计，如图 4-31 为经起花的减法设计的剪花面料，注意保留的固结组织应当交织点密集，每根花经的交织点应成"W"固结，以避免剪花时，固结经在开刀的作用力下被拉脱出，为增强剪花后的花经绒毛丰满度，可以采用双花经配置，即花经和平纹地经之比为2：1，或者花经采用股线，图 4-32 中，平纹地经和剪花的花经的排列为 1 地：2 花：1 地，花经浮长线长度取决于所需要的绒毛高度。

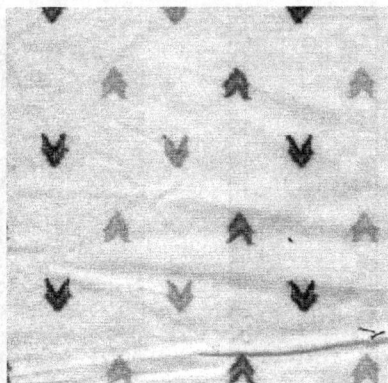

图 4-31　剪花织物

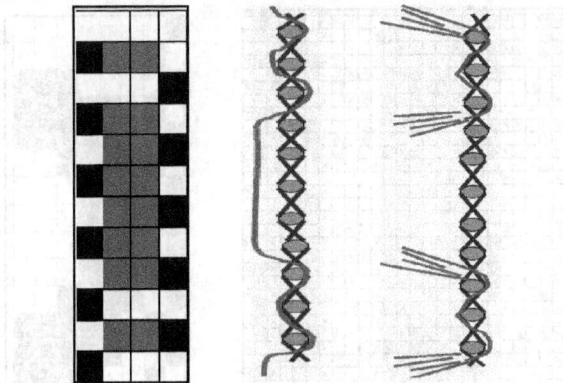

图 4-32　组织图和剪花示意图

结合四方连续和变化的色经颜色，形成装饰性纹样。相对于经剪花工艺，纬剪花是以纬起花织造为基础。

（2）剪布法的减法设计。如图 4-33 和彩图 15 所示，在平纹地局部双层织物的基础上，通过后整理，在双层织物花型的局部，通过特殊挑刀割去一层，成为单层，与未挑割的双层相对应，形成起伏、薄厚、绒毛的独特外观效应。

为保证挑刀割绒位置规整，双层组织宜采用中间无接结点的表里换层组织，接结点不宜采用接结双层组织，因为接结点会影响挑刀快速正确割去上层经纱，影响效率。表里经排列比应为 1∶2，保证底层质地致密，牢度高；上层结构疏松，便于割去上层织物。相邻两层之间，应用单层平纹织物加以分隔，目的是提高结构的稳定性，便于进刀割纱后，平纹地能够牢固地固结余留纱，如图 4-34 所示的表里换层的双层 A 和 B 之间，由平纹组织 C 分隔。

图 4-33　减法设计示意图

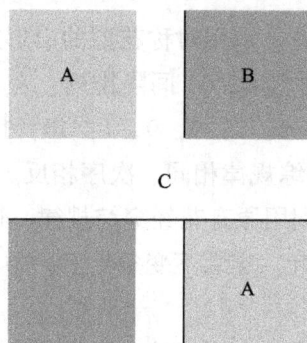

图 4-34　表里换层和平纹组合的剪花纹样

4. 基于同一穿综规律的除法设计　同一穿综规律，通过纹板变化，改变组织点配置，衍生成不同纹样图案。

图 4-35 为花式牛仔布的局部经起花部分组织图，利用除法设计，基于同一穿综规律，通过改变纹板图，分别形成 "O" 和 "K" 字母纹样。其穿综规律为：

1，3，2，4，1，5，2，6，1，7，2，8，1，8，2，7，1，6，2，5，1，4，2，3，1。基于此穿综规律，分别采用图 4-36 的 "O" 字母和图 4-37 的 "K" 字母纹板图，织造得出的面料实物局部如图 4-38 所示。

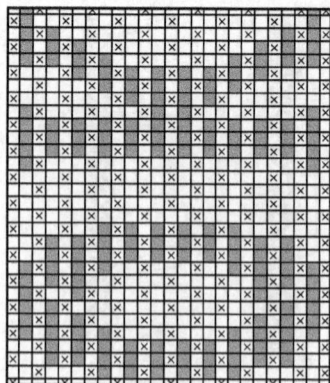

图 4-35　OK 字样组织图　　图 4-36　O 字母纹板　　图 4-37　K 字母纹板　　图 4-38　面料局部

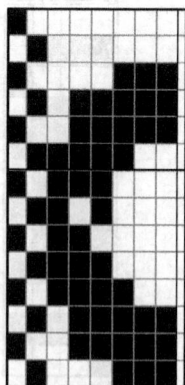

5. 基于经起花、平纹地小提花的组织旋转法设计 为节约综页，将本来横向纹样垂直旋转，利用纹板无限可变性，织造后横看形成装饰效果。

多臂织机不同于大提花织机，如果花型纹样沿纬向展开，对于花型较为复杂的设计，则可能由于占用的织机综页数超过最大限制，可以将花型旋转 90°，即将花纬浮长线转换为花经浮长线，变横向纹样为纵向纹样，使不同的组织点所需的综页数不超过多臂织机限制。如图 4-39 所示，以平纹地小提花为基础的汉代画像石砖雕"骑射图"，如采用横织法，仅布身综页数就超过 32 页，不能在多臂织机上织造，而将其竖立纵织，布身综页只需 14 页，纹板图如图 4-40 所示，CAD 模拟效果如图 4-41 所示，实物纵织的效果和横看图分别如图 4-42 和图 4-43 所示。

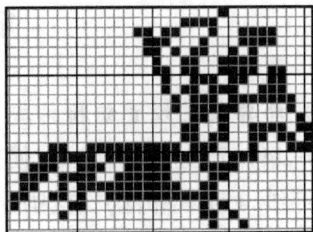

图 4-39　横织组织

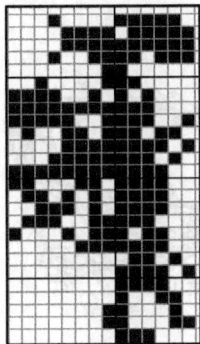

图 4-40　纵织纹板

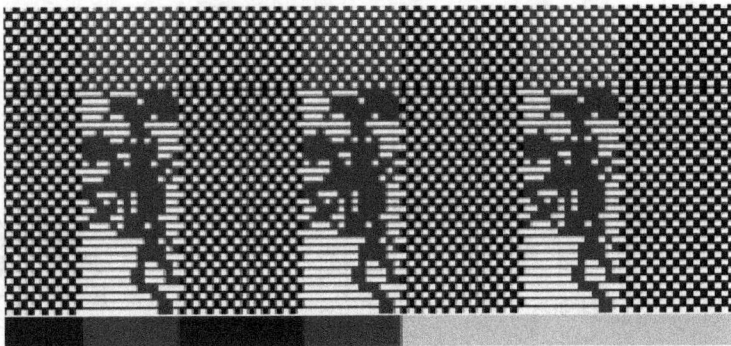

图 4-41　纵织 CAD 模拟图

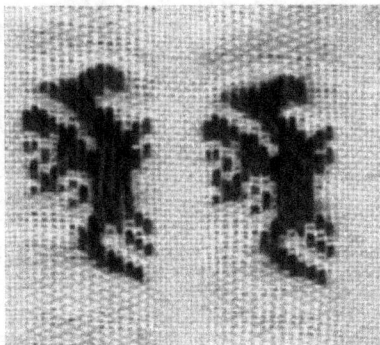

图 4-42　纵织面料图

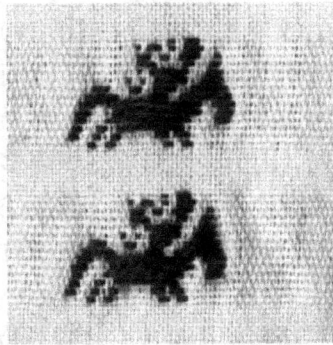

图 4-43　骑射图横看

6. 综合运用法 基于多臂织机织造的仿大提花织物设计，可以综合运用对称、倍增、纹板衍生、剪花法等，设计画面感强的织物（彩图 75）。

任务七　立体效应管状织物设计

项目一　纬弹提花经管布设计

1. 纬弹提花经管织物构成原理　起管部位的起管原理是利用沉在织物背面的纬浮长线（图4-44）产生的横向拉力使得织物背面收缩，正面凸起形成管状（图4-45），如果采用弹性纬纱（或者纬丝）作为起管纬浮长线，则织物纬向具有弹性。普通经管织物可以 3/1+1/1 组织，因而采用普通踏盘（凸轮）开口织机就可以织造。多臂织机可在起管部位和地部复合小提花、经起花、表里换层等组织作为装饰。

纬弹系列经管织物可以分为普通直管经管布，经起花经管布、经二重起花经管布、剪花经管布、局部经管布、乱管布等。

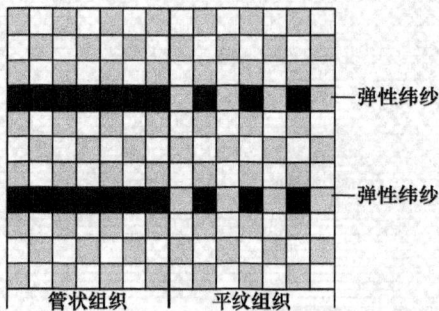

图4-44　经管组织图

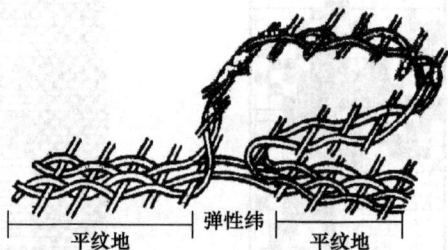

图4-45　经管结构示意图

2. 纬弹提花经管织物设计　现介绍经二重起花经管布纬弹经管布的设计与生产技术关键。

（1）纹样意匠设计（彩图18）。纹样整体布局采用带有凸起的立体效应的弹性提花经管状织物和平坦不起管的平纹地间隔排列，经管上提花由英文字母"S"和汉字"一"作为装饰。一个循环的纹样形式、布局和各部分尺寸标注如图4-46所示，其中管子宽度是展开后的宽度。因为平纹组织交织点多，对弹性纬纱束缚力较强。因而织物的纬向弹性主要由起管部分的纬纱浮长线提供，取决于弹性纬纱的线密度、纬管的宽度和弹性纬纱与普通纬纱的比例。不起管地部采用平纹组织有利于控制织造幅缩率，并减少织物染整时的幅缩率，且质地平整。

（2）组织结构设计。经管部位采用经二重提花组织，字母和汉字采用经二重组织表现，由于组织图很大，可以在纹样的不同区域填绘相应的组织图，提花管状区采用经二重组织，色经为橘红色和奶白间隔摆列，地部采用平纹组织，经纱为奶白一色，纬纱为奶白色，分述如下。

A区：奶白色经纱全部沉在下层，不参与同纬纱交织，橘红色经纱在上层与纬纱以平纹组织交织，显橘红色调（图4-47）。

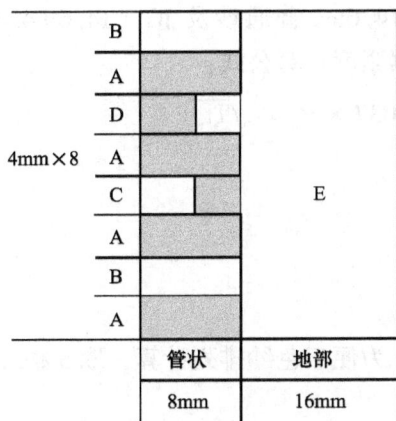

图 4-46　纹样图

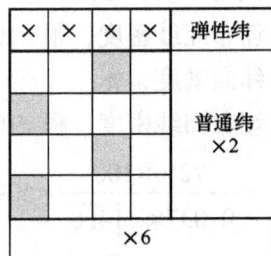

图 4-47　A 区

B 区：橘红色经纱全部沉在下层，不参与同纬纱交织，奶白色经纱在上层与纬纱以平纹组织交织，显奶白色调（图 4-48）。

C 区：左 B 区与右 A 区的组合（图 4-49）。

D 区：左 A 区与右 B 区的组合（图 4-50）。

E 区：不起管的平纹组织，奶白色经纱和奶白纬纱交织，图略。

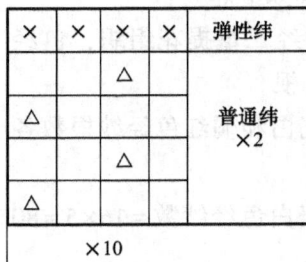

图 4-48　B 区

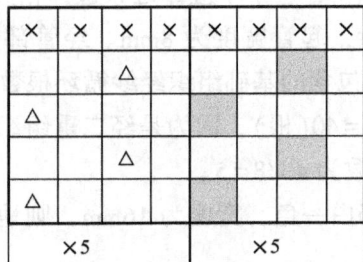

图 4-49　C 区

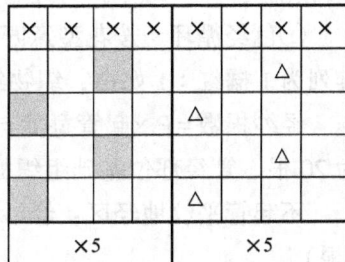

图 4-50　D 区

（3）纱线组合。

①经纱组合：为保证细腻、紧密的质地，管经部分采用精梳纯棉低特经纱，橘红色 JC 14.6tex：奶白色 JC 14.6tex＝1：1；平纹地部分采用奶白色经纱 JC 14.6tex。

②纬纱组合：综合考虑弹性效应、幅缩率和质地因素，普通纬纱 JC 14.6tex：（JC 14.6tex＋40 旦）＝4：1。

弹性纬纱（纬丝）占比例过高，则织造及染整幅缩率过高，不利于幅宽控制和后道深加工。

（4）织物紧度设计。紧度过大，则弹性回复性受到影响，且经纱密度大、开口清晰度受影响，织造断头高；紧度过小，则织造和染整幅缩率较大，参照弹力府绸紧度设计。坯布经向紧度取 72%左右，纬向紧度取 40%左右，实现织物"滑、弹、爽"的风格要求。

（5）经纬纱密度设计。经纬纱线密度应根据设计的紧度及经纬纱线密度推算，本系列产品经纱采用 JC 14.6tex（40 英支），纬纱采用 JC 14.6tex 普通纱及 JC（14.6+4.4）tex（40 英支+40 旦）氨纶包芯纱，坯布幅宽 156cm。根据紧度计算公式：

$$E_j = 0.037 \times P_j \times \sqrt{Tt_j}; \quad E_w = 0.037 \times P_w \times \sqrt{Tt_w}$$

式中：E_j——经向紧度，%；

$\quad\quad P_j$——坯布经纱密度，根 /10cm；

$\quad\quad E_w$——纬向紧度，%；

$\quad\quad P_w$——坯布纬纱密度，根 /10cm。

$$P_j = \frac{E_j}{0.037 \times \sqrt{Tt_j}} = \frac{72\% \times 100}{0.037 \times \sqrt{14.6}} = 509(根/10cm)，为便于色纱排列计算，取 5 根/mm。$$

$$P_w = \frac{E_w}{0.037 \times \sqrt{Tt_w}} = \frac{40\% \times 100}{0.037 \times \sqrt{14.6}} = 283(根/10cm)$$

（6）起管宽度。根据装饰布局美观和弹性服用性能要求确定管子宽度，起管宽度直接影响织物弹性和幅缩率，如果设计较宽的经管的同时，要求织物的弹性和幅缩率较小，则需要降低弹性纬纱和普通纬纱的排列比。管子宽度为 8mm，不起管的地部宽度为 16mm，见图 4-46 标注。

（7）劈花工艺。劈花是确定花型纹样和色经循环的起止点位置，宜选择在色纱根数多、颜色浅、组织紧密的地方。针对本设计，最好使花型对称，以简化整经排筒子和浆纱机伸缩筘排花型操作。对于弹力经管状织物，管子不应靠近布边，相关计算如下。

①色经循环。按花型意匠设计，起管宽度为 8mm。经管部分的经二重提花组织，色经排列为 1 橘红：1 奶白，织物纹样包含的基础组织经纱循环根数为 8 根。

经纱根数 = P_j×起管宽度 = 5×8 = 40（根），因为是经二重组织，奶白和橘红色经纱根数各为 20 根。管经部位基础组织循环数为 40/8 = 5。

不起管平纹地经区：经纱为奶白一色，宽度为 16mm，则地部奶白色经纱数 = 16×5 = 80（根）。

一花循环总根数（一花经纱数）= 经管根数+地部根数 = 40+80 = 120（根）。

②劈花计算。地组织 4 根/筘齿，边组织 4 根/筘齿，边纱 40 根，则：

$$总经根数 = 经密×幅宽+边纱根数×\left(1-\frac{地组织每筘穿入数}{边组织每筘穿入数}\right)$$

$$= 500×156/10+40×\left(1-\frac{40}{40}\right) = 7800(根)$$

$$全幅花数 = \frac{总经根数-边经根数}{一花经纱数} = \frac{7800-40}{120} = 64.7(花)，修正为 65 花，减头 0.3×120 = 36。$$

为避免管经部分靠近布边，将不起管平纹的奶白色地部确定为首条，重新确定色排。

色经排列：[奶白 80+（1 橘红，1 奶白）×20]×65-36，再将首条与减头数之和的一半（$\frac{80+36}{2}$ = 58）置于一花色排末端，劈剩下余数（80-58 = 22）置于首端，重新确定劈花后全幅色经排列为：[奶白 22+（橘红 1，奶白 1）×20+奶白 58]×65-36（奶白），最后一花减头

36 根（奶白）。

3. 弹性提花经管织物生产技术关键　弹性经管织物是细特高密色织物，组织间隔排列经二重组织和平纹，应采用两个经纱系统，纬纱采用普通纬纱和弹性纬纱混合引纬。

（1）整经。实际采用 14 轴，配轴 557×13+559，相比于 650×12 轴，上浆时每轴纱线间距增加 17%，同时由于一缸浆纱线容量增加，回丝率下降，浆纱准备时间同比缩短，效率增加。

（2）浆纱。由于局部采用经二重组织，起管部位的交织点少，不起管平纹地部分交织点多，经纱织缩率存在差异，可以采用双轴织造方案，如单轴织造，则应增加花轴预牵伸，现采用地经和管经纱一同并合上浆的新方案，经计算：

橘红色管经纱根数＝花数×每花根数＝65×20＝1300（根），整经配轴 650×2 轴；

奶白色管经纱根数＝花数×每花根数＝65×20＝1300（根），整经配轴 650×2 轴；

奶白色地经纱根数＝7800-1300-1300＝5200（根），整经配轴 520×10 轴。

浆纱落轴前，用两根分绞绳分别将奶白色纯色纱层（10 轴组成）、橘红色纱层（2 轴）和奶白色起管纱层（2 轴）分隔开来，穿综时便于分清位置次序。

浆纱工艺：由于总经根数多（7800 根），上浆以"双浆槽、中黏度、先轻压、后重压、中张力、中速度、中回潮、后上蜡、复分绞、紧卷绕"为工艺路线。

（3）穿经工序。采用分区穿法，交织点较多的平纹组织及穿在第 1、第 2、第 3、第 4 页综，布边穿在第 1、第 2 页综，边组织穿法为 1、1、2、2，形成纬重平组织，有利于增加边纱密度，同时减少边经纱之间的摩擦，减轻断边。经二重的起花组织穿在第 5、第 6、第 7、第 8 页综，培训穿经挡车工按两分绞线隔开的纱线确定纱线次序，尤其是奶白色地经和奶白色管经不要混淆。

项目二　局部纬管布设计

1. 局部纬管状织物组织结构设计　起管部分是在普通组织的基础上，每隔一定长度在织物的正面或反面设计一根经浮长线。织物上经浮长线的长度等于一个纬向局部管状的周长所需的经纱长度。如图 4-51 所示，1、2 两种经纱按一定比例（如 1:1）间隔排列，1 为用于起管的花经系统，2 为用于不起管的地经系统，在不起管的部分 A，经纱 1 与经纱 2 在此与一般织物织法相同，组织为平纹（或者其他组织），如图 4-52 所示，至 B 处应起褶（管）时，1、2 两种经纱分成表里两组，地经纱 2 全部沉在下面，不参与同纬纱的交织，即绕在地轴上的经纱此时在组织图上是经浮长线，实际上此时地经并没有参与同纬纱的交织，起管经纱参与同纬纱交织，经纱 1 分为上下两层形成梭口，与纬纱交织一定的长度（C 段），即在布面上形成了局部凸起的管状，到 D 处 1、2 经纱再合成单层织物织造，形成局部管状、局部单层织物。总之，起管部分，参与同纬纱交织的只是花轴上的经纱，织完管状部分的织物后，两个经轴上的经纱又同时参与同纬纱的交织。

如果为了兼顾地组织和管状条组织的质地均较为细密，绕在两个织轴上的经纱以 1:1 排列；如果想让管状织物质地较为稀疏、不起管部分质地更加致密，则花轴与地轴经纱之比可以为 1:2。

2. 局部纬管织造技术关键 局部管状织物的形成是依靠纬向局部管状组织与特殊的送经卷取机构共同作用完成的，由于起管部分和地经送经量不同，必须采用双轴织造方式。不起管的地经绕在地轴上，起局部管状织物的经纱（花经）绕在花轴上。

地经纱 2 在局部管状织物处地经设计成经浮长线（图 4-51，B 和 D 之间经纱纱段或者图 4-52 的 C 段），采用调节式间歇送经；起管经纱 1 卷绕在花轴上，采用积极送经，在局部管状织物处与纬纱形成管状组织。当织到管状组织的前一纬时（图 4-52 中 B 处），对卷取机构发出停卷指令，使卷取运动停止，由于织机地轴是半积极、半消极调节式送经机构，卷取运动停止使得卷取辊和送经织轴之间地经张力不再增加，因而织轴送经机构的送经运动随之停止，地经织轴不再送经（图 4-51 中 B 与 D 之间段）；这是形成管状折裥的关键。

当织到管状组织的最后一纬时（图 4-52 中 C 和 D 的交界处），对地轴发出恢复卷取的指令，即该处纬纹纸不冲孔，此时特定综框下降，联动装置带动卷取机构的卷取棘爪落下，与卷取锯齿轮恢复啮合，卷取运动恢复，张力增加到一定程度，送经运动恢复。

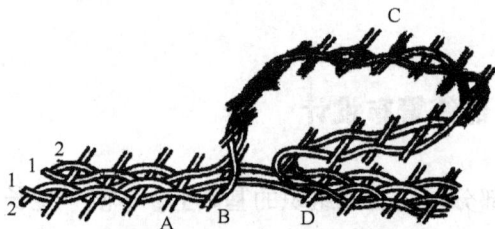

图 4-51 局部管状织物构成

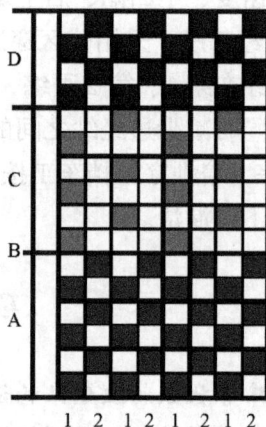

图 4-52 纬管织物组织图

同时让起管经轴急送经，预先释放下一个纬管所需的经纱长度，即预置了纬管织造所需经纱长度，起管经纱张力补偿杆向前移动 10cm 左右，形成管子外观效应，管子织完下一纬织造时让地轴恢复送经与卷取。

3. 局部纬管织造机构设计 为实现局部管状织物效应，关键是地经停送、停卷机构的设计以及花（管）经的急送经和张力调整。

（1）停送停卷机构设计。可以采用 GA 747 织机的多臂提综机构的空闲提综臂，加联动绳、过渡导杆和罗拉以控制停卷，加装花经张力调节杆，目的通过预先释放经纱，提供起管所需的经纱长度。地经停卷、停送时刻的前一纬，通过纹纸冲孔，控制特定的空闲提综臂上升，联动装置控制卷取机构的卷取棘爪抬起，与卷取锯齿轮脱离啮合，卷取运动停止，送经也停止。纹纸冲孔的行数即是管状组织的纬数。

（2）急送经和张力补偿机构。花经应采用急送经机构，预先释放经纱提供起管所需的经纱长度，其原理与泡泡纱织造送经机构原理相似，但是将其连续送经装置改造为间断式急送经模式，由多臂机构的空闲提综臂控制急送经撑头带动送经棘轮急速转动一个角度，同时花经张力调节杆向前摆动约10cm，花经张力调节杆的机构原理和构造与织造绞综纱罗时的张力调节杆相似。适中的补偿量可起到平抑张力的作用，应根据每纬送经量（取决于纬纱密度、纬纱线密度）、起管纬数而有所不同。适中的补偿时间，与补偿量适当配合，可得到较理想的经纱张力补偿。过早或过迟都可能加大经纱张力的波动。补偿时间以早为宜，这样可保证打纬时管经张力低，便于织造起管，而引纬时，经纱张力大，梭口清晰，有利于引纬，减少纬停。织造完管子后急送经撑头和张力调节杆在弹簧的作用下复位。

4. 局部纬管织造生产技术要点

（1）组织规格。为保证纬管状织物具有细腻、细密的质地与外观风格，经纬纱应选择较低纱线线密度，管状织物起管部分为双层组织，起管部分织物经纱密度仅为织物总体经密的一半，因而织物总经密不能太小，以保证管状部分的质地细腻、致密。由于在起管后，纬纱仅分布于起管部分，因而纬密无需特别增加。

（2）织机织造。纬管纬纱根数（即经浮长），以12~24根为宜，根数过少，管子不明显；根数太多，起管时急送经张力调节杆摆动幅度不能满足，增加设备改造复杂程度。

改变纬纱颜色更利于突出管子立体效应和平纹质地装饰感，成品见彩图17。

项目三 大循环纬弹乱管布设计

弹性乱管状织物的特点是在织物的表面看似无规律地随机分布着局部经向管子，并具有纬向拉伸弹性效应，外观风格新颖独特，穿着舒适有弹性，附加值高。可根据装饰需要，改变经管的长度、宽度、个数、分布位置、管子间距等。

1. 纬弹乱管布构成原理 如图4-53所示，起管纬纱系统由普通纬纱和弹性纬纱按一定比例相间排列，普通纬纱形成管子经向管子主体，沉在织物背面的弹性纬浮长线的收缩拉力作用使普通纬纱织造的织物正面凸起形成具有弹性管状织物。从图4-53组织图中可以看出，织造一个经管织物部分最少采用2页综，平纹固结部分为2页综。

图4-53 经管组织示意图

2. 纬弹乱管布织物风格和服用性设计 弹性乱管布属于夏季女裙装和上衣时装面料，要求质地轻薄、细腻、致密，色彩淡雅，穿着舒适、透气，富有弹性，外观新颖，具有断续的经向起伏的管状装饰效应，织物细腻中略带粗犷，并具有"柔、滑、弹"的独特风格，形成独特的弹性泡绉效果。

3. 纬弹乱管布织物规格设计

（1）原纱条件。根据细腻、轻薄、"柔、滑、弹"的风格及舒适性的要求，确定经纬纱组合。

①经纱组合。经纱采用纯棉 JC 14.6 tex，纱线质量指标参照以往企业生产高端色织府绸用纱指标，长绒棉比例 25%。

②纬纱组合。纬纱甲 JC 14.6tex；纬纱乙 75 旦/40 旦涤纶弹性包覆纱。其中外包覆纱为 75 旦/36F 涤纶 DTY 丝，芯丝为 40 旦氨纶丝。排列比为纬纱甲：纬纱乙 = 2：1。

（2）经纬向紧度确定。成品幅宽为 130cm（51.5 英寸）。织物的紧度和经纬密是影响织物结构的关键，也决定织物的质地和织造难度，根据乱管布的服用弹性要求、起管需要，综合考虑在机缩率、下机幅率、整理缩率，参照色织弹力府绸的经纬向紧度，经向紧度确定为 $E_j = 56\%$，纬向紧度 $E_w = 34\%$。

（3）经纬纱密度设计。根据紧度计算公式：$E_j = 0.037 \times P_j \times \sqrt{Tt_j}$；$E_w = 0.037 \times P_w \times \sqrt{Tt_w}$；推算出经纬纱密度：$P_j = 396$ 根/10cm，取 $P_j = 4$ 根/mm，$P_w = 240$ 根/10cm。

（4）色纱排列和幅宽。根据淡雅细腻的夏季色彩要求，采用湖蓝（简称蓝）和加白（简称白）相间的朝阳格，色经排列为 4 蓝、4 白，色纬排列为 6 蓝、6 白。成品幅宽为 130cm，织物在机、下机和染整的综合幅缩率控制为约 20%，则坯布幅宽为 156cm（61.5 英寸）。

4. 纬弹乱管布纹样意匠设计 纹样由管子和不起管的平纹两部分组成，综合考虑经管断续排列的随机性、疏密相间的美观性、布面的平整性以及纬向缩率控制需要，合理安排管子的长度、宽度、与不起管的平纹的比例。设计时要综合考虑以下几点。

（1）经管组织。经管组织依靠背面的纬浮长线起到使布面正面凸起呈管状立体效果和赋予织物纬向拉伸弹力的作用。

（2）平纹组织。经管之间的平纹组织由于交织点多，纬纱受到束缚不易收缩，从而起到稳定布面，防止收缩，增加布面平整度的作用。

（3）管子宽度、管间距及相应根数。管宽过窄或管子在纬向排列过于稀疏，则管子的凸起效应不明显，弹性也弱，反之；管子宽度过宽、纬向分布的经管过于密集，则管间平纹区域变窄，布面纬向收缩大且布面不易平整。

由于织物下机后管子会在弹力作用下收缩凸起，并变窄，不易测量，则需以管子的展开宽度为基准计算起管经纱根数。本设计坯布管子宽度为 2mm，根据织物坯布经密 $P_j = 400$ 根/10cm 则起管经纱根数 = 2×4 = 8(根)。各个管子间距设计均为 4mm，则管间平纹的经纱根数 = 4×4 = 16(根)。

本弹力织物的综合幅缩率为 20%，成品的管宽和管子间距为坯布的 80%，即预测成品管宽和管间距分别小于 1.6mm 和 3.2mm。

（4）管子重叠。相邻管子重叠，不是指管子真正彼此覆盖，而是侧向投影重叠，如同一行高低不一的树木的投影相叠。不重叠则纹样过于呆板，随机效果不明显，但重叠处会造成管子在此处较为密集，因而重叠的投影长度所占比例要小，一般不超过单管长度的 1/4，从而保证布面整体受力的均衡性。

（5）经管排列。不同管子的排列规律取决于最大综页数，而多臂织机的综页数最大为 16 页，根据组织图 4-53，每个管子和不起管的平纹地各需要 2 页综，同时也要考虑布边组织和降低织造难度。由于纹样较为复杂，纹板较长、穿综多变，最好借助 CAD 辅助设计，图 4-54 为 CAD 纹样设计图，由长短不一、数量不同、位置错落的六种管子组成，即 A、B、C、D、E、F，加上平纹地，共需 14 页综。

乱管排列为 A、B、C、A、B、A、D、E、F，即 3 根 A 管、2 根 B 管，C、D、E、F 管各 1 根错落排列。

（6）起管纬纱根数。起管纬纱根数由经管长度和织物纬密而定。坯布经管 A、B、D、F 长度设计均约为 20mm，坯布纬密 P_w = 240 根/10cm，则起管纬纱根数 = 2.4×20 = 48（根）；C、E 管单根长度均约为 6.7mm，则起管纬纱根数 = 2.4×6.7 = 16（根）。

（7）每花根数。

①每循环（花）经纱数。由上述计算可知，每管经纱根数为 8 根，管间平纹经纱根数为 16 根（共 9 条），结合经管排列和图 4-54：

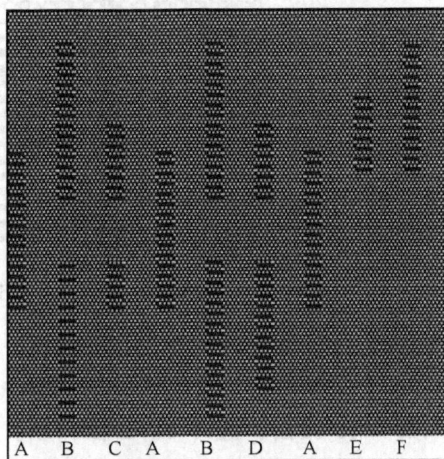

图 4-54　CAD 纹样设计

$$计算每循环（花）根数 = 各个管子的经纱总和 + 管间平纹经纱根数之和$$
$$= 3A + 2B + C + D + E + F + 8×16$$
$$= 3×8 + 2×8 + 8 + 8 + 8 + 8 + 9×16 = 216（根）$$

$$预测坯布每花宽度 = \frac{一花经纱根数}{坯布经密} = \frac{216}{400} = 5.4（cm）$$

②每花纬纱数。根据图 4-54 和纬管根数，考虑管子在空间经向错落排列的需要，每花总纬数设为 48×2 + 40 = 136，即每花纬数至少为两管纬数之和，再另加与下一花的若干间隔纬数（本设计为 40 纬）以避免下一花与上一花相接。

$$预测坯布每花长度 = \frac{一花总纬数}{坯布纬密} = \frac{136}{240} × 10 = 5.7（cm）$$

5. 纬弹乱管布工艺设计

（1）主要工艺参数。上机筘幅为 160.8cm，上机经密 388 根/10cm，公制筘号 97，地组织、边组织每筘穿 4 根，其中边组织采用纬重平组织。

（2）穿综设计。交织点较多的平纹地和布边穿在第 1、第 2 页综，原因是前面综页开口动程较小，经纱拉伸变形小，有利于降低织造断头率，布身采用分区穿法，根据乱管排列次序，穿综如下：

布边：（1，1；2，2）×12×2；布身：（3，4）×4，（1，2）×8；（5，6）×4，（1，2）×8；（7，8）×4，（1，2）×8；（3，4）×4，（1，2）×8；（5，6）×4，（1，2）×8；（9，10）×4，（1，2）×8；（3，4）×4，（1，2）×8；（11，12）×4，（1，2）×8；（13，14）×4，（1，2）×8。

（3）纹板图。（图 4-55）B 管与 A 管的重叠根数为 12 根。

（4）小样试织。小样试织的目的是观察设计的合理性，以便调整纹样设计、组织设计和工艺设计，尤其是起管效果，实物小样背面如图 4-56 所示。

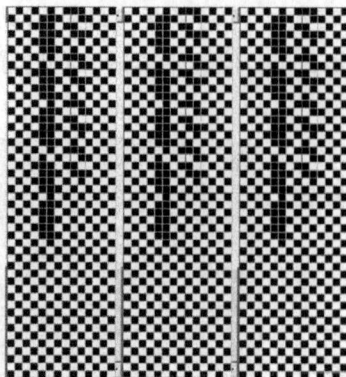

图4-55 纹板图（1~48，49~96，97~136纬）

图4-56 小样背面局部

（5）劈花工艺。一花循环经纱数＝216根，地组织每筘穿入数4根/筘齿；边组织每筘穿入数4根/筘齿；边纱48×2根，则：

$$总经根数＝经密×幅宽+边纱根数×\left(1-\frac{地组织每筘穿入数}{边组织每筘穿入数}\right)$$

$$=400×（156/10）+96×\left(1-\frac{4}{4}\right)=6240（根）$$

故：全幅花数＝$\frac{总经根数-边经根数}{一花经纱数}=\frac{6240-96}{216}=28.4$（花），即28花+86根，其中86根纱中包含了A、B、C管各一根，将剩余的16根平纹纱一分为二分配到织物两侧，以避免经管靠近布边。织物格型为朝阳格，色经排列：4白、4蓝。

蓝色经纱总根数＝花数×每花中蓝色经纱根数+余数/2＝28×216/2+86/2＝3067（根），修正为3068根。

白色经纱总根数＝6240-3068＝3172（根）

6. 纬弹乱管布生产技术关键

（1）布边设计。弹性乱管布既有分布不规律的管子，也具有很大纬向收缩弹力，除了兼顾弹性较低、布面平整的不起管的平纹区域和弹性较高起管区的比例外，布边宽度要从传统的每边32根加宽到每边48根，以防止收缩后变窄、起皱，保证织造中织机边撑良好的伸幅作用，并能承受印染加工中针铗链对布边的作用。

（2）经浆排花。采用分色分层法，原因产品是细条间隔、颜色较为简单，浆纱伸缩箱不需排花型、生产效率高，上层为蓝色，来自5个经轴，上层经纱根数＝613×4+616＝3068（根），下层为白色，来自5个经轴，下层经纱根数＝634×4+636＝3172（根），上下层之间浆纱落轴前用分色绞线分开，便于穿综挡车工确定色纱排列操作。

（3）织造断边。由于纬向收缩大，经纱从经轴引出经综框、钢筘到织口形成织物后，在纬向收缩力的作用下，布幅变窄，形成三角区，在钢筘的摩擦作用下，易产生断边。分析原因是织物纬向有化纤长丝，较普通面料略显光滑，边撑的伸幅作用不足，在纬向弹力的作用下收缩，且边部密度增大，经纱摩擦增加，应采用细、短、密的边撑刺环，刺环规格为14环、0.7mm、11°倾角。

任务八　特殊外观织物设计与生产

项目一　孔隙织物设计方法

孔隙织物赋予织物透气、凉爽、美观、朦胧感,用于夏季服装面料和装饰织物。孔隙织物形成方法归纳如下。

一、利用可溶性纤维+后整理方式

1. 可溶性聚乙烯醇纤维织造的仿抽纱织物

(1)技术原理。将可溶性聚乙烯醇纯纺纱(一般选28tex)和涤棉混纺纱按一定比例间隔排列于织物的经纬向,织造成织物后,在后整理中将织物中的可溶性聚乙烯醇纱溶解,织物就具有对称和不对称的空格,织物具有"薄、透、漏"的风格。

(2)技术关键。

①可溶性纤维用量。为保证织物不松烂,可溶性聚乙烯醇纯纺纱只是起点缀作用,占全部织物纱线总用量的10%左右。

②纱线线密度。涤棉混纺纱线密度较低(如选13tex),可溶性聚乙烯醇纯纺纱线密度较高(如选28tex),保证退煮后,织物手感滑爽而织物不松烂。

③织物组织。为保证织物在退煮后结构稳定,选择以平纹为主组织,点缀小提花组织。

④退煮工艺。退煮充分溶解的条件是温度100℃、时间10~15min。

2. 烂花织物　烂花布采用涤棉包芯纱或混纺纱织造,通过特种的染整加工,由于合成纤维与纤维素纤维(如棉、黏胶纤维)对酸碱的耐受作用不同,将纤维素纤维的花纹(或地纹)腐蚀掉,留下合成纤维作为地布呈半透明状而成烂花布(彩图27和情境三的任务九)。

二、改变织物组织结构方式

可以通过织物组织结构设计孔隙织物,如纱罗(绞综)组织(彩图7)、透孔组织(彩图71)等,形成空隙织物(参见情境三的任务八)。

三、空筘织造方式

采用间断穿法的空筘方式,形成空隙织物,见彩图21所示的空筘巴厘纱。

四、仿针织面料方式

设计仿针织面料的组织结构,产生孔隙效应(彩图76),组织图如图4-57所示。

五、局部剪花法方式

将透孔组织和经起花组织复合,形成局部双层组织,后整理时在织物背面剪去局部经起花的浮长线,形成局部镂空、局部彩条效果(彩图81)。

图 4-57　仿针织组织图

项目二　曲线效果织物设计方法

一、弧形曲线效应织物

经向弧型织物的大部分经纱互相不平行，纬向弧型织物则是纬纱互相不平行，都是用特制的钢箔在生产时上下移动，使部分经纱或纬纱左右扭曲形成的。

1. 生产原理　经向弧型织物的纬纱和普通织物一样，而经纱一部分平行排列，另一部分左右扭曲，呈波浪状态。经向弧型织物的钢箔高度略大于普通钢箔，使用特制的 V 型钢箔（图 4-58）在打纬过程中上下不断移动而形成。当钢箔上下移动时，部分经纱受箔齿片形状的限制，被迫左右扭曲。钢箔上下移动的动程为 5~6cm，每一纬移动的量很小，所以移动的速度不需要很快，所形成的织物如彩图 24 和图 4-59 所示。

图 4-58　曲线布用 V 型钢箔

图 4-59　曲线效应织物

2. 技术关键

（1）曲线幅度大小。曲线幅度的大小决定线条弯曲的程度，幅度过大容易断头，幅度过小影响织物外观，应根据织物风格设定适当的幅度。

（2）异型箔的摆动频率。摆动频率是指一分钟内摆动的次数。依据织机车速和纬向循环根数而定。如该车速是 180r/min，一花循环就是摆动一次，如该织物一花有 140 根纬纱，因此，摆动频率是 $1/(140/180)=1.25$（次/min）。

（3）浆膜性能。织造曲线织物时，由于打纬时，经纱可能在越来越密的箔齿中移动，对经纱的耐磨性和强力要求高，要注意提高浆纱的浆膜性能。

二、波纹曲线效应织物

波纹和圆形曲线织物的原理都是利用平纹和一组浮长线相间排列，借助浮长线的拉力，实现平纹纹样的"由方到圆，由直到曲"的变形。

如彩图 77 和图 4-60 所示，波纹效应织物由平纹区和经浮长区组成，依靠经浮长的拉力将平纹区的左右两端向中间靠拢，中间段分别被拉向上下两侧，使平纹区扭曲成波纹状。

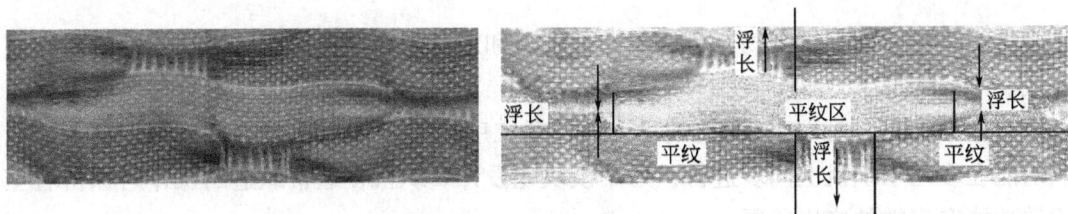

图 4-60　波纹效应织物及形成示意图

三、圆形曲线效应织物

圆形曲线效应织物与波纹曲线效应织物形成原理类似，圆形曲线效应织物也是利用纱线浮线，将平纹组织区域拉伸变形，不同之处是在平纹区域四周沿经纬两个方向的浮长线，将原有的平纹"方块"四周拉伸变形成圆形。

1. 平纹组织+单纯经纬浮长线　原理如上（图 4-61）。

2. 平纹地经起花+平纹+经、纬双浮长线　可采用两种不同的平纹组织成对角布置的四方连续纹样，增加装饰性，两平纹区四周配置浮长线，将两者拉伸实现"由方到圆"的曲线效应，见图 4-62 和彩图 78。

3. 平纹+透孔等长浮长线　采用平纹区域与具有浮长线成组排列的组织间隔排列，形成圆形曲线效应，如图 4-63 所示，透孔组织和平纹组织相邻排列，形成"由方到圆"外观效应。

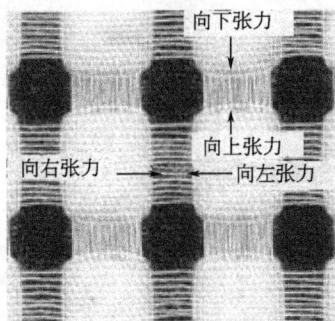

图 4-61　圆形效应织物

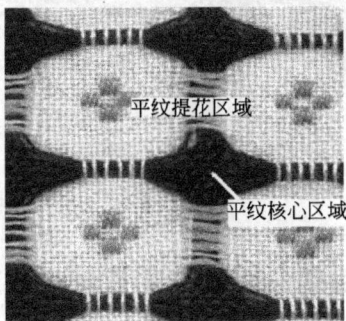

图 4-62　小提花圆形效应织物

图 4-63　透孔圆形效应织物

4. 方平组织渐变法　通过渐次减少方平组织组织点的浮长线长度，实现视觉上的触觉，"从方变圆"，见彩图 42 和组织图 4-64。

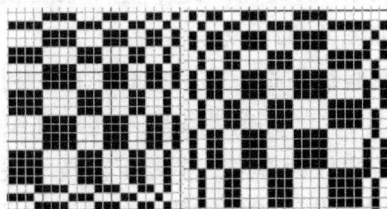

图 4-64　组织渐形成圆形效应

项目三　浮纹织物织造

浮纹织物也称仿刺绣织物，刺绣织物有织造和刺绣两个工序完成，浮纹织造方式则可同步完成。

多尼尔 ORW 开口式钢箔织造技术，使刺绣工序成功地整合到织造过程中。因此，织造和刺绣能在多尼尔织机上同步进行，采用模块化设计。织机在通常织造的操作时保留着全部的织造功能和完整的应用范围。

织造原理：钢箔的上部开放，通过特殊的导纱针将刺绣纱引入钢箔和综框之间。这些刺绣纱通过一个分路和一个可移动的导纱针进入织造过程。这个分路由位于综框上部的一套附加的经停装置和转向系统构成。

刺绣纱沉入下层梭口后，与纬纱交织，被引入织物。这在织物表面形成了一种按提综图、在一定范围内可被自由控制的、类似于刺绣花型的引纬效果。其织造原理如彩图 79 所示，仿刺绣浮纹织造织机如图 4-65 所示，单刺绣轴织造的织物如彩图 80 所示，双刺绣轴织造的织物如彩图 25 所示。这种技术能应用于多尼尔剑杆和喷气织机系统。

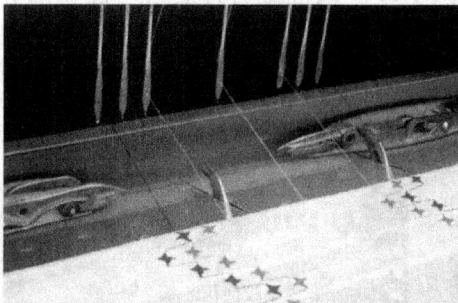

图 4-65　仿刺绣浮纹织造织机

项目四　剪花织物设计与生产

剪花织物可作为仿刺绣织物的一种，剪花织物分经剪花织物和纬剪花织物。

1. 经剪花织物　基于经起花组织织造，在后整理工序，利用剪花装置剪掉织物背面的长浮长线（彩图 13），由于经剪花的基础组织是经起花，而经起花是经二重组织，花经和地经组织交织点差异大，经剪花织物采用双织轴织造，生产难度较大，一般以纬剪花织物较为普遍。剪花织物组织图和结构图如图 4-32 所示。

2. 纬剪花织物　基于纬起花组织织造，在后整理工序，利用剪花装置剪掉织物背面的长浮长线，形成纬剪花织物（彩图 14）。纬剪花织物不需双轴织造，工艺难度小，且纬纱的花经颜色可以多变，调整方便，应用较为普遍。主要工艺技术关键如下。

（1）起花区纬密增加。纬向剪花区域纬密要增加，以保证剪花后花纬不至于被拉出。

（2）停卷机构。对于纬密调整，在 GA 747 织机上，可以在纬密增加处，通过最后一页综上的联动装置控制卷取机构的撑头（棘爪）提起，使所传动的蜗轮蜗杆机构的卷取运动停止，从而增加纬密，到不起花区域时，撑头落下，恢复正常卷取，停卷装置如图 4-66 所示。对现代喷气和剑杆等电子卷取机构织机，则直接在电脑终端设置即可。织机通过伺服电机控制织物卷取速度调节纬密。

3. 剪花机械和设备 去过采用手工剪花，现在复杂的高附加值剪花织物仍采用手工剪花，其工具如图 4-67 所示。现在普遍采用自动剪花设备，对于长浮长线起花织物，先用带摆动式多刀架割花机（图 4-68）割断花经或花纬浮长线，再用螺旋式剪花机（一般用于毛织物的剪毛机械）切割、磨断多余浮长线，如图 4-69 所示。

图 4-66 使纬密增加的停卷示意图

图 4-67 手工剪花工具

图 4-68 摆动式割断花浮长线机械

图 4-69 螺旋刀式剪花机械

剪花机构剪花过程

情境五　化纤织物设计

情境目标

化纤企业内从事面料设计、产品研发、贸易工作的人员必备的岗位知识和技能要求。

任务一　化纤面料基本知识与分析

项目一　常见化纤规格

1. 原料　涤纶、锦纶居多，另外还有人造丝、醋酸丝、空变丝、人造棉等。

2. 旦尼尔　化纤的粗细企业中习惯用旦尼尔（旦）表示，旦尼尔数越大，化纤越粗，1tex＝9旦，1英支＝5315/旦。

3. F数　指化纤复丝由多少根单纤维组成，F数即为单丝数，F数越多，织出的织物手感越柔软。例如75旦/36F的复丝织出的织物较75旦/24F的柔软。

4. 经纬密　一般工厂用1cm内的根数表示，单位为根/cm。

关于T数：化纤常用多少条来表示命名布，如190T春亚纺、190T尼亚纺、228T塔丝隆等。$T＝$（经密+纬密）×2.54，经纬密单位为根/cm。

5. 组织　化纤织物的组织较为简单，一般采用平纹、斜纹、缎纹、平变、复合斜等，个别有较为复杂的组织，如纬起花、小提花、纬二重、双层织物等。

6. 光泽　丝的光泽分为有光、半光、消光三种，分别用B、SD、FD表示，有光分为三角有光、圆孔有光等，用符号△、○、⊙表示。

7. 原料表示和丝的特征

（1）P：涤纶；N：锦纶；PN：涤锦复合丝；PTT：记忆丝。

（2）DTY：低弹丝，有重网、中网、轻网络之分，丝的特征是完全弯曲（变形），外观较粗糙、蓬松，成品手感柔软蓬松，如图5-1所示。

（3）FDY：牵伸丝，又叫长丝，丝是直的，牵伸丝光泽较亮、平直，织物较板硬。

（4）ATY：空气变形丝，有仿棉效果，丝的表面有跟棉一样的小毛羽（在DTY上变形），如图5-2所示。

（5）H：高弹丝。

（6）POY丝：也称预取向丝，未经拉伸变形的原丝，易拉伸，含POY丝的织物，有毛感。

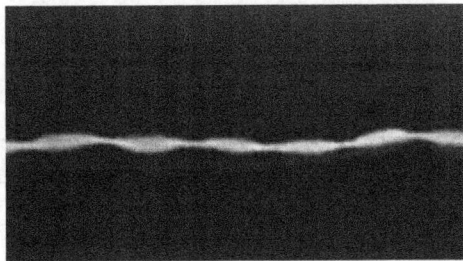

图5-1 DTY网络丝

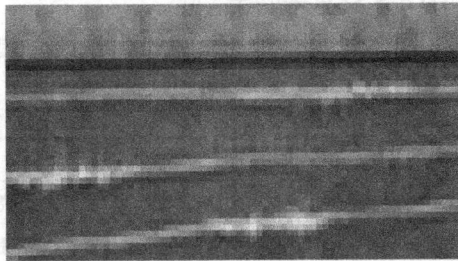

图5-2 ATY丝

8. 长丝间的加工关系

加弹　卷曲

PET→POY→DTY→ATY（空变丝）

↓

FDY（直接一步法拉伸变成平直的丝）

不管原料是涤纶还是锦纶，都有低弹丝、长丝、空气变形丝。

项目二　化纤织物分析的步骤

一、分析内容

规格分析主要包括：原料、旦尼尔数、F数、经纬密、组织、光泽。

例如，规格为：1/70旦/24F N FDY'SD×1/70旦/24F N FDY'SD，64×42根/cm。表示织物经纬纱均是锦纶FDY全牵伸长丝；复丝为70旦；复丝根数为24根；经纬纱密度为65根/cm×42根/cm；半光。

二、具体分析步骤

1. 确定是成品还是坯布　若为成品：总经根数=成品幅宽×成品经密；

若为坯布：总经根数=坯布幅宽×坯布经密。

坯布幅宽要自己量或客户提供。

2. 测织物平方米克重　作为初学者，应在分析之前把克剪成方形，称重后，折算平方米克重（g/m²），以便验证旦尼尔数。

3. 分析原料和丝的类型　判定是长丝、低弹丝还是空变丝或者短纤纱等。

鉴别原料一般最常用的是燃烧法；长丝（FDY）、低弹丝（DTY）、空气变形丝（ATY）、短纤等用观察法，主要靠目测，还要看是否加捻。常见原料的鉴别特征见表5-1。

（1）测长称重求旦尼尔数。例如把一块织物剪成经5cm、纬5cm的样布。

测得经10根为0.0056g，纬10根为0.0068g。

则：经丝旦尼尔数$=\dfrac{0.0056}{10\times0.05}\times9000=100$；纬丝旦尼尔数$=\dfrac{0.0068}{10\times0.05}\times9000=122$。

注：称出的旦尼尔数仅为理论参考值，真正取值时，要看其原料，还要根据一开始称好

的平方米克重来确定。

（2）常见各种原料长丝的特征（表5-1）。

表5-1　常见不同原料长丝的特征

序号	原料	特征
1	涤纶 P	燃烧时冒黑烟，芳香味，红光
2	锦纶 N	燃烧时较安静，蓝光，臭味
3	涤锦复合丝	一个 F 内包含小 f，有浅浅的涩味，易扯碎、扯断，织物手感软、糯
4	人造丝	燃烧时和棉现象一样，纤维为长丝
5	人造棉	燃烧时和棉现象一样，用润湿纱线后易断，强力低
6	醋酸纤维	燃烧有酸味且残留物有点硬的黑色固体和黑灰
7	记忆丝 PTT	有加捻和不加捻之分、弹丝和长丝之分，特征在于有弹性，回弹性较好，低捻记忆丝免上浆，强捻记忆丝可以增加织物垂感和风格、光泽，也无需上浆，不加捻需上浆
8	T 400（PET/PTT）复合丝	弹性性很大的纤维，比较蓬松 注：PET 为普通涤纶，PTT 为弹性纤维
9	低弹丝、长丝、空变丝	低弹丝一般有网络，屈曲，也有网络点被打开的 长丝：丝平直 空变丝：有仿棉效果，有毛絮
10	海岛复合丝	由海岛丝和高收缩丝复合而成，虽然高收缩丝收缩但收缩后仍是直的，而周围的海岛丝呈"§"状收缩
11	金属丝、仿金属丝	金属丝烧起来很红，轮廓可见，织物折后回复慢；仿金属丝燃烧快，看不到红的金属印记，折后回复快
12	钻石丝	实际上是有光涤纶长丝 FDY，与涤纶长丝区别是 F 数较少

（3）数 F 数。常规的 F 数为 12 的倍数，如 24F、36F、72F、96F、144F、192F 等。经纬密度用照布镜、分析针等工具来数。

（4）分析组织。

（5）验证旦尼尔数。由于前面已称好来样的平方米克重，如为 $70g/m^2$，计算原料用量：

①经用丝量(g/m) $= \dfrac{旦尼尔数×经密×幅宽×系数}{9000}$

若加捻，还要乘以 1.05~1.08 的捻缩。

旦尼尔数为实测值；幅宽一般成品来样取 150cm，坯布需要自己量或者顾客提供。式中系数为 1.11 或 1.12，是各种缩率的总和的经验值。

②纬用丝量(g/m) $= \dfrac{旦尼尔数×纬密×上机幅宽}{9000}$

注：此为净用丝量，主要验证取的旦尼尔数是否正确，如果算完整用丝量的话，应在上机幅宽上加 10cm，即废边损耗；若是经用丝量算完整的话应×（1.02~1.03）损耗（经验值）。

③织物平方米克重 =（经净用丝量+纬净用丝量）/幅宽

将其与实测织物平方米克重对比，验证是否准确，其中幅宽要分清是坯布幅宽还是成品幅宽。若计算出的织物平方米克重与称出的平方米克重相接，近则说明判断的旦尼尔数正确。

常见长丝原料旦尼尔数，见表5-2。

表5-2　常见长丝原料旦尼尔数

序号	原料	常见旦尼尔数
1	涤纶	15旦、20旦、30旦、（40旦）、50旦、63旦、68旦、75旦、100旦、150旦、200旦、300旦，其中50旦、75旦最常见
2	锦纶	20旦、30旦、40旦、70旦、140旦、210旦、420旦
3	涤锦复合丝	90旦、120旦、160旦
4	棉、TC（涤棉）、TR、人造棉	7英支、8英支、10英支、12英支、16英支、21英支、32英支、40英支、60英支、80英支、100英支、120英支、180英支
5	氨纶	20旦、40旦、70旦
6	人造丝	50旦、75旦、100旦、120旦
7	记忆丝	50旦、75旦、95旦
8	空气变形丝（ATY）	160旦、280旦、320旦
9	海岛复合丝	105旦（75旦+30旦）、160旦、210旦、225旦
10	钻石丝	40旦、80旦、150旦
11	高弹丝（HDTY）	不确定

项目三　化纤织物主要特征

1. 春亚纺　全涤纶，其中经纬丝必有含DTY低弹丝的，这也是它与涤塔夫的区别，分为全弹、半弹、消光春亚纺三种。

2. 涤塔夫　全涤纶，经纬全是FDY长丝，单丝粗细均匀。

3. 尼丝纺　全锦纶，经纬也全是FDY长丝织物，手感凉。

4. 塔丝隆　经细纬粗，原料有涤纶和尼龙，一般若是尼龙（锦纶）的话，经纱为锦纶，纬纱一定是空气变形丝。

5. 色丁　五枚缎，比较亮，一般为涤纶有丝光长丝（经向）。

6. 花瑶　平纹，捻向有1Z1S，或者2Z2S，纬向加捻。

7. 麂皮绒　有经麂皮和纬麂皮之分，原料中一方向为海岛复合丝（海岛丝和高收缩丝），若经向为海岛复合丝则叫经麂皮，若纬向为海岛复合丝则叫纬麂皮绒。

8. 记忆类布（PTT）　PTT为涤纶改性的一种丝，称为记忆丝，织物折褶后用手一扶即平，有全记忆、半记忆、仿记忆之分。全记忆：经纬纱均为记忆丝；半记忆：经纬有一向是记忆丝；仿记忆丝都不含记忆丝，主要是涤纶加捻（或不加捻）。

仿记忆效果、记忆丝辨别：用手拉，弹性、回弹性感觉好；真记忆手感涩，仿记忆手感滑。

9. 桃皮绒 有平桃、斜桃、缎桃等，也有磨毛和不磨毛之分，为涤纶 DTY，F 数较高。

10. 牛津布 牛津布的命名以其旦尼尔数来命名，表面有明显的针点效应，有涤纶牛津、尼龙牛津，150 旦、300 旦、420 旦、600 旦、500 旦、1200 旦等规格均有。

11. 阳离子布 如经纬纱都为涤纶，而涤纶只能染浅色，如果所分析的布为深浅双色，则深的那一方向肯定会是涤纶阳离子，即用阳离子染料让涤纶吃深色颜料故形成双色效果，此类布称阳离子布（涤纶染浅色，锦纶染深色，阳离子布染深色）。

12. 天丝绒 即经纬纱均是涤锦复合丝，鉴别 PN 复合丝方法如下。

（1）手感。PN 复合丝手感比较柔软、细腻、糯感。

（2）看 F 数。一般一个 F 内还包含几根小 f。

（3）手扯。PN 复合丝易扯碎扯断，也有开纤不开纤之分。

13. 弹性类织物

（1）含氨纶织物。有经弹、纬弹、四面弹，有 40 旦、20 旦、70 旦氨纶这几种。

（2）T 400。一种涤纶弹性非常好的丝，比较蓬松。

（3）高弹丝。没有 T 400 蓬松。

14. 人造丝与人造棉织物 人造丝烧起来和棉现象一样，只是它是由长丝组成而不是短纤；人造棉与棉类似，强力较差，湿强更低，可用舌舔一下纱线，一拉就断判断为人造棉，否则为棉。

15. 金属丝与仿金属丝织物 真金属丝燃烧时火焰很红，像炼铁似的，且织物弯折后不易回复，仿金属丝燃烧快，且折感不如真金属。它们有时像麻花样缠裹在纱上，也有时作为单根使用。

任务二　化纤面料的种类和设计

项目一　化纤面料的种类、风格特征和技术特征

一、春亚纺

春亚纺有平纹、斜纹、竖条、五枚、提花等，形成常年适销系列面料，最为常见品种有半弹、全弹、消光春亚纺等，用作服装等衬里辅料。

1. 半弹春亚纺

（1）规格。经线采用涤纶 FDY 60 旦/24F 为原料，纬线采用 DTY 100 旦/36F 为原料；经纬密度为 386×280 根/10cm，俗称 170T。成品布面幅宽为 150cm，平纹组织，100g/m² 左右。

（2）生产流程。用喷水或喷气织机织造，坯布经软化、减量、染色、定型等加工。

（3）风格特征。有涤纶丝光泽，手感柔软滑爽，不褪色，光泽亮丽，可制作彩旗。

产品染整后经机械高温整烫轧光轧花工艺，属"环保型"深加工，使里料色泽亮丽、手感柔和、透气性好，特别是轧花里料与提花里料均可媲美，成本低廉。

2. 全弹春亚纺 品种繁多，规格齐全，其中 240T、300T 在市场上最为受宠。

（1）规格。经纬纱都采用涤纶 DTY 75 旦/72F（网络丝），织物采用 1/2 斜纹、1/3 斜纹，成品幅宽为 148cm。

（2）整理。染整工艺应用"环保型"染色，布面外观、光泽等大有改观，产品染整后处理工艺延续，如涂 PVC、PU、仿绒涂层以及电绣、粉点复合、磨毛、轧光等，使全弹春亚纺适用作羽绒服、休闲夹克衫等，防水涂层面料又可制作防水服、雨伞、雨披、遮阳棚等。

3. 消光春亚纺　属全弹春亚纺系列，该面料经纬线都采用涤纶消光 DTY 75 旦/72F 或 50 旦/72F，面料色泽柔和，有咖啡、藏青、土黄等，用作夹克衫面料等。

二、塔丝隆
锦纶长丝和锦纶空气变形丝织成的织物，也可以涤纶为原料。

1. 规格　经线用 70 旦锦纶长丝，纬线有 160 旦、250 旦、320 旦等锦纶空气变形丝，也有单纬、双纬（250 旦×2）、三纬（160 旦×3）。组织有平纹和平纹变化组织（小提花）、2/2 斜纹。

2. 原料　有锦纶塔丝隆和涤纶塔丝隆，经纬有一个方向的原料是空气变形丝（锦纶空气变形丝或涤纶空气变形丝）。在面料上一般纬向使用塔丝隆，形成一种纬粗经细的风格，尼龙和涤纶都有，分别叫作锦纶塔丝隆与涤纶塔丝隆。

3. 品种与加工

（1）子母条消光塔丝隆。经线采用 70 旦锦纶全消光丝，纬线采用 160 旦锦纶空气变形丝；经纬密度为 430×200 根/10cm。选用提条纹组织，布面形成一种子母状，坯布先经松弛精练、碱减量、染色，后经柔软、定型。具有风格粗犷、手感滑爽、透气性好、织纹优雅等长处。面料既具有提条的风格，坯布幅宽为 165cm，每米约重 158g。具有不褪色起皱、色牢度强的优点。

（2）320D 半光塔丝隆。规格为 70 旦×320 旦，在喷水织机上平纹织造，绒感好、厚实。

（3）228T 消光塔丝隆。产品原料规格为 70 旦×160 旦（空气变形丝），在喷水织机上平纹织造而成，经染色、定型、涂层等手法处理后，是男士夹克衫、女装、休闲服的时尚面料。

三、麂皮绒
1. 风格　性能并不亚于天然麂皮，织物毛感柔软，有糯性，悬垂性好，质地轻薄。

2. 加工步骤　在弹性海岛麂皮绒基布上涂覆聚氨酯；再用烘干定型机烘干定型；最后磨毛，制成麂皮绒面革。

四、尼丝纺
锦纶长丝织制，按每平方米重量分为中厚型（80g/m²）与薄型（40g/m²）两种。

坯绸的后加工有多种方式，有的可经精练、染色或印花；有的可轧光或轧纹；有的可涂层。经增白、染色、印花、轧光、轧纹的尼龙纺，织物平整细密，绸面光滑，手感柔软，轻薄而坚牢耐磨，色泽鲜艳，易洗快干，用作男女服装面料。涂层尼丝纺不透风、不透水，且具有防羽绒性，用作滑雪衫、雨衣、睡袋、登山服的面料。

五、涤塔夫

也称塔夫绸（Poly Taffeta）。涤纶丝仿真丝，是一种全涤布，涤纶长丝织造，外观光亮，手感光滑。用作面料和里料。Taffeta 是塔夫的意思，这个本来是真丝的一种分类，现在是用涤纶仿的叫作涤塔夫或涤丝纺，尼龙仿的叫作尼丝纺。

六、桃皮绒

由超细纤织制的一种薄型织物，经精细的磨绒整理，表面紧密覆盖约 0.2mm 的短绒，犹如水蜜桃的表面，故命名为桃皮绒。

七、雪纺

雪纺的学名叫乔其纱，是以强捻绉经、绉纬织制的一种涤纶长丝织物，经丝与纬丝采用 S 捻和 Z 捻两种不同捻向的强捻纱，按 2S、2Z 相间排列，以平纹组织交织，织物的经纬密度很小。

坯绸经精练后，由于丝线的退捻作用而收缩起绉，形成绸面布满均匀绉纹、结构疏松的乔其纱。按原料分为真丝乔其纱、人造丝乔其纱、涤丝乔其纱和交织乔其纱等。

八、顺纡绉

织物若纬丝只采用一种捻向，织得的乔其纱称为顺纡乔其纱，呈现经向凹凸褶裥状不规则绉纹。质地轻薄透明，手感柔爽富有弹性，外观清淡雅洁，具有良好的透气性和悬垂性，穿着飘逸、舒适。其轻、重、厚、薄、透明度以及绸面绉缩效应等，取决于丝线的粗细、并合数、捻度以及经纬密度，适于妇女连衣裙等。

九、双绉

双绉系绉类丝绸织物，又称双纡绉。平纹组织，经丝采用无捻单丝或弱捻丝。纬丝用强捻，织造时二左二右捻向，依次交替织入，精练后织物表面起隐约的细致绉纹。质地轻柔、平滑光亮、坚韧、透气、富有弹性。宜做夏季面料，绸身比乔其纱重。

十、色丁

缎纹的化纤长丝面料称为色丁（纬面缎纹称 Sateen，经面缎纹称 Satin）。

1. 无捻色丁　一种传统面料，经线采用涤纶 FDY 大有光 50 旦/24F，纬线涤纶 DTY 75 旦无网络丝（加捻）为原料，坯布幅宽为 160cm。采用缎纹组织在喷水织机上交织而成，由于经丝采用大有光丝，布面轻薄、柔顺、舒适、光泽，面料既可染色，又可印花，可做睡衣等，也是床上用品的理想面料。

2. 弹性色丁　织入氨纶丝的面料，以涤纶 FDY 大有光 50 旦或 DTY 75 旦+氨纶 40 旦为原料，采用缎纹组织在喷气织机上交织而成，经纬丝采用大有光丝，面料幅宽为 144cm。织物轻薄、柔顺、有弹性、舒适、有光泽，面料可做休闲的裤装、运动装、套装等。

3. 竹节色丁　采用涤纶 FDY 大有光三角异形丝 75 旦，纬丝以 150 旦竹节丝为原料，面料系缎纹变化组织结构，经喷织工艺织造而成，其成品布门幅为150cm，平方米克重约为180g。应用单次减量处理和环保型染色，采用大有光丝和竹节丝的巧妙组合搭配，使布面呈缎面光亮和竹节状风格效应，面料具有手感柔软、穿着舒适、耐穿免烫、光泽亮丽等优点，它不仅适宜制作秋装女士九分裤、休闲套装等，而且也是床上用品、家用装饰的理想面料。

此外还有无捻色丁、加捻色丁、仿真丝弹力色丁、消光弹力色丁、进口透气色丁、高斯宝色丁、婚纱缎、富贵绸等，以及色丁印花、轧花、烫金、压折等各种深加工产品。产品适用于服装、鞋材、箱包、家纺、工艺品制造等。

十一、牛津布

牛津布又叫牛津纺，多用涤纶、涤棉混纺纱与棉纱交织，采用纬重平或者方平组织。

主要品种：套格牛津布，专门用于制作各类箱包；锦纶牛津布，主要制作防雨用品；全弹牛津布，主要制作箱包；提格牛津布，主要制作各种箱包；纬条牛津布，主要制作各种箱包。

项目二　化纤面料工艺设计实例

一、来样分析

规格分析：1/40旦/34F，N，FDY FD×1/40旦/34F，N，FDY，FD，79×42根/cm，小提花。

二、工艺设计

1.总经根数　总经根数＝79×150＝11850（根），采用3根/筘齿、4根/筘齿穿法，平均3.5根/筘齿。

2.筘齿数　一花循环56根，故一花所占筘齿数为16齿。

3.花数

$$花数＝\frac{总经根数}{一花循环根数}＝\frac{11850}{56}＝211.6≈212（花）$$

4.全幅筘齿数

$$全幅筘齿数＝212×16＝3392（齿）$$

5.筘号

$$筘号＝\frac{全幅筘齿数}{幅宽}＝\frac{3392}{168}＝20（齿/cm）$$

注：幅宽依据原料，一般范围在168~172cm。

6.修正总经根数　修正总经根数＝幅宽×筘号×平均每筘穿入数＝168×20×3/4＝11760（根）。

7.原料定量

$$经丝用量＝\frac{40×11760×1.11}{9000}＝58（g/m）$$

$$纬丝用量＝\frac{40×40×178}{9000}＝31.64（g/m）$$

注：（1）坯布纬密一般小于成品1~2根。

（2）纬用量在上机幅宽的基础上加10cm损耗。

（3）最后根据上机图与以上数据填写工艺规格单。

（4）不同原料的上机幅宽见表5-3。

（5）算总用量时（纬）+10cm废边损耗。

表5-3 常见原料上机幅宽（纬丝）

序号	原料	上机幅宽（cm）
1	涤纶	166，DTY比FDY缩率大
2	锦纶	168~170
3	涤锦复合丝	172~174
4	海岛复合丝	178~180
5	T 400	220~228
6	涤+氨纶，棉+氨纶，锦+氨纶	208
7	纬纱一根加弹，一根不加弹	180~182
8	高弹丝（HDTY）	190~200

项目三　记忆绸产品设计实例

一、设计思路

经向采用75旦/72F涤纶PTT FDY全拉伸记忆丝原液黑丝；纬向采用两种纬线：75旦/72F涤纶加捻记忆黑丝和75旦/24F普通涤纶加捻红丝。

经纬由一上一下平纹组织交织而成，且经丝采用浆纱工艺，无捻，从而使织物具有对纤维最初形态记忆的恢复能力，突出记忆性能，记忆效果佳且成本相对较低。

纬向采用低捻记忆色丝与普通涤纶色丝，通过低捻使织物具有一定的垂感与挺感，又不损伤记忆丝的性能。

二、产品规格

记忆绸面料规格见表5-4。

表5-4 记忆绸面料规格

原料	经丝	1/75旦/72F涤纶PTT FDY黑（浆）
	纬丝	甲：1/75旦/72F涤纶PTT FDY 6捻/cm黑
		乙：1/75旦/24F涤纶PET FDY 6捻/cm红
密度（根/cm）		79×41
成品幅宽（cm）		150
成品克重（g/m²）		100~120

三、工艺设计

1. 总经根数 初算总经根数＝成品幅宽×成品经密＝79×150＝11850（根）。

2. 上机幅宽 采用经验分析确定法。对本工厂相似化纤品种在车间里实际测得的幅宽见表5-5。

表5-5 相似品种实测结果

上机幅宽（cm）	下机坯布幅宽（cm）	成品幅宽（cm）
155	152~153	150

故可推算出技术条件：幅缩率为1.3%；纬纱织缩率为1.94%。

（1）坯布幅宽＝成品幅宽/（1-幅缩率）＝150/（1-1.3%）＝153(cm)

（2）上机幅宽＝坯布幅宽/（1-纬纱织缩率）＝153/（1-1.94%）＝156(cm)

注：纬丝若为涤纶色丝（即加捻并染后色丝），上机幅宽为156cm就可使成品达到150cm。

3. 每筘穿入数 组织为平纹且考虑综丝密度与织造难度，确定每筘穿入数为4根/筘齿。

注：化纤一般的综丝密度为12根/cm。

4. 筘号 筘号＝总经根数/（上机幅宽×每筘穿入数）＝11850/（156×4）＝18.99（齿/cm），取19齿/cm。

5. 修正总经根数 修正总经根数＝筘号×每筘穿入数×上机幅宽＝19×4×156＝11856(根)

6. 修正成品经密

（1）成品经密＝总经根数/成品幅宽＝11856/150＝79.04(根/cm)，取79根/cm。

（2）坯布经密＝总经根数/坯布幅宽＝11856/156＝76(根/cm)

7. 坯布纬密 已知设计的品种成品纬密为41根/cm，根据厂里生产经验：涤纶织物一般坯布纬密比成品纬密少1~2根。

8. 用丝量

（1）经用丝量＝经丝的旦尼尔数×总经根数×1.11/9000＝75×11856×1.11/9000＝109.7(g/m)

注：1.11为各种缩率的综合经验取值。

（2）纬用丝量＝纬丝的旦尼尔数×上机纬密×（上机幅宽+10cm）/9000

＝75×39×（156+10）/9000＝53.95(g/m)

注：（1）上机纬密涤纶应比成品纬密少1~2根。

（2）加10cm废边。

（3）总用丝量＝经丝用量+纬丝用量＝109.7+53.95＝163.65(g/m)

（4）平方米克重＝163.65/1.5＝109.1(g/m²)，故符合春夏服装设计要求。

上机品种规格单见表5-6。

表 5-6 上机品种规格单

统一品号：		本厂品号：JY-038-A		品名：渐变记忆绸	
成品规格		织造规格			
外幅	156cm	钢筘	内幅（cm）+边幅×2=外幅（156cm），筘号 19 齿/cm，穿入 4 根/筘齿		
内幅	cm		内筘齿数+边筘齿数×2=总齿数（齿）		
经密	79 根/cm	经线数	甲经： 根+边经 ×2=总经根数（11856 根）		
纬密	41 根/cm		乙经： 根 丙经： 根		
匹长	m	经线组合	75 旦/72F 涤纶 PTT FDY 黑（浆）	经用丝量	109.7 g/m
原料含量	涤 100%	纬线组合	甲：75 旦/72F 涤纶 PTT FDY 6 捻/cm 黑	纬用丝量	26.975 g/m
	%		乙：75 旦/24F 涤纶 PET FDY 6 捻/cm 红		26.975 g/m
	%	工艺流程	经：整经—浆纱—并轴—分绞、穿综、穿筘—织造—验布—后整理		
			纬：加捻—织造		
胚型规格		织机装造	纹针 针 巴吊 花	经线排列	甲
外幅	153cm		综片 6 片 喷嘴：双；经轴 单	纬线排列	见纬排
纬密	39 根/cm	边经穿法	穿入 根/综， 综/齿，共 齿×2		
匹长	m	后处理	退浆—水洗—定型	备注	
边组织	平纹				

（1）穿综法：（前作一）共 6 根/循环

1 2 3 4 5 6

（2）纹板法：（前作一）共 644 纬/循环

注：此工艺仅供参考，品种开出后请与原样核对，以便校正 是否有样布 是 □ 否 ☑

任务三 化纤面料的生产工艺流程

一、无捻丝织物的生产工艺流程

春亚纺、尼丝纺、塔丝隆、色丁、双绉、顺纤绉、涤塔夫等无捻丝织物的生产，由于复丝间抱合力差，需要经丝上浆工序，一般生产流程如下。

化纤面料生产流程

分批整经→单轴上浆→并轴机→分绞机→穿综→织造（喷水织机或者喷气织机）→吸水→烘干→染整

喷水织造需要吸水烘干，喷气织机织造不需要此工序。其生产设备如图 5-3~图 5-10 所示。

图 5-3 化纤分批整经机

图 5-4　浆丝机

图 5-5　并轴机

图 5-6　分绞机

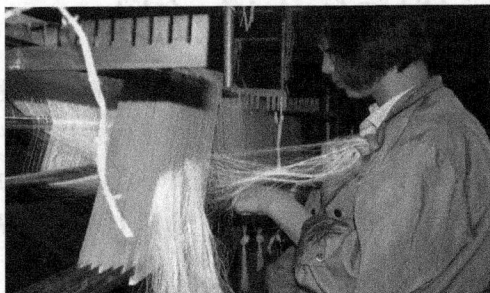

图 5-7　穿经工序

图 5-8　喷水织机

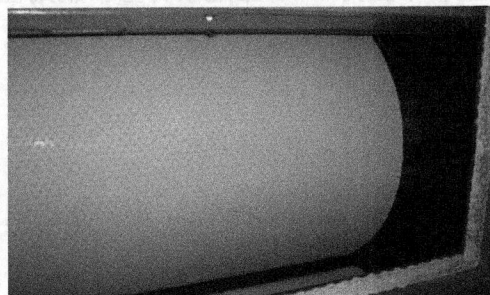

图 5-9　吸水烘布

图 5-10　验布

二、强捻丝、重网络丝织物的生产工艺流程

强捻丝类织物（如雪纺）、重网络丝织物（如牛津布、经麂皮织物）生产工艺流程如下，生产设备如图5-11~图5-13所示。

（1）原丝→捻丝→定捻→分条整经（后上油）→穿经插筘→织造→烘布验布→练染整理

（2）原丝→捻丝→定捻→分批整经→并轴→分绞→穿经插筘→织造→烘布验布→练染整理

图5-11　捻丝机　　　　图5-12　化纤分条整经机筒子架　　　　图5-13　化纤分条整经机大滚筒

任务四　超细特涤纶面料的设计与生产实例

超细特半光涤纶面料由于单丝细，复丝根数增加，织物手感柔软、质地细腻、有桃皮绒风格，整经时要解决好毛丝、粘贴问题，保证张力、排列、卷绕三均匀；浆丝要选择好浆液配方和浆丝工艺参数如压浆力、张力、浆液浓度、黏度、烘燥温度以提高单丝间抱合力，提高浆膜完整性、耐磨性；织造工序优化上机张力、开口和引纬参数，并选择边撑装置解决纬缩、边撑疵等疵点。

涤纶面料以其优异的强力、弹性及经济性著称，可用做春秋休闲服、羽绒服、登山服衣料，采用分散染料染色。

本品经纬原料为20旦/36F，FDY全牵伸丝，单丝为0.55旦超细特丝，服用性能上，质地紧密、坚牢、轻薄、防风透气，防污防水性好，织物组织为平纹地小提花，新颖独特。

一、织物规格设计

172cm，20旦/36F×20旦/36F，PFDY，SD，70根/cm×68根/cm，小提花组织；$E_j = 38\%$；$E_w = 37\%$。

二、坯布生产工艺流程

原丝→整经→浆丝→并轴→分绞→穿综→织造→品检→入库

三、各工序工艺设计要点

1. 整经 采用津田驹 TWN-E 整经机，该设备突出特点是用红外线感应器来测毛羽，采用两个位置不同的感应器能测出毛羽的具体位置并且在侧长罗拉与伸缩筘之间自动停止，及时发现毛羽，提高了效率与质量。

掌握"张力、排列、卷绕"三均匀的原则，严格控制毛丝。具体问题和技术措施如下。

（1）低速、低张力。由于复丝线密度很小，只有 2.2tex，整经张力不宜过大、速度不宜过高，以避免丝束劈裂。

（2）"三同一近、三均匀"。丝束单丝细，比表面积大，加上静电原因，容易产生"粘、贴"现象，同时，由于复丝线密度小，片丝张力不匀显现率高，因而原料上要求"三同一近"，即制造商、批号、规格相同，生产日期相近；工艺设计和管理上要求张力分区控制，经轴硬度适中；巡回操作上，对每组上排和纱饼逐个检查，挑出不良原料，定期对张力器进行校正，开机后检查单纱张力，对异常单纱进行处理。保证张力、排列、卷绕三均匀。

（3）毛丝问题。由于单丝细，易产生毛羽问题，要求开机前认真检查各丝道，确认无异常再开机，工艺上提高毛羽感度。

主要工艺参数：丝速为 200m/min；单纱张力为 3g；纱架前部、中部、后部张力分布分别为 2g、1g 和 1g；硬度为 70°；压辊压力为 0.2MPa；毛羽感度 S∶L=6∶5，卷取张力为 11kg。

2. 浆丝 采用津田驹 KSH500-E 浆丝机，涤纶细特复丝的强力基本能够满足织造要求，原丝本身抱合性差，如果上浆后抱合不良，耐磨性差，纤维易断裂起毛，直接影响织造的效率和质量，上浆的主要目的是通过适当浸透、增加黏附力以增加集束性、抱合性，防止因劈裂而产生毛丝；通过被覆提高浆膜的完整性，贴服毛羽。同时消除静电，增加平滑性。此外还要考虑织造时的拒水性、整理及皂煮时的退浆性。

（1）浆料配方。STI202A：25%；K52：40%，浆液浓度：10±0.5%，黏度 12s（水值 3.7s）。

STI202A 为水分散型丙烯酸酯系共聚合体，根据相似相容原理，对同样含有酯基的涤纶具有亲和性；外观为乳黄色黏稠液体；含固率：23±0.5%；旋转黏度：35±5MPa·s（NDJ 79 旋转式黏度计），对合成纤维黏附性好，浆膜柔软，没有再黏性，适合喷水织机织造；K52 是醇解度为 85% 的 PVA，成膜性好，浆膜的拒水性好，被覆性好，退浆性好。

（2）浆纱工艺参数（表 5-7）。

表 5-7 浆纱工艺参数表

工艺项目		工艺参数
速度（m/min）		200
牵伸（%）		A+0.1，B+0.8
上油	种类	X 600
	辊转速（m/min）	2.0
压浆辊压力（MPa）		0.18
单丝出丝张力（g）		5.3

续表

工艺项目	工艺参数				
单丝卷取张力（g）	8.5				
硬度（°）	70				
浆槽温度（℃）	45±5				
烘房温度（℃）	130±5				
凝露棒（根）	4				
锡林温度（℃）（允许±5℃）	1	2	3	4	5
	120	120	115	115	105

3. 并轴　采用津田驹 KB 30 型并轴机，退解张力为 1626N，卷取张力为 1862N，硬度为 78°，线速为 100m/min。

4. 分绞　采用 ZFKL 288A 型自动分绞机，配置无级变速装置，单相电动机传动，根据纱线状态的关系，可以在 70～400r/min 内调节。分绞机分绞组织基准是 1∶1，可切换变成 2∶2。

分绞机采用凸轮积极驱动，采用精密挑纱针分纱，挑纱稳定，一步完成。

5. 织造　对于织造技术较高的超细特丝，因单纤承受的强力较低，所以除采用最佳的上浆工艺和经丝张力外，以尽可能低的张力满足织造过程中上机张力及经丝开口等周期性运动所需的最大伸长量。适当提高车间的温湿度，减轻静电现象，增加浆膜柔韧性。

机上织造参数见表 5-8。

表 5-8　机上织造工艺参数表

工艺项目		工艺参数
织机转速（r/min）		465
下机幅宽（cm）		168
开口工艺与后车工艺	开口角度（°）	355
	第一综框开口量（mm）	54
	重锤设定值（张力/kg）	2
	后梁高度（mm）	90
引纬工艺	喷嘴种类（°）	PF17-20A
	实际喷射角度（°）	90
	水到达/纬纱到达角（°）	235
	夹纱器（开—闭）（°）	105～290
	探纬形式	OPF 光电探纬器
	水量（mm）	8
打纬	打纬动程（mm）	66
送经	送经形式	MLO 机械式送经
	送经弹簧	ϕ8mm，10 圈

工艺项目			工艺参数
卷取	卷取形式		MLO 机械式卷取
	卷取齿轮 A/C		18/25
	卷取齿轮 B		106
	边撑	环数/边环数	2/2
		针数/角度	5/11°
辅助机构	绞边角度（L/R）（°）		280/20
相对湿度（%）			70
温度（℃）			26

（1）上机张力。指综平时经纱的静态张力。根据经纱线密度、总经根数以及经纬纱密而定，本着开清梭口、打紧纬丝、降低断头的原则。本品是超细特织物、上机张力不宜过高，以减少断经、毛丝劈裂现象。

（2）喷水时间。指水泵凸轮最高点与转子接触的角度，过早会使水流束打到钢筘上影响纬纱飞行，太迟会造成先行水不足纱头抖动。根据涤纶无捻丝的特点，先行角定为15°。

（3）喷嘴和水量。提高喷射水的集束性，实现了较小开口和较少水量中的稳定运转，即使在高速运转中也能够有益于经纱和纬纱的软引纬。

6. 主要质量问题和措施

（1）纬结。细特丝容易产生小扭结、弯纬，尤其在边部更加明显，呈蚂蚁状分布，这是由于入口侧和出口侧边部梭口都变小，纬丝易和边部经丝轻微缠结。因而要校正喷射方向、选适当喷嘴尺寸或泵弹簧力量适中，除去异物并纠正夹纱器位置。

（2）短纬。原因是纱测长与穿筘幅度不符、泵阀功能欠佳，措施是纠正纱线正确角度、分解并清洁泵、更换泵阀。

（3）边撑疵。由于产品细、薄，容易产生边撑疵，措施是选用细短针边撑刺环，纠正边撑位置；拆下清洁或更换边撑，使其回转灵活；同时降低上机张力。

总结生产过程中，要针对细特丝织物的特点，控制整经工序的毛丝、"粘、贴、静电"问题；优化浆丝工序浆液配方的选择和工艺参数设计以增加单丝间集束性，防止劈裂；织造工序要控制上机张力，引纬工艺避免纬结、边撑疵等疵点。

任务五　化纤面料的成本核算

一、原料用量计算

织 1m 坯布需经纬原料的克数。

1. 长纤类

经用量(g/m) = 总经跟数×(旦尼尔数/9000)×A

纬用量(g/m) = 坯布纬密×上机幅宽×(旦尼尔数/9000)×A

= 成品纬密×成品幅宽×(旦尼尔数/9000)×A

注：A＝1+织缩率+损耗。一般 1/1 缎纹取 1.15；2/1 缎纹取 1.12；3/1 缎纹取 1.1；4/1 缎纹取 1.08；3/1 缎纹+1/1 缎纹取 1.12。

2. 短纤类

$$经用量＝0.64984×(经密/经线英支)×幅宽$$
$$纬用量＝0.64984×(纬密/纬线英支)×幅宽$$

注：（1）也可把短纤换算成长纤，用长纤公式来计算，1 旦＝5315/英支。

（2）氨纶有拉缩比，一般 30 旦的氨纶按 10~13 旦计算，40 旦按 15~18 旦计算，拉缩比一般可取 3，如 40/3＝13.33，按 15~18 算。

二、前道报价

1. 并轴整经费用 一般取 0.043 元/并。

TN 取 0.085 元/并；210 旦/N 取 0.075 元/并；100 旦/N 取 0.05 元/并；140 旦/N 取 0.058 元/并；150 旦/DTY 取 0.06 元/并。

2. 分批整经费用 并数＝总经根数/1680，1680 为最大上排原料筒子数，取整数（只入不舍）。

三、织造报价

$$织造报价＝坯布纬密×织造费（元/纬）$$

织造费用与品种的织造难易程度和织机有关。

例：某公司喷气织机织造费用参考：

1/1 缎纹取 0.085 元/纬；2/1 缎纹、3/1 缎纹、4/1 缎纹取 0.08 元/纬；金属丝取 0.13 元/纬；涤锦复合丝取 0.95 元/纬；氨纶包芯纱取 0.95 元/纬；

$$坯布价格＝原料费+并轴整经费+织造费+税金$$

注：原料费＝原料用量×原料行价。

情境六 毛织物设计

情境目标

毛织企业内从事毛织面料设计，产品研发、贸易工作的人员必备的岗位知识和技能。

任务一 毛织物分类、风格和技术特征

项目一 毛织物分类

毛织物通常分为纯纺、混纺和化纤纺三类。纯纺毛织物是指利用绵羊毛织成的各种毛织物，还包括混入一定成分的兔毛、山羊绒、马海毛、驼毛、牦牛毛等动物毛，为了便于纺织或改进织物性能，也可混入少量棉花或合成纤维的毛织物。混纺毛织物是指利用绵羊毛和一种或几种化学纤维按不同比例进行混纺后织成的毛织物

按生产工艺流程不同，可以分为精纺毛织物和粗纺毛织物。精纺毛织物是用精梳毛纱织制，所用原料纤维较长而细，梳理平直，纤维在纱线中排列整齐，纱线结构紧密。精纺毛织物表面光洁，织纹清晰，多数品种需经过烧毛、电压等处理以改进织物的外观质量。

粗纺毛织物是由粗梳毛纱织制。因纤维经梳毛机后直接纺纱，纱线中纤维排列不整齐，结构膨松，外观多绒毛。粗梳毛纱所用原料长度较短，毛纱较粗，一般在 50tex 以下，多采用单纱织造。粗纺毛织物较厚重，大多数品种需经缩绒、起毛处理，使织物表面被一层绒毛覆盖。

化纤仿毛织物是指利用一种或几种毛型化学纤维在毛染整设备上制成的仿毛织风格织物。

项目二 精纺毛织物主要品种、风格和技术特征

精纺呢绒的品种有哔叽、啥味呢、华达呢、花呢、凡立丁、派力司、女衣呢、贡呢、马裤呢、巧克丁、克罗丁。

精纺毛织物

1. 哔叽 右斜纹（$\frac{2}{2}$↗）组织，纹路倾角为 45°~50°，正反面纹路

相同，方向相反。按所用原料可分为纯毛、混纺和化纤三类，纯毛哔叽选用（34~12.5）tex×2（30/2~80/2 公支）细羊毛，混纺哔叽采用黏胶纤维或涤纶与羊毛混纺，纯化纤以涤/黏较多。

按呢面分为光面哔叽与毛面哔叽两种。光面哔叽表面光洁平整，纹路清晰；毛面哔叽经

轻缩绒工艺，毛绒浮掩呢面，但由于毛绒短小，底纹斜条仍明显可见。

按纱粗细和织物重量可分为厚、中、薄三种。按原料可分为绒毛哔叽、毛涤、毛黏、毛黏锦混纺哔叽和纯化纤涤黏哔叽。

2. 哈味呢 又名精纺法兰绒，有轻微绒面，外观与哔叽相似。由染色毛条与原色毛条按一定比例混条梳理后，纺成混色毛纱织制。组织是 2/2 的右斜纹组织 ($\frac{2}{2}\nearrow$) 或二上一下的右斜纹组织 ($\frac{2}{1}\nearrow$)，纹路倾角为 45°~50°。线密度常用（17~28）tex×2（36/2~60/2 公支），原料以细羊毛为主，也有黏胶纤维、涤纶或蚕丝与羊毛混纺。织物克重为 220~320g/m²。

织物经轻微缩绒整理，呢面有短小毛绒，毛面平整，手感软糯，有身骨，有弹性，光泽自然，斜纹隐约，色泽素雅，以灰、米、咖啡色为主，宜做春秋两用衫和西裤等。

3. 华达呢 斜纹组织 ($\frac{2}{2}\nearrow$)，但与哔叽相比，由于经密大（约为纬密的两倍），质地紧密，纬线被压在经线下不易看到，织纹倾角比哔叽大。所用原料广泛，除纯毛外，可使用羊毛与涤纶、腈纶、黏胶纤维混纺，还可用纯化纤仿制。

按织品上的纹路可分为双面斜纹、单面斜纹和缎背华达呢。双面斜纹华达呢正反两面外观相似；单面华达呢正面有明显的斜纹线，反面则无；缎背华达呢采用缎背组织织造，表组织采用 2/2 斜纹，里经浮于织物反面，因而反面光滑如缎。

华达呢既有匹染又有条染，缎背华达呢通常只采用条染。色泽以藏青色为主，另有米色、灰色、咖啡色和原色等。适宜做套装、西装和大衣。

4. 花呢 采用各种不同的有色毛纱线或混色毛纱织成各种不同花型、质地、质量的织品。

按克重分为中厚花呢（195~315g/m²）和薄花呢（195g/m² 以下）；按原料分为纯毛、混纺和纯化纤花呢；按花色可分为素花呢、条花呢、格子花呢、海力蒙、隐条花呢等。

（1）素花呢。外观无明显条格的中厚花呢，采用条染复精梳工艺，先将毛条染成各种深浅不同的颜色，精拼色混条纺成各单色毛纱，再并成花色线作为经纬织造而成。品质特点是：呢面上有非常细小的不同色泽花点，均匀地散布于全匹上，远看像素色，近看有微小的色点，显得素雅大方、别致。

（2）条花呢。外观有明显条子的中厚花呢，是在素花呢的基础上，再用单色纱作嵌条线或用组织变化构成不同的条纹而成。条花呢分为阔条、狭条、明条、隐条等数种。凡条型宽度在 10mm 以上的称为阔条花呢；条型宽度在 5mm 以下的称为狭条花呢。用色纱或组织变化构成的条型与地色有明显区别的称为明条花呢；反之，与地色基本一样，或用正反捻向纱分别排列的称为隐条花呢。

（3）格子花呢。在条子花呢基础上，运用构成条子花型的方法，在纬向进行同样的安排，使之条型垂直相交，成为大小不同的格型。

（4）海力蒙。山形斜纹组织，呢面纬向呈水浪形，经向呈重叠的人字形，人字条的宽度为 5~20mm，经纱用浅色，纬纱用深色，使花纹更加清晰，织品正反面纹路相同。

（5）单面花呢。利用双层平纹组织构成的中厚花呢，织物正反面不一定相同，正面凹凸条纹清晰，反面则模糊不清。手感丰富，表面细洁，弹性优良，光泽自然。其中，高级牙签花呢是西服的高级衣料。

（6）凉爽呢。具有轻薄透凉、滑爽、挺括、弹性良好、易洗快干、穿着适宜等特色，又名毛的确良，适于制作春夏季男女套装、衫裙等。

5. 凡立丁 薄型织物，纱支较细、捻度较大，经纬密度在精纺呢绒中最小。原料有全毛、混纺及纯化纤，混纺多用黏纤、锦纶或涤纶。黏锦涤搭配的为纯化纤凡立丁。

6. 派力司 轻薄品种，采用毛条染色方法，先把部分毛条染色后，再与原色毛条混条纺纱，形成混色纱的平纹织物。呢面散布有均匀的白点，并有纵横交错隐约的雨丝条纹。

派力司是精纺呢绒中单位质量最轻的，它与凡立丁的主要区别在于，凡立丁是匹染的单色，而派力司是混色，以中灰、浅灰色为多。质地细洁轻薄，用做夏令裤料和女装上衣料。

7. 女衣呢 花色变化较多。经纬纱都用高纱支的双股线，也有纬纱用单纱。组织采用平纹或斜纹、绉地、提花，也有经轻微缩绒工艺加工成短细毛绒呢面以及嵌夹金银丝等。

品质特点是纱支细、结构松、身骨薄、质地细洁、花纹清晰、色彩艳丽，以匹染素色为主，色泽艳丽，适用于春秋两季女装面料。

8. 贡呢 又称礼服呢，是精纺呢绒中经纬密度最大而又较厚重的中厚型品种。采用各种缎纹组织，由于织纹浮点长，呢面显得特别光亮，表面呈现细斜纹，右斜纹倾角为 $75°$ 以上的称为直贡呢，倾角为 $50°$ 左右的称为斜贡呢，倾角为 $15°$ 左右的称为横贡呢，通常所说的贡呢以直贡呢为主。除纯毛品种外，另有毛涤、毛黏等。

贡呢大多为匹染素色，且以深色为主，如藏青、灰色、黑色，其中乌黑色的贡呢称为礼服呢，另也有用花线交织的花绒直贡。织纹清晰、质地厚实，用作西服面料。

9. 马裤呢 较厚重，坚固耐用。采用线密度为 $(22.2 \sim 27.7)$ tex×2 $(60/2 \sim 110/2$ 公支)，克重为 $400 \sim 420 g/m^2$，采用变化急斜纹组织构成，如 $\dfrac{1\ 5\ 1}{1\ 1\ 2}$ $(S_j = 2)$，纱线粗，捻度大，呢面有粗壮的斜纹线。右斜纹，倾角为 $63° \sim 76°$，其经密大于纬密近一倍，因此，织物结构紧密，手感厚实而有弹性，保暖性好。马裤呢有匹染素色和条染混色两种，还有各种深浅异色和股花线织成的夹色品种。马裤呢适宜制作军大衣、西裤等。

10. 巧克丁 为斜纹变化组织，纹道比华达呢粗但比马裤呢细，斜纹间的距离和凹进的深度不相同，第一根浅而窄，第二根深而宽，如此循环而形成特殊的纹形，其反面较平坦无纹。

使用细羊毛为原纱，除纯毛织品外，也有涤毛混纺巧克丁。织品条形清晰，质地厚重丰满，富有弹性。有匹染和条染两种，色泽以原色、灰色、蓝色为主，宜制作春秋大衣、便装等。

11. 克罗丁 又称驼丝绵，以高级细羊毛为原料，经纱为股线，纬纱多用单纱，经纬密度为 $(12.5 \sim 20)$ tex×2 $(50/2 \sim 80/2$ 公支)，纬经比为 0.6 左右，克重为 $280 \sim 370 g/m^2$，组织采用纬面加强缎纹，呢面有阔而扁平的条和狭而细斜的凹条间隔排列，正面带有轻微的毛绒，反面较光洁。采用匹染，以原色、灰色为主，也有条染混色的。主要用作大衣、上衣和礼服的面料等。

项目三　粗纺毛织物主要品种、风格和技术特征

粗纺毛织物是以粗梳毛纱织制而成的织物。粗梳毛纱多为单纱，纱比较粗，为 62.5~400tex（2.5~16 公支），强力低，绒毛多，故粗纺毛织物手感柔软、蓬松丰厚。依照产品风格和染整工艺特点粗纺呢绒可划分为呢面、绒面和纹面三大类，其中以呢面织物为主。

1. 麦尔登　一种品质较高的粗纺毛织物，表面细洁平整、身骨挺实、富有弹性，有细密的绒毛覆盖织物底纹，耐磨性好，不起球，保暖性好，防风好。

采用细支散毛混入部分短毛为原料纺成 62.5~83.3tex 毛纱，采用 2/2 或 2/1 斜纹组织，呢坯经过重缩绒整理或两次缩绒而成。原料有全毛（有时为增加织品强力和耐磨性混入不超过 10% 锦纶短纤，仍称为全毛织品）、毛黏或毛锦黏混纺。以匹染素色为主，作为冬季大衣面料。

2. 大衣呢　为厚型织品，采用斜纹或缎纹组织，也有单层、纬二重、经二重及经纬双层组织。原料以分级毛为主，少数高档品也选用支数毛，根据大衣呢的不同风格还可配用一部分其他动物毛，如兔毛、驼毛、马海毛等。由于使用原料不同，组织规格与染整工艺不同，大衣呢的手感、外观、服用性能差异较大，有平厚、立绒、顺毛、拷花、花式等品种。

（1）平厚大衣呢。采用 2/2 斜纹或纬二重组织，经缩绒或缩绒起毛而得。呢面平整、匀净、不露底、手感丰厚、不板不硬。以匹染为主，如黑、藏青、咖啡色等，混色品种以黑灰为多。如市场上销售的雪花呢，就是以大量染黑的羊毛与少量本白羊毛混纺而成。

（2）顺毛大衣呢。采用斜纹或者缎纹组织，利用缩绒或者起毛整理，绒毛倒伏、紧贴呢面，呢面毛绒平顺整齐，手感顺滑。原料除羊毛外，常混用羊绒、兔毛、驼毛、马海毛等，如染成黑色的羊毛中混入 10% 的本白粗特马海毛，则为银抢大衣呢。

3. 立绒大衣呢　采用破斜纹或纬面缎纹，呢坯经洗呢、缩绒整理、重起毛、剪毛等工艺，使得呢面上有耸立的绒毛，富有弹性，光泽柔和，以匹染素色为主。

4. 拷花大衣呢　采用纬二重组织织造的双层效果的人字或水浪形凹凸花纹，原料采用质量较好的羊毛混山羊绒，属高档大衣呢。有立绒和顺毛两种，立绒纹路清晰，立体感强，手感丰厚有弹性。顺毛绒毛略长，排列整齐密集，手感丰满厚实、有弹性。

5. 花式大衣呢　采用平纹、斜纹、纬二重、小提花组织织造，质地较轻，纹面有人字、圈、点、格等配色花纹组织，织纹清晰，手感有弹性，不板硬。

6. 海军呢　外观接近麦尔登，织纹被绒毛覆盖，不露底、质地紧密，但手感和身骨比麦尔登差。采用 2/2 斜纹组织，原料采用细支毛混入部分短毛。

7. 制服呢　组织、规格和风格与海军呢相仿，原料采用三、四级改良毛，故品质略逊于海军呢，绒毛不丰满，隐约可见底纹，手感粗糙。除纯毛外，也有毛、黏、腈、锦混纺产品。

8. 女士呢　呢面密度比较疏松，正反具有毛绒覆盖，但不浓密，手感柔软，悬垂性较好。采用 2/2 斜纹组织，除纯毛外，也有毛黏、毛腈、毛涤黏等混纺织物。

9. 法兰绒　混色粗疏毛纱织制的带有夹花风格的粗纺毛织物，呢面由一层丰满细洁的绒毛覆盖，不露织纹，手感柔软平整，比麦尔登稍薄。

其生产是先将部分羊毛染色，后掺入一部分原色羊毛，经匀混纺成混色毛纱，织品经缩绒、拉毛整理，多采用斜纹组织，也有平纹，原料除纯毛外，还有毛黏混纺，有时为提高耐磨性，加入少量锦纶，色泽素净大方，以灰色系为主，适宜做男女春秋上装。

10. 粗花呢　粗花呢的外观特点就是"花"，与精纺呢绒的薄花呢相仿，利用两种以上的单色纱、混色纱、合股色线、花式线与各种花纹组织配合，织成人字、条、格、星点、提花、夹金银丝的织物。组织有平纹、斜纹和变化组织。有全毛、毛黏、毛涤黏、毛黏腈混纺织物。外观风格有呢面、绒面和纹面三种。呢面有短绒，微露织纹，质地紧密、厚实，手感稍硬，后整理采用缩绒或者轻缩绒，不拉毛或者轻拉毛。纹面花纹清晰，光泽鲜艳，身骨挺而有弹性。绒面有绒毛覆盖，手感较柔软。后整理采用轻缩绒、拉毛工艺，主要用作春秋女装面料。

11. 钢花呢　彩点纱织造，彩点粒子均匀散布在呢面，如炼钢的钢花，原料为毛黏混纺织物。

12. 海利斯　采用斜纹组织，原料比粗花呢差，多为三、四级毛，呢面上有不上色的腔毛，形成独特的粗犷风格。混纺海利斯加入黏纤，呢面经缩绒后，双面均有绒毛，呢面粗糙，织纹清晰，是大众化服装面料。

任务二　精纺毛织物设计

一、工作任务
设计素色涤 45/毛 55 中厚华达呢，成品幅宽 149cm，每米重量 397g/m，匹长 65m。

二、任务分析
精纺涤 45/毛 55 中厚华达呢产品要求斜纹贡子粗而斜直，结构紧密，身骨厚实。

设计步骤为：产品工艺流程确定→原料、参数选择→线密度、捻度设计→织物规格计算。

三、产品设计
（一）原料与参数的选择
选用 66 支澳大利亚羊毛 45%、涤纶 55%，织造长缩率为 8%，染整长缩率为 2%，下机坯布缩率为 97%，织造幅缩率为 3%，染整幅缩率为 3%，染整重耗为 4%，成品经密双倍于纬密，经密为 505 根/10cm，纬密为 250 根/10cm。

（二）纱线线密度、捻度设计
特克斯制：捻度＝捻系数/$\sqrt{Tt}$；公制：捻度＝捻系数×$\sqrt{N_m}$。

表 6-1 为捻系数范围参考值（按每米算）。

表 6-1　捻系数范围参考值

品　种	单　纱		股　线	
	特克斯制	公制	特克斯制	公制
全毛哔叽	2530~2688	80~85	3162~3794	110~120
全毛华达呢、贡呢	2688~2846	85~90	4110~4901	130~155
混纺华达呢	2970~3132	90~95	4284~5075	140~160
全毛薄花呢	2688~2846	80~90	4110~4427	130~140
全毛中厚花呢	2530~2688	80~85	4268~5059	135~160
全毛单面花呢	2688~3004	85~95	5059~5692	160~180
全毛绉纹女士呢	2688~2846	85~90	3953~4110	125~130
毛涤薄花呢	2688~3162	80~95	4427~5375	140~170
毛涤中厚花呢	2371~2350	75~85	3636~3953	110~125
涤黏薄花呢	2688~2846	85~90	4110~4743	130~150
涤黏中厚花呢	2688~2846	80~90	3794~4427	120~140
腈黏薄花呢	2688~2846	85~90	3953~4268	125~135
腈黏中厚花呢	2530~2688	80~85	3794~4110	120~130
各种单股纬纱	3162~4110		100~130	

纱线选择 16.7tex×2（60 公支/2），单纱捻系数取 2940，股线取 4565，则：

$$单纱捻度=捻系数/\sqrt{Tt}=2940/\sqrt{16.7}=720(捻/m)$$

$$股线捻度=捻系数/\sqrt{Tt}=4565/\sqrt{16.7\times2}=790(捻/m)$$

（三）织物组织

2/2 右斜纹。

（四）工艺计算

1. 匹长

$$坏布匹长=成品匹长/(1-染整长缩率)=65/(1-2\%)=66.3(m)$$

$$整经匹长=坏布匹长/(1-织造长缩率)=66.3/(1-8\%)=72(m)$$

2. 密度

（1）坏布经密=成品经密×(1-染整幅缩率)=505×(1-3%)=490(根/10cm)

　　上机经密=坏布经密×(1-织造幅缩率)=490×(1-3%)=475(根/10cm)

设每筘齿穿入数为 6 入，修正上机经密为 474 根/10cm(6 的整倍数)。

$$公制筘号=上机经密/每筘齿穿入数=474/6=79(号)$$

（2）坏布纬密=成品纬密×(1-染整长缩率)=250×(1-2%)=245(根/10cm)

　　上机纬密=坏布纬密×(1-下机坏布缩率)=245×97%=238(根/10cm)

3. 总经根数

$$总经根数=成品幅宽×成品经密=149×505/10=7524(根)$$

边经与地经每筘齿穿入数相同情况，修正为 4 和 6 的公倍数，为 7536 根。

设边经根数为 64×2=128(根)，地经根数=总经根数-边经根数=7536-128=7408(根)。

4. 幅宽

坯布幅宽=成品幅宽/(1-染整幅缩率)=149/(1-3%)=154(cm)

机上筘幅=坯布幅宽/(1-织造幅缩率)=154/(1-3%)=159(cm)

5. 重量

(1) 坯布每米经纱重量=总经根数×经纱线密度/[1000×(1-织造长缩率)]

$$=7536×16.7×2/[1000×(1-8\%)]=274(g/m)$$

(2) 坯布每米纬纱重量=坯布纬密×筘幅×纬纱线密度/10000

$$=245×159×16.7×2/10000=130(g/m)$$

(3) 坯布每米重量=经纱重量+纬纱重量=274+130=404(g/m)

(4) 成品每米重量=坯布重量×(1-染整重耗率)/(1-染整长缩率)

$$=404×(1-4\%)/(1-2\%)=396(g/m)$$

四、精纺毛织物产品工艺流程

1. 坯染织物工艺流程设计

混条→头道针梳→二道针梳→三道针梳→四道针梳→粗纱→细纱→并线→捻线→蒸纱→络筒→整经→织造→坯布检验→生修→复查→烧毛→湿揩油→煮呢(单)→洗呢→开幅→双煮→染色→开幅→双煮→吸水→烘干→熟修→刷毛→剪毛→蒸呢

2. 毛条染色混色、混纺、高档素色、嵌条织物工艺流程设计

松毛团→毛条染色→脱水→复洗→混条→针梳→精梳→条筒针梳→针梳混条→头道针梳→二道针梳→三道针梳→四道针梳→粗纱→细纱→并线→捻线→蒸纱→络筒→整经→织造→坯布检验→生修→复查→烧毛→湿揩油→煮呢(单)→洗呢→开幅→双煮→染色→开幅→双煮→吸水→烘干→熟修→刷毛→剪毛→蒸呢

3. 条、格织物工艺流程设计

(松毛团→毛条染色→脱水→复洗)→混条→针梳→精梳→条筒针梳→针梳混条→头道针梳→二道针梳→三道针梳→四道针梳→粗纱→细纱→并线→捻线→蒸纱→络筒→(络筒式筒子→筒子染色)→整经→织造→坯布检验→生修→复查→烧毛→湿揩油→煮呢(单)→洗呢→开幅→双煮→染色→开幅→双煮→吸水→烘干→熟修→刷毛→剪毛→蒸呢

素色毛/涤中厚华达呢产品品质较高档,本品种由两种原料混纺,为减小两种原料染色色差,染色方式选择毛条染色。

任务三　粗纺毛织物设计

一、任务描述

设计纯毛麦尔登,幅宽为148cm,每米重量700g/m,成品匹长55m。

二、任务分析

纯毛麦尔登呢产品要求呢面丰满、细洁、平整、耐起球、耐磨。

设计内容有：产品工艺流程确定→原料、参数选择→纱线设计→织物规格计算。

三、产品设计

（一）原料、纱线线密度、上机密度及参数的选择

1. 原料选择 重缩绒产品中，纯纺毛织物宜选用品质支数为 60 支以上的羊毛，混纺织物羊毛含量大于 50%，一般 70% 以上较好，与羊毛混纺的化纤（一般为黏胶纤维）宜比羊毛长、细，使羊毛在纱外层，化纤在里层。绒面织物宜选用线密度较大、纤维长度较一致且较长的羊毛或化纤，使成品具有一定的绒毛长度及织物强力。纹面织物宜选用线密度较大的羊毛，保持纹面清晰。麦尔登是经过重缩绒的呢面织物，64 支羊毛为主体，为顺利织造加入锦纶 5%。

2. 纱线线密度选择 根据产品特征、原料种类、纤维长短、经纱或纬纱等，适当地选择捻系数。一般情况是纹面织物大于缩绒织物，纯毛纱大于混纺纱，混纺纱大于纯化纤纱，短毛含量高的大于短毛含量低的，纤维短的大于纤维长的，点子纱大于一般混色纱，纱支细的大于纱支粗的，经纱的大于纬纱的等。捻系数的选择范围可参照表 6-2 所示。

表 6-2 粗纺毛纱捻系数

编号	毛纱种类	纱线类别	呢绒捻系数		毛毯捻系数	
			特克斯制	公制	特克斯制	公制
1	单股	纯毛纱（短毛比例 30% 以下）	410~474	13~15	316~395	10~12.5
2		纯毛纱（短毛比例 30% 以上）	430~490	13.5~15.5	347~411	11~13
3		混纺纱（短毛比例 30% 以下）	364~458	12.5~14.5	300~379	9.5~12
4		混纺纱（短毛比例 30% 以上）	380~442	11~14	284~363	9~11.5
5		纯化纤纱	316~411	10~13	221~284	7~9
6		纯毛纱作纬纱（起毛产品）	363~426	11.5~13.5	316~395	10~12.5
7		混纺纱作纬纱（起毛产品）	347~411	14~17	284~363	9~11.5
8		羊毛与羊绒（50% 以上）混纺纱	379~474	14~16	347~442	11~14
9		再生毛比例（40% 以上）混纺纱	442~507	13.5~15.5	348~411	11~13
10	合股	弱捻纱（用于起毛大衣呢及女衣呢）	253~348	8~11	—	—
11		中捻纱（用于粗纺花呢）	379~474	12~15	—	—
12		强捻纱（用于平纹）	506~632	16~20	—	—

为了利于缩绒，毛纱的捻度不宜过大，但麦尔登的身骨要挺，并要减少起球等因素，毛纱捻度也不宜过小。纱线选 83.3tex，捻系数 K_t 选 410。

$$捻度 = \frac{K_t}{\sqrt{Tt}} = 45（捻/10cm）$$

3. 坯布上机密度充实率 粗纺产品坯布上机密度一般都不超过各类组织和各档组织相配合时的最大密度，因此，可用充实率来表示坯布的紧密程度，也就是以各类组织和各档组织相配合时的最大密度为 100%，其选用的百分比为充实率。

根据粗纺产品织物密度相差很大的特点，及缩绒与不缩绒的差别，坯布上机密度可分为

特密、紧密、适中（偏紧、偏松）、较松及特松等六种，表 6-3 所示是结合产品特征分别列出的充实率选用范围。

表 6-3 呢坯上机密度充实率

织物紧密程度	充实率（%）		品种
特密	95 以上		平纹合股花呢，精经粗纬与棉经毛纬产品
紧密	85.1~95		麦尔登、紧密的海军呢、大众呢与大衣呢、细支平素女士呢、平纹法兰绒与细支花呢
适中	偏紧	80.1~85	制服呢、学生呢、海军呢、大众呢、大衣呢、法兰绒、海力斯、粗花呢、女士呢
	偏松	75.1~80	
较松	65.1~75		花式女士呢、花式大衣呢、较松粗花呢、粗支花呢
特松	65 以下		松结构女士呢、空松织物

为了有利于缩绒，织物组织应用 2/2 破斜纹，因为上机最大密度 $= \dfrac{1296}{\sqrt{\text{Tt}}} \times f_m = 185$（根/10cm），选择上机经向充实率 90%，上机经密则为 166 根/10cm，筘号 41.5 号，4 根/筘齿。选择上机纬向充实率 86%，上机纬密为 156 根/10cm。

4. 参数选择 设计中应用参数一般有织造、染整幅缩率、织造长缩率、染整长缩率及整理重耗等，具体数值随产品特征、品质要求、原料性能、缩绒与起剪工艺的程度、毛纱线密度、捻度、经纬密度、织物组织等因素而变，特别是随染整幅缩率、长缩率变化很大。当织物宽长收缩时则缩率为正，当织物长度伸长时则长缩率为负。经纱含毛 30% 以上的织物，染整长缩率一般设计收缩率。

（1）染整长缩率。细羊毛含量 70% 以上时重缩绒产品一般为 20%~30%。若经纱含毛量低或为纯化纤织物，染整长缩率应设计伸长，一般为 0~5%。

（2）染整幅宽缩率。细羊毛含量 70% 以上时重缩绒产品一般为 15%~25%。若纬纱含毛量低或为纯化纤织物，不起毛或轻起毛，染整幅缩率较小，一般为 3%~5%；重起毛产品，一般为 8%~15%。

（3）染整重耗率。对于缩绒后重起毛、剪毛和顺毛、立绒产品，染整重耗设计宜大，一般为 10%~15%；而不缩绒的粗花呢、化纤呢面毯重耗设计在 1%~5%。

表 6-4 所示为各类粗毛产品（按其染整工艺不同）的设计参数参考值。

表 6-4 粗纺产品设计参数参考值

品种类型		缩绒要求	起毛要求	成品幅宽（cm）	染整长缩率（%）	染整幅缩率（%）	染整重耗率（%）
麦尔登类		重缩绒	—	148	20~25	15~22	5~10
大衣呢	平厚	缩绒	轻起毛	148	15~25	15~22	5~10
	拷花	缩绒	起毛	148	4~12	15~22	20~25
	立绒	缩绒	起毛	148	10~20	15~22	10~15
	顺毛	缩绒	起毛	148	5~15	15~22	10~15
	花式	—	轻起毛	148	4~10	8~12	4~12

品种类型		缩绒要求	起毛要求	成品幅宽（cm）	染整长缩率（%）	染整幅缩率（%）	染整重耗率（%）
海军呢		重缩绒	轻起毛	148	18~23	15~20	5~10
制服呢		重缩绒	轻起毛	148	15~20	15~20	4~10
海力斯		缩绒	—	148	8~20	12~17	4~10
女士呢	素色	缩绒	轻起毛	148	5~20	15~20	5~10
	花色	轻缩绒	轻起毛	148	5~10	10~15	3~10
	松结构	不缩绒	—	148	1~8	5~10	3~10
法兰绒		缩绒	—	148	10~18	10~15	5~10
粗花呢		缩绒	起毛	148	7~15	10~15	5~10
		轻缩绒		148	5~15	10~15	3~8
		不缩绒		148	2~8	5~10	1~5
大众呢		重缩绒		148	18~25	15~20	5~10
粗服呢		缩绒		148	-5~-3	10~16	5~10
毛经毛纬毯		缩绒	轻起毛	150	5~15	10~15	8~15
素毯、道毯		缩绒	起毛	150	-8~-3	12~17	7~15
提花绒面毯		缩绒	起毛	150	-8~-3	10~15	8~15
腈纶立绒、顺毛毯		—	多次起毛	150	-8~-3	15~20	15~20

本品种织造幅缩率、织造长缩率、坯布下机缩率分别设定为5%、7%、4%，染整幅缩率、重耗率分别设定为20%、7%，和毛油设定为2.5%。

（二）工艺计算

1. 密度

（1）上机经密=筘号×每筘齿穿入数=41.5×4=166（根/10cm）

坯布经密=上机经密/（1-织造幅缩率）=166/（1-5%）=175（根/10cm）

成品经密=坯布经密/（1-染整幅缩率）=175/（1-20%）=219（根/10cm）

（2）上机纬密=156（根/10cm）

坯布纬密=上机纬密/（1-下机坯布缩率）=156×（1-4%）=162（根/10cm）

2. 总经根数

总经根数=成品幅宽×成品经密/10=148×219/10=3241（根）

修正为组织循环与穿入数的最小公倍数的整数倍，即3240根。

3. 幅宽

坯布幅宽=成品幅宽/（1-染整幅缩率）=148/（1-20%）=185（cm）

机上筘幅=坯布幅宽/（1-织造幅缩率）=185/（1-5%）=195（cm）

4. 重量

（1）坯布每米经纱重量=总经根数×经纱线密度/[1000×（1-织造长缩率）]

=3240×83.3/[1000×（1-7%）]=290（g/m）

（2）坯布每米纬纱重量=坯布纬密×筘幅×纬纱线密度/10000

=162×195×83.3/10000=263（g/m）

（3）坯布每米重量＝经纱重量＋纬纱重量＝290＋263＝553（g/m）

（4）成品每米重量＝坯布每米重量×（1−染整重耗率）/（1−染整长缩率）

因700＝552×（1−7%）/（1−染整长缩率%），故染整长缩率＝26.7%。

则，成品纬密＝162/（1−26.7%）＝221（根/10cm）。

5. 匹长

坯布匹长＝成品匹长/（1−染整长缩率）＝55/（1−26.7%）＝75（m）

整经匹长＝坯布匹长/（1−织造长缩率）＝75/（1−7%）＝80.6（m）

四、工艺流程确定

1. 呢面产品

（拣毛）→散毛染色→散毛烘干→拣杂质→和毛→闷包→粗梳→细纱→络筒→整经（纬纱准备）→穿综穿筘→织造→修补→刷毛→（洗呢→脱水）→（缝袋→洗呢→脱水）→缩呢→洗呢→脱水→（染呢→脱水）→（炭化→烘干）→中检→（烫边）→熟修→刷毛→剪毛→烫呢→预缩→蒸呢

2. 绒面产品

（拣毛）→散毛染色→散毛烘干→拣杂质→和毛→闷包→粗梳→细纱→络筒→捻线→整经（纬纱准备）→穿综穿筘→织造→修补→缝筒→缩绒→洗呢→脱水→拉幅烘干→熟修→钢丝起毛→落水→吸水→刺果起毛→煮呢→吸水→烘干→烫光→剪毛→成品检验

3. 纹面产品

拣毛→散毛染色→散毛烘干→拣杂质→和毛→闷包→粗梳→细纱→络筒→捻线→筒子染色→整经（纬纱准备）→穿综穿筘→织造→生坯修补→缩呢→洗呢→脱水→烘呢→中间检查→熟坯修补→剪毛→烫呢→蒸刷

任务四 毛毯设计

一、任务描述

宾馆单人床用素色纯毛毯设计，幅宽为152cm，条长为203cm，条重为2kg。

二、任务分析

素色纯毛毯产品要求呢面丰满、细洁、平整、耐起球、耐磨。

设计步骤为：产品工艺流程确定→原料、参数选择→纱线设计→织物规格计算。

三、产品设计

（一）原料、纱线线密度、筘号、参数选择

素色纯毛毯为呢面毯，经纱按常规选择28tex×2（21英支/2）棉线，纬纱选择60公支羊毛，单纱为286tex（3.8公支），捻系数为390，捻度为23捻/10cm，筘号为58号，每筘齿2入。织造长缩率为12%，染整长缩率为−3%，重耗为5%，织造幅缩率为5%，染整幅

缩率为 15%，坯布下机缩率为 5%。

（二）工艺计算

1. 经密

$$上机经密=筘号×每筘齿穿入数=58×2=116(根/10cm)$$
$$坯布经密=上机经密/(1-织造幅缩率)=116/(1-5\%)=122(根/10cm)$$
$$成品经密=坯布经密/(1-染整幅缩率)=175/(1-15\%)=144(根/10cm)$$

2. 总经根数

$$总经根数=成品幅宽×成品经密/10=152×144/10=2188(根)$$

3. 幅宽

$$坯布幅宽=成品幅宽/(1-染整幅缩率)=152/(1-15\%)=179(cm)$$
$$机上筘幅=坯布幅宽/(1-织造幅缩率)=179/(1-5\%)=188(cm)$$

4. 重量

$$成品每条重量=坯布每条重量×(1-染整重耗率)=坯布每条重量×(1-5\%)=2000(g)$$
$$坯布每条重量=2000/(1-5\%)=2105(g)$$
$$坯布每条经纱重量=[总经根数×条长×经纱线密度]/[1000×(1-织造长缩率)×$$
$$(1-染整长缩率)]$$
$$=2188×2.03×28×2/[1000×(1-12\%)×(1+3\%)]=274(g)$$
$$坯布每条重量=坯布每条经纱重量+坯布每条纬纱重量$$
$$=274+坯布每条纬纱重量(g)=2105(g)$$
$$坯布每条纬纱重量=2105-274=1831(g)$$
$$坯布每条纬纱重量=总纬数×筘幅×纬纱线密度/100000$$
$$=总纬数×188×263/10000=1831(g)$$

总纬数 = 3700 根。

5. 纬密

$$成品纬密=总纬数/成品条长=3700×10/203=182(根/10cm)$$
$$坯布纬密=成品纬密×(1-染整长缩率)=182×(1+3\%)=187(根/10cm)$$
$$上机纬密=坯布纬密×(1-下机坯布缩率)=187×(1-5\%)=178(根/10cm)$$

四、工艺流程确定

1. 常规呢面毯

（拣毛）→散毛染色→散毛烘干→拣杂志（包括杂色）→和毛→闷包→粗梳→细纱→络筒→（捻线）→整经（纬纱准备）→穿综插筘→织造→修补→印花→固色→清洗→烘干→缩绒→洗毯→脱水→拉幅烘干→熟修→钢丝起球→裁剪→缝边→成品检验

2. 绒面毯

（拣毛）→散毛染色→散毛烘干→拣杂质→和毛→闷包→粗梳→细纱→络筒→（捻线）→整经（纬纱准备）→穿综插筘→织造→修补→印花→固色→清洗→烘干→缩绒→洗毯→脱水→拉幅烘干→熟修→钢丝起球→抓剪→烫光→剪毛→裁剪→缝边→成品检验

情境七　非遗纺织品设计、织造与赏析

情境目标

纺织企业内从事面料创新设计工作人员需要学习岗位知识和技能。

任务一　云锦设计与织造

项目一　云锦认知与欣赏

一、云锦简史

1. 云锦溯源　云锦是中国几千年丝绸文化的结晶，是在继承历代织锦的优秀传统基础上发展起来的，代表了中国丝织的最高成就。南京云锦"始于元，而盛于明清"。传承至今的云锦织造工艺，是我国古代纺织技术的活化石。

2. 云锦特色　云锦图案艺术与配色规律集中了我国传统图案的精华。云锦属提花熟织纬锦，各种规格的染色丝线为经纬原料，配以真金圆金（捻金线）或扁金（片金）作纬向材料，个别高档品种采用孔雀羽毛捻线作挖花显色的纬线。

3. 古代云锦织造　云锦在传统木质大花楼提花织机上由双人配合手工织造。提花工艺是由束综起经线形成花部开口，障框压出花部间丝点，由范框起地部组织的组合式开口系统来完成。云锦是一种先练丝、染色，而后加用金银线织造的丝织提花锦缎。目前云锦的许多简单品种可以用现代提花织机生产，但高档品种仍然采用手工织造。

明代织染局和工部织染所的工匠八大分工项目如下。

（1）纺丝：络丝匠、攒丝匠。

（2）金线制作：裁金匠、背金匠、燃金匠。

（3）整经、上机：牵金匠、打线匠、结综匠。

（4）花纹设计：画匠。

（5）挑花：挑花匠。

（6）织造：织匠、腰机匠、挽花匠、刻（缂）丝匠、织罗匠。

（7）织机零件和维修：机匠、簨匠、他匠、木匠。

（8）染整：染匠、洗白匠、胭脂匠。

二、云锦分类

云锦大致可分为库缎、库金、库锦、妆花四类。

1. 库缎　分本色花库缎、地花两色库缎、妆金库缎、金银点库缎和妆彩库缎几种。库缎是在缎地上起本色花（彩图 82），库缎的花纹设计用"团花"居多，花纹有明花和暗花两种，明花浮于表面，暗花平板不起花。

2. 库金 又名"织金"，就是织料上的花纹全部用纬向金线织出（彩图 83）。

3. 库锦 库锦，又名织金，其花纹全部用金线织出。传统的织金图案，大多采用小花纹，以充分显金为其特色。原料都是用精练过的熟丝染色后织造，库锦是提花的多彩纬织物（彩图 84）。固定用四五个颜色装饰全部花纹，织造时纬线采用通梭织彩技法，显花的部位，彩纬呈现在织料的正面，不显花的部位，彩纬织进织料的背面，这点和现代的大提花织机织造原理类似。

也可在缎地上以金线或银线织出各式花纹丝织品。库锦中尚有"二色金库锦"和"彩花库锦"两种，多织小花。前者是金银线并用；后者除用金银线外还夹以二至三色彩绒并织。

4. 妆花 在缎地上织出五彩缤纷的彩色花纹，色彩丰富，可以逐花异色，得到多样而统一的美好效果（彩图 85、彩图 88）。妆花配色多样，由于运用了挖花盘织的妆彩技法，到目前为止，这种"挖花妆彩"织造时配色自由、变化自由的特点，现代织机还不能代替。

原料采用精练过的熟丝染色后织造，和库锦一样，也是提花的多彩纬织物。

（1）妆花缎。在缎地上织出五彩缤纷的彩色花纹（彩图 86），以四则花纹单位的妆花缎匹料为例，在同一段上横向并列有四个连续花纹单位，每个花纹单位的纹样完全一样。

妆花缎的地组织，明代的多为五枚缎纹组织；在明代晚期的织品中已见应用八枚缎纹组织。清代的妆花缎主要是八枚缎纹组织。

妆花缎匹料的花纹单位有八则、四则、三则、二则、一则（一则花纹单位的，作坊术语叫作"独花"或者"彻幅纹样"）几种。

（2）金宝地。

①满地花金宝地。大量用金是其一大特点，纹样都以金线勾边，俗称金包边、金绞边。金线使妆花织物显得更加华丽高贵，同时又起着统一色调的作用，成为妆花织物的重要特征。金宝地是用圆金线织满地，在满金地上织出五彩缤纷、金彩交辉的图案花纹来（彩图 87）。

②独花金宝地。除用满金作地外，图案一花纹的织金、妆彩方法与妆花缎完全一样，以七枚经缎或七枚加强缎纹为地组织，用多彩绒纬挖花，花用扁金包边；但一花纹的装饰手法比妆花缎更加丰富多彩。织料的主体花纹和妆花缎一样，用多层次的色彩表现，如运用"色晕"的方法表现。

（3）妆花绸。地组织为斜纹，妆花部微凸于织物表面，有浮雕装饰感（彩图 89）。

（4）妆花罗。地组织多为一绞一的二经绞罗。绞罗织物经纬线交织结牢，不容易产生位移，这样地部空眼均匀，花清地白，层次感丰富（彩图 90）。

（5）妆花绢。为平纹地组织上起妆花（彩图 91），绢的经纬材料比较细，排列也不能太紧，所以织物较薄，分量轻。妆花改机为双层组织地，甲经和甲纬交织，乙经和乙纬交织，在纹样边缘换层互为正反。

项目二　云锦纹样设计

云锦的图案庄重而严谨，常见的有缠枝莲花、牡丹和柳枝三多纹，有"花大不宜独梗、果大皆用双枝"的口诀，妥善解决了大花朵与细枝干所带来的视觉上的不和谐感；又用"枝长用叶遮盖，叶筋不过三五（根）"的技巧，把细长枝、长枝条也装饰起来。云锦图案的花纹素材取材于现实生活，同时又进行艺术的提炼和概括，并加以丰富的艺术联想。

织工要运用对比调和的配色法则，"荤素搭配""冷暖相间"从而达到"逐花异色"的效果。因此，云锦的色彩五彩斑斓，千变万化。

一、云锦纹样分类

云锦图案大多紧密结合实用要求、物质材料、制作条件和织成效果等因素，进行有意识的安排，因而格局严谨，很有章法。

云锦常用的图案格式有团花、散花、满花、缠枝、串枝、折枝、锦群等。

1. 团花　如四则花纹单位的团花图案叫"四则光"；二则单位的，叫"二则光"。在库缎和织金缎上设计团花纹样（图7-1），是按织料的幅宽和团花倍的多少进行布局。

2. 散花　主要用于库缎设计上。排列方法并没有刻板的定式，设计时根据实际需要，可以灵活地变化运用（图7-2）。

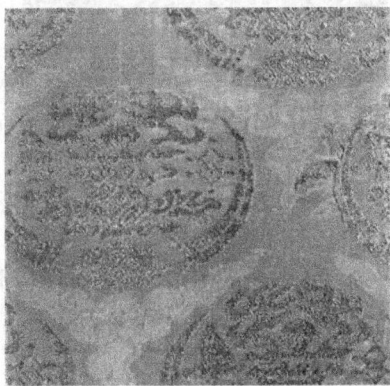

图7-1　团花

图7-2　散花

3. 满花　多用于镶边用的小花纹的库锦设计上。花纹的布列方法有散点法和连缀法两种。散点法的排列比散花的排列要紧密（图7-3）。

4. 缠枝　常用的缠枝花式为：缠枝牡丹和缠枝莲婉转流畅的缠枝，盘绕着敦厚饱满的主题花朵，缠枝有如月晕，也好似光环；再加以灵巧的枝藤、叶芽和秀美的花苞穿插其间，形成一种韵律、节奏非常优美的图案效果（图7-4）。

5. 串枝　乍看起来与缠枝图案似无多大区别，但仔细分辨，二者还是有不同的地方。缠枝的主要枝梗必须对主题花的花头，作环形缠绕。串枝的主要枝梗则把主题花头串起来

（图7-5）。

6. 折枝 折枝是一种花纹较为写实的形式。折枝上面有花头、花苞和叶子。在折枝纹样的安排处理上，要求布局匀称，折枝花与折枝花之间的枝梗无须相连（图7-6）。

图7-3 满花

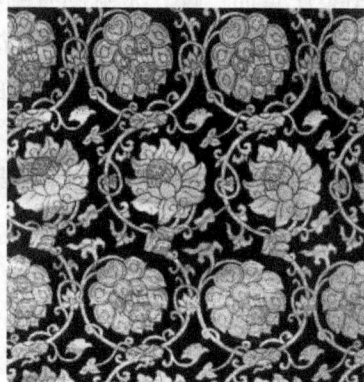

图7-4 缠枝

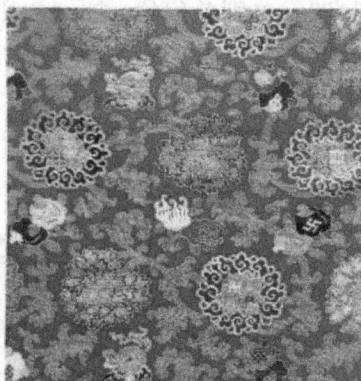

图7-5 串枝

图7-6 折枝

7. 锦群 天华锦或添花锦是一种满地规矩纹锦架，特点是"锦中有花、花中有锦"。锦形和锦纹变化多样，整个结构均衡匀齐；花纹繁复而规矩，整体效果和谐而统一，富有浓郁的装饰感（图7-7）。

图7-7 锦群

云锦图案取材广泛，纹样内容丰富。常用的素材有花卉、果实、走兽、游鳞、昆虫以及仙道宝物、吉祥纹样等。其中，绝大部分是取自现实生活中人们所熟悉的自然素材；另有一部分素材是富于浪漫主义色彩的想象纹样，如龙、凤、夔龙、麒麟、天鹿、莺鸟等。

二、云锦配色技巧

在色彩感情上，我国的传统向来爱好温暖、明快、鲜艳和强烈的积极色，不喜欢弱色和间色。青、红、黄、绿、紫、白、黑成为我国装饰用色上的主要色彩。

云锦图案的配色，主调鲜明强烈，具有庄重、典丽、明快感。配色手法与我国宫殿建筑的彩绘装饰艺术一脉相承，具有轩昂的气势，多是用大红、深蓝、宝蓝、墨绿等深色作地色（也有用黑色作地色的，但极少用）；而主体花纹的配色也多用红、蓝、绿、紫（包括绛色）、古铜、鼻烟、藏驼等深色。

在云锦图案的配色中，还大量使用了金、银（金线、片金，银线、片银）这两种光泽色。金银两种色可以与任何色彩相调和。妆花织物中的全部花纹是用片金绞边，部分花纹还用金线、银线装饰，金宝地织物使用金银线更多。金银在设色对比强烈的云锦图案中，不仅起着调和、统一全局色彩的作用，同时还使整个织物增添了辉煌的富丽感，使之更加绚丽悦目。这金彩交辉、富丽辉煌的色彩装饰效果是云锦特有的艺术特色。

三、云锦纹样创作口诀

云锦纹样创作口诀是"量题定格、依材取势、行枝趋叶、生动得体、宾主呼应、层次分明、花清地白、锦空匀齐"。

"量题定格、依材取势"指在设计图案时要先确定主题思想、所运用的素材以及大体的格式、造型。"行枝趋叶、生动得体"指在描绘花卉、植物等形象时，要抓住主要特征进行概括提炼，并生动形象地加以表现。"宾主呼应，层次分明"是指要有主次之分、层次之别。最后两句"花清地白、锦空匀齐"是指最后达到对立统一的艺术效果，看起来整体有和谐美，但所表现的景物又各有特点。这八句口诀从取材立意到纹样的章法造型，从素材处理的形式法则到最后所要达到的艺术效果，进行了精炼而全面的概括。

项目三 云锦意匠制作

经纱的升降规律不能按纹样直接确定，必须把纹样转换成意匠图——表示纹样组织规律的图。意匠图的绘制是将设计好的纹样移绘放大到意匠纸上，同时根据纹、地组织和装造条件，在花纹面积内进行组织点覆盖，从而绘制成一张意匠图（图7-8）。

绘制意匠图是一项技术性、艺术性都很强的工作，即要严格按照纹样来绘画，又要体现原纹样的风格特点，同时还要修饰和提高，并符合组织结构的要求。纹织物图案效果主要取决于意匠图的质量。意匠图绘制法总结如下。

1. 投影法 将准备好的意匠纸平放在桌子上，然后将纹样放大在意匠纸上。手工放大采用方格放大法，在纹样和意匠纸上画（标明）同样比例的格子，然后再临摹。纹样放大机放

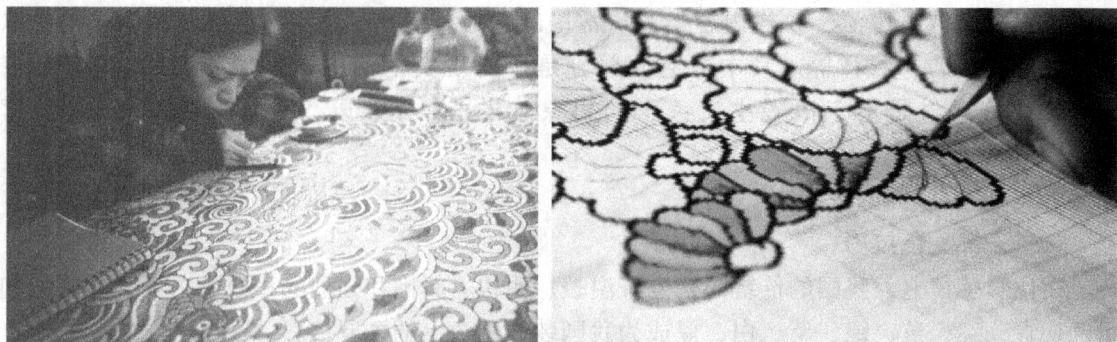

图7-8　绘制意匠图

大需在暗室中进行，利用投影原理将纹样轮廓直接放映在意匠纸上，用铅笔沿投影描绘而成。

2. 移绘　用铅笔把花纹轮廓从纹样的每个方格中移绘到意匠纸上相应的方格中去。移绘时要先主后次，由里到外，先花后叶，由粗到细，用笔宜轻，线条清晰，对花纹的细小部位也要画成双线，纵横宽度至少两格。

3. 修改　全幅放样完毕后，从整体出发作一次精细修改，并检查上下、左右线头是否衔接（俗称接回头）。在花纹轮廓所包围的面积中，用与勾边时同样的颜色水粉涂满，这种意匠画法称为平涂法。意匠图上的各种颜色只是代表不同组织结构的花纹，织物组织越复杂，意匠图上的色彩越多。所用颜色要求色界分明，可以任意设色，但平涂时，水粉要调涂均匀，不要太浓，以免盖住意匠纸的格子线（图7-9）。

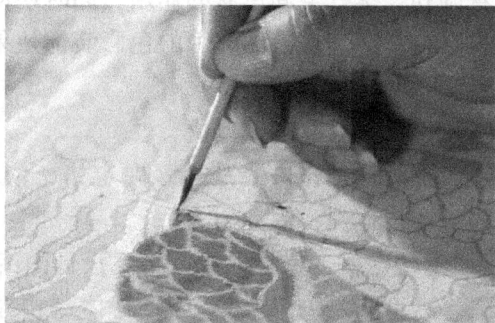

图7-9　金文大师意匠图示范涂色

项目四　挑花

云锦的纹样从图纸过渡到织物上的桥梁是"挑花结本"，这是云锦织造的作用原理，是云锦生产工艺的重要环节，同时也是我国古代丝织工艺最宝贵的遗产之一。挑花结本，简要地说，就是用丝线（俗称"脚子线"）作经线，用棉线（俗称"耳子线"）作纬线，对照绘制好的意匠图，经线则对应意匠图上的横格，挑制成花纹样板"花本"；然后运用"花本"，与机上牵线兜练，通过牵线连接经丝，提经织纬完成织造任务。

1. 挑花　挑花是挑花结本中最基本的工艺（图7-10），即按图稿挑制花本的工艺。一般来说，任何一个纹样，只用挑花工艺就能编制出供上机织造的花本。

2. 挑花纹样　挑花也称出样子，由挑花匠或专门的画匠根据订货要求进行设计，传统的设计方法为"四方连续、八方接章"的图案构成，是一种"以简达繁"的创作设计。即在设计单位纹样时，先设计出主题意境的局部单位纹样（图7-11），然后将纹样变化复制，对接拼合，形成一个完整而优美的单位纹样，设计的关键是花纹衔接要妥适自然、流畅和谐。这种设计的优点是：构思精巧，花纹简练；在匹料剪裁使用时，拼接花纹方便灵活；挑花结本省工省时，提高效率，减少错误。如图 7-11 所示，此稿为团花，图案对称，故只需挑花 1/4，横顺格只打 14，为 2 寸格见方，每寸格分 8 牙，每牙 10 根花本金线，图稿与织物同大，四则花。

图 7-10　挑花操作

图 7-11　挑花纹样稿示意图（金文大师绘）

3. 挑花器具

（1）挑花架（图 7-12）。

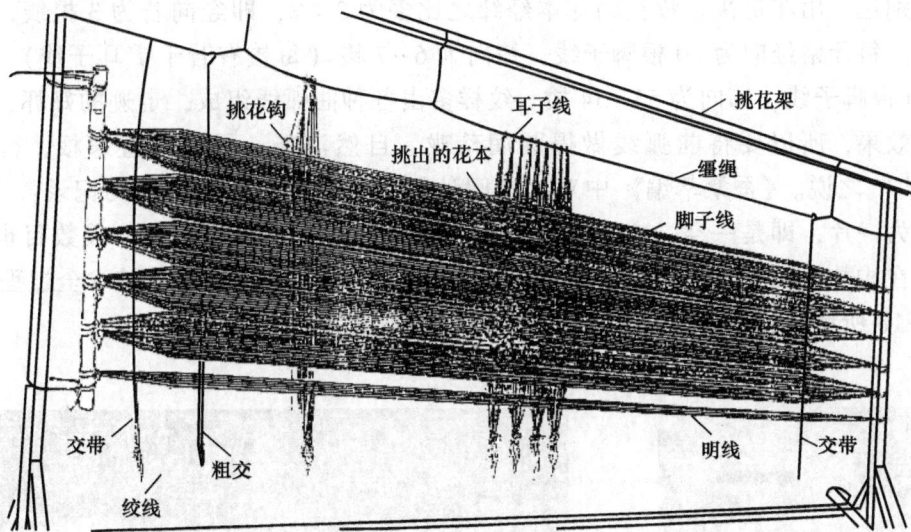

图 7-12　挑花架（金文大师绘）

（2）挑花钩（图 7-13、图 7-14）。挑花钩有两种：一种为小钩，是最主要的挑花工具；另一种为长钩，长钩结构如小钩，一般用作挑花的辅助工具，适合挑一些简单又跨位长的花纹，常用于挑花时在某处做标识。

4. 挑花过程　挑花要求"心思灵敏、算数清楚"。要有空间概念、计算能力与记数技巧。先把打好格的纹样图纸夹在挑花架左上方缓线上，记清寸格和牙格所对应的花本粗交位置，也可按寸格做上记号。挑花按图纸从右面起向左面顺序从上往下一架一架挑制，每架中

图 7-13　挑花结本中每根钩子代表一根纬线

图 7-14　挑花中长钩特写

又是从下往上挑，每挑 1 根线为 1 铲，数铲为 1 梭，10 梭为 1 牙，顺序从 1 牙挑至 8 牙，接着再进行下一寸格的挑制。挑时右手持挑花小钩插入脚子线中，起花脚子线挑在钩前，不起花脚子线留在钩背，左手帮助劈线数丝，按明线所排铲次顺序挑制。第一铲挑金最关键，妆花纹样都用金线包边，所以金线实际是纹样的轮廓线，行话称"走迹"。纹样的轮廓形态走迹出来后，里面的晕色比较好摊算，挑时随挑好的走迹耳子线一别就出，挑制熟练者会层层别让，出花更快。妆花的花本经纬之比多为 3：2，即经向若为 3 根线，则纬向只有 2 根。每牙格经向为 10 根脚子线，纬向为 6~7 梭（每梭有若干铲耳子线），每寸格经向为 80 根脚子线，纬向为 53~54 梭。纹样多由各种曲弧线组成，走迹的好坏，直接影响纹样的效果，所以要将曲弧线做得圆润玲珑、自然流畅，忌讳僵直呆板，行业中有"忌直贵曲"之说。《蚕桑萃编》中对这空间计算数目挑结花本有简约的记录："其横顺格，一格为一片，即是一空，空有大小多少不等，此以数结成横格者，梭数目也，一切起花，皆在梭数横顺上分辨，熟于经纬者，自能巧夺天工也"。其挑花结本全过程如图 7-15~图 7-18 所示。

图 7-15　挑花结本的过程

图 7-16　挑花结本过程中用作标记纬线的彩线

图 7-17　挑花结本半成品

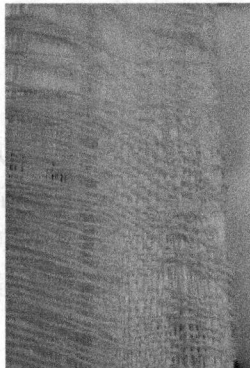

图 7-18　挑花结本半成品特写

项目五　织前准备

1. 倒花　根据已挑的花本再复制出一个新花本的工艺，配合挑花、拼花，制作完整花本。倒花复制花本按其不同的目的可分为两类：一类为用"祖本"复制"行本"。祖本是指挑花结本产生的原始花本，通常是作长期保存的样本，一般不直接上机使用，从祖本上复制出来上机使用的花本叫行本。另一类为用挑制的局部花本即"拼本"，经过倒花、拼花等多次复制工艺，最后制作成完整的花本。这一类倒花较为讲究，可运用多种倒制方法变换复制花本的方向位置，是倒花工艺的精华。

2. 拼花　拼花是制作大型花本时进行多个花本拼接的工艺。对花本进行拼合，将两本及其以上的花本（拼本）经过拼合成为一本花，这是挑花结本中一道重要的工艺。大花楼提花机上使用的花本大多要进行拼花，尤其是龙袍等独幅纹样的花本一般要经过三次拼花才能上机。有些小纹样，为了省工和提高效率，只挑制局部纹样，通过拼花、倒花来完善花本。拼花无需特殊的工具，操作时只要把两拼本花平行并列挂吊，将上本过线穿入下本，即可把两本花脚子线拼合为一。拼花要仔细，由于不同部位的花纹色铲会变化，上本有而下本无或下本有而上本无，稍不留意就会花铲错位，造成错花和返工。

3. 拽花　拽花亦称为挽花、攀花（彩图 142）、牵花、拉花等，亦有拽面侧花、底侧花或翻拽、拼拽、尾打头拽、倒坐拽等不同的拽花方法和工艺，这些都是将织造所需的提花经提拽起来，是一种配合织造的工艺（图 7-19）。

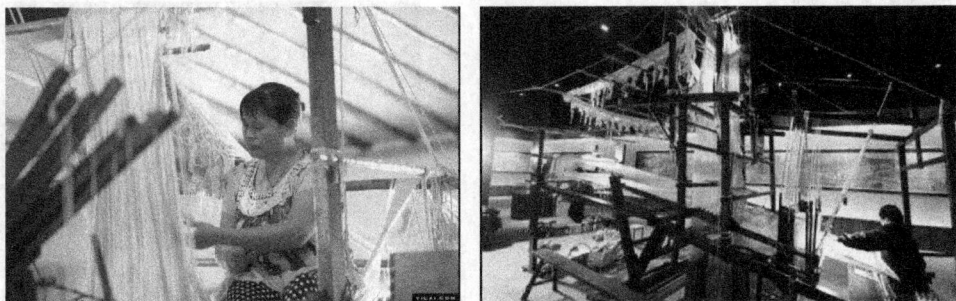

图 7-19　拽花工作过程示范图

项目六　织造操作

一、大花楼提花机的织造操作特点

大花楼提花机的织造操作（图7-20），需织造工手足并用与拽花工 云锦设计与织造
相配合来完成，织造工的手主要做投梭、铲纹刀、过绒管、打纬等作业，脚主要进行踏脚竹
带动范幛开口和制动箱框等作业，操作是协同连贯的，有基本的程序、规律，同时也要随纹
样的变化不断进行调整。为了减少提棕数量、降低劳动强度，云锦采用反向织造的方法，即
织造时织物的正面朝下。这时看到的花纹与实际方向相反，对织造者提出了更高的要求。

图7-20　大花楼织机（金文大师示范云锦织造）与模型（右）

二、云锦织造的步骤

1. 投梭　与一般织物的引纬相同，先用脚踏起范子，形成地组织开口（暗花地加拽花
开口）、用梭子在经丝开口内往返甩投、将纬丝引入（图7-21）。妆花云锦手织用梭子和彩
绒管（纤子）。

2. 铲纹刀　铲纹刀是妆花织造的专用工具（图7-22）。纹刀硬木制，平直光滑，侧
面中间开槽，称"纹刀肚"，肚中可容包金纸包着的数十根扁金线。云锦枚花纹样边缘

图7-21　投梭示范

图7-22　铲纹刀特写

都要用金线装饰，俗称"金包边"。一般排金线为第一铲，"金打头"操作时，织手在拽手提起花的同时踏障竹压幛（起花部间丝），右手将纹刀插入提花开口，左手理出一根扁金头，掐住。然后右手将纹刀抽出，扁金便留在梭口内，伏框打纬将扁金推入织口（图7-23）。

铲纹刀的口诀是"三响纹刀"。"三响纹刀"即铲纹刀要有三个响声。铲纹刀时刀尖必须靠到护梭板，发出响声以示到位是第一响；纹刀沿着底条及箱运动相互摩擦发出响声，是第二响；纹刀抵达经丝梭口另一边，刀头碰到框闩发出响声，是第三响。

3. 过管挖花　操作时需用纹刀作辅助工具，同时踏竹幛不动，直到所有花纬织完，才起脚换竹打地纬。当拽花经丝开口后，先将纹刀插入并翻转90°，使纹刀撑开梭口上下层经丝，这个动作称为"站纹刀"。然后，左右手配合顺序过管挖花，将该铲次应织的色纬分别引入，纹刀一倒，抽出，接着插入下一铲提起的花经开口中（图7-24），铲纹刀过管的口诀是"三响纹刀、四响管"。"四响管"即过管挖花的四个动作步骤。从盖机布上拣起纬管时，管与管相碰为第一响；纬管投入梭口时，纬管前端碰到纹刀为第二响；纬管穿越梭口，另一手接管时，纬管的后端碰撞纹刀为第三响；纬管放回盖机布时与纬管相碰为第四响。

图7-23　铲绞刀示范

图7-24　过管挖花

"三响纹刀、四响管"是师傅带徒传授操作技术时，分解动作要领的形象说法，实际操作中不一定都有这几响，主要是说铲纹刀要有力、到位，过管要快捷、清爽。学好这个动作程序，织造时人会变得很有精神很有节奏，姿态也能很优美。

过管挖花还有"穿、弹、别、让"的口诀，指根据不同的提花经面灵活实施四种过管方法。"穿"，大型花纹梭口较宽时，将纬管横置，用手腕力直线横穿；"弹"，中等宽的梭口，用手指"弹"的方法过管，管呈弧线运动，易出四响；"别"，较窄的梭口，用将管竖着过管的方法；"让"，当提花经里遇有挂丝、错花时织手能看出，就可在过管时让出，不必重提花，以节省时间。

4. 打纬　俗称"碰框"。打纬机构由筘框、吊框绳、撞杆、高压板、搭马竹、立人等组成。在投梭、铲纹刀、过管挖花等作业时，筘框停在后位，并用左脚踩搭马竹，连动高压板降落，将撞杆刹住。引纬完毕打纬时（图7-25），左脚脱离搭马竹，高压板回升脱刹，然后用双手扶住框盖，将筘框拉向织口，把纬丝打紧。一般地纬和妆绒需重碰一两次，而扁金打纬只需轻轻拉向织口。以防止扁金翻转（扁金为单面金，翻转会露出纸背）。打纬是手工操作，除了调节好立人角度和撞机石外，碰框用力大小是直接影响织物纬密平衡的因素，要经常检视，注意调整。打纬的口诀是"框响脚落纬翻身"，即打纬要在筘框打下、发出撞击声后，再将踩起的范子放下，使纬丝在开口的情况下被撞击，松紧回弹均匀，这样织出的锦，地板平实，绸边整齐。

5.摸脚 范幛与脚竹相连，由织手用脚来控制（图7-26），因为只能凭感觉操作，称为"摸脚"。范幛的动作决定了经线的组织规律。一旦发生错误将无法修补，因此，摸脚一定要准确。

现代云锦作品见彩图92，现代织机织造云锦的纹样见彩图93。

图7-25 打纬

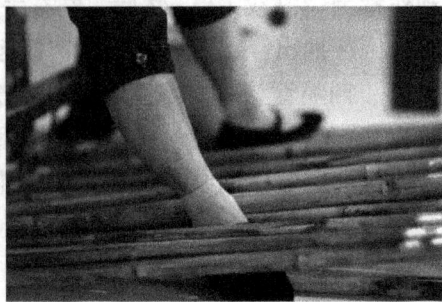

图7-26 摸脚

任务二 缂丝设计与织造

"缂丝"是我国首批纺织非物质文化遗产，具有三千年历史，采用"通经断纬、白经彩纬"（彩图94）织造方式，自古有"织出来的画""织中之圣""一寸缂丝一寸金"之誉，明代万历皇帝的龙袍就是采用缂丝织造。

古典缂丝的主要题材和人们的审美情趣与生活态度密切相关，主要题材有山水花鸟、寿星、百子、仕女、书法及西藏唐卡。

一、缂丝的工艺流程

1.操作流程 落经、牵经、上经、挑交、打翻头、拉经面、上样、摇线、缂织、修毛等10个步骤，最后装裱上框，不同于普通织物"通经通纬"的方式，缂丝采用"通经断纬"，即经纱系统连续，纬纱不连续，根据花纹色彩需要在同一纬纱位置进行换色纬，即"断纬"交织。

2.操作步骤 一般可以细化为16道工序：落经线、牵经线、套筘、弯结、嵌后轴经、拖经面、嵌前轴经、捎经面、挑交、打翻头、箸踏脚棒、扪经面、画样、配色线、摇线、修毛头。

3.工序流程

（1）定样稿。挑选或创作合适的缂丝图样，然后按照1：1的比例对称方式在样画纸上用描线笔仔细描出每个色块的轮廓，标注每个色块的颜色号和丝线粗细及缂织的技法。

（2）落经线。把生丝经线络在筒子上。

（3）牵经线。如图 7-27 所示，把络好的经线按照要求的幅宽和经向密度做好经轴。

（4）上经线。如图 7-28 所示，包括穿筘、弯结、定轴、拖经面。把每根经线穿入竹筘或钢筘，按照一定组织确定每筘的根数，用竹梳或木梳梳均匀、打结，然后嵌入前后经轴，再用捎校棒将前后轴捎紧。

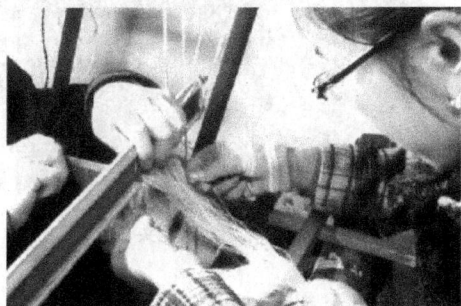

图 7-27　牵经线

图 7-28　上经线

（5）挑交。把紧绷的经线，通过上下的挑交，把所有的经线分为上下两层。

（6）打翻头。把经线分为上下两层，分别结在前后两片翻头木片上，使经面形成开口。

（7）箸踏脚棒。在上下两片翻片下面，各自结上踏脚棒，将翻片的上头挂在机头上，下头系在踏脚棒上，这样并列两根踏脚棒，经踏脚棒分出前后两层经面，即可开口缂织了。

（8）梳经面。如图 7-29 所示，在上好的经面上经脚踏开口穿纬，由于经面开始不够均匀，必须在穿纬后用筘拍纬，使其经向密度均匀，织物平整。

（9）定样。画好的稿子平整附在经面下，并和经线固定好，同时一体移动，确保图形不走样。

（10）做纬线。按照画面的要求将线染成各种各样的颜色，然后根据股线的要求合并成所要的根数和股数，做成纯色股线或花色股线。

（11）摇线。如图 7-30 所示，依照配色图稿选好色线，分别把摇线摇在细竹管上，然后将线管装上梭就可以缂织了。

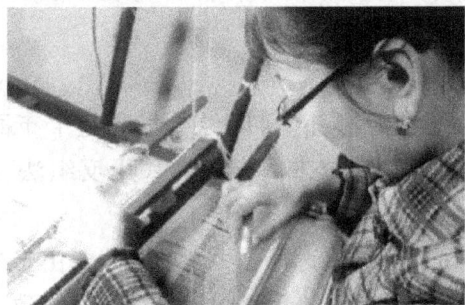

图 7-29　梳经面

图 7-30　摇线

（12）缂织。如图 7-31 所示，按照样稿，用色梭分块分色缂织。

（13）修毛头。如图 7-32 所示，作品完成后，将作品正反面的多余毛头修剪干净，作品的图案就呈现出双面一样的图案，一件作品就此基本完成。

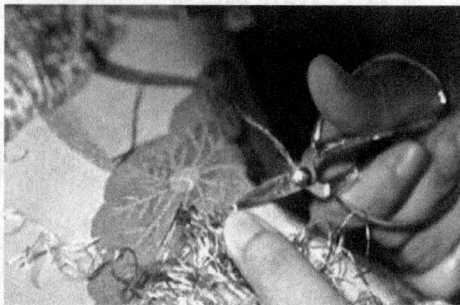

图 7-31　缂织　　　　　　　　　　　　　　图 7-32　修毛头

（14）结毛头。作品完成后，由于回纬，纬向布边基本是光滑的，但是作品落机后经向的毛头是保留的，但为了保证纬线不再滑脱，往往把经线毛头三三两两结在一起，保证纬密均匀，然后再修剪毛头。

（15）修整。将整块作品铺展平整，查看整个表面是否留有丝线的痕迹，搭梭和长竖缝破缝可用绣线修补，若幅面很大的作品更需要细心补缀。将修理好的缂丝作品平铺于台面，根据丝线的品种确定相应的湿度和温度。有金线、银线或特种丝线的，需要谨慎熨烫。

（16）后期制作。缂丝完成后，还要根据它的用途进行后期加工，用于缝制服装的，就要裁剪制作；用于装饰的，就要装裱。

二、缂丝的传统织造技法

结、掼、勾、戗、绕、盘梭、子母经、押样梭、押帘梭、芦菲片、笃门闩、削梭、木梳戗、包心戗、凤尾戗等，技法众多。但无论做什么缂丝品，结、掼、勾、戗这四个基本技法是绝对不可少的。

缂丝技法有多种，一般分为平缂、掼缂、勾缂、搭梭、结、短戗、包心戗、木梳戗、参和戗、凤尾戗、子母经、透缂、三蓝缂法、水墨缂法、三色金缂法、缂丝毛、缂绣混色法等。工艺流程其工艺完全用手通过缂丝机操作完成。细节操作见彩图 96～彩图 102。

三、缂丝的要领

1. 基本技法　缂丝可以概括为"通经断纬""白经彩纬"，即经纱贯穿整个布面的经向方向，纬纱不是贯穿整个幅宽，而是在其所需要的区域来回穿梭，采用反织法（彩图 95）。

2. 纱线选择　因为缂丝要求经纱张力很大，所以经纱要选择强力大的纱线；由于缂丝织物要突出纬纱颜色，所以还要求经纱细一些。对于纬纱而言，为了保证布面纬密一致，所以一纬中所有颜色纬纱粗细要一致。

3. 引纬

（1）缂丝时，一纬中相邻两根不同颜色纬纱交接时要相互绕转一周，以防布面出现空洞。

（2）如图7-33所示，在织区域只用到四根经纱，这种情况下打纬时纬纱不能用力拉，否则会被拉到一边，布面就会出现孔洞，并且密度不均。

（3）梳理好纱线后将草图描在纱线上，便于引纬时确定位置和色纬颜色，用水溶性笔描，下机后洗掉即可（图7-34）。

4. 织造　布面的基础组织是平纹，穿综插筘均与平纹组织相同，绑好纱线后将之前绘制完成的草图压在纱线下面，用水溶性笔描在纱线上，投纬时纬纱不要引到头，在其所需要的区域来回穿梭即可（图7-35）。

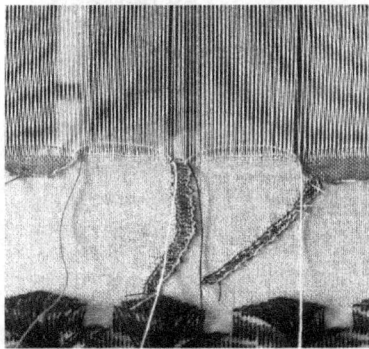

图7-33　缂丝纬纱张力控制　　　　图7-34　绘制纹样于经纱上　　　　图7-35　缂丝织造

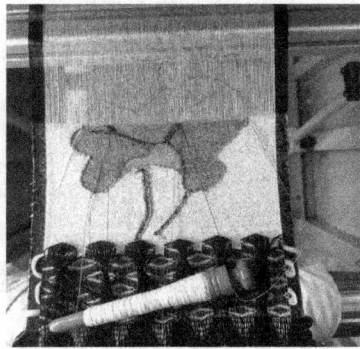

5. 操作技术关键

（1）缂丝是通经断纬，即经纱贯穿整个布面的经向方向，纬纱不是贯穿整个幅宽，而是在其所需要的区域来回穿梭，同一处纬纱位置，纬纱根据颜色和花型，要换相应次数，才能织造一纬，注意反面搭接。

（2）布面卷取张力要适中，过大经纱伸张过度，容易产生断头，纬纱不易打紧；过小，织造开口不清，引纬操作受影响，且容易产生织疵，经纱和布面张力设计以布面平整光洁、有绷紧感为准。

（3）因为经浮点较多，织造采用反面朝上织造法（简称反织），便于减少提综负担，引纬张力要均匀，幅度要小，不要有不必要的动作。

6. "出水芙蓉"缂丝局部织造过程举例

如彩图105所示，荷花部分有三种颜色，用三种颜色的渐变表现荷花的花瓣由里到外，这一纬中一共有七根纱，即白色—浅粉—白色—中粉—深粉—浅粉—白色。根据水笔在纱线上的印记进行换色。

彩图102也是运用渐变色的方法体现每个花瓣的位置，因为花瓣与花瓣之间没有明显的分界，所以不同颜色就成了区分每一片花瓣的方法。

古代龙袍缂丝，见彩图103。

缂丝织造入门练习：可以采用定规尺，练习纬纱控制、纬纱走向和张力（彩图 104）。

四、现代缂丝生产工艺流程

现代织机采用新型电子控制的气动开口织机、半自动打纬的织机缂丝，流程如下。

（1）定画稿。

（2）CAD 分色，意匠图绘制。

（3）组织图绘制。

（4）经纱准备。

（5）上经纱。

（6）梳经。

（7）穿综、穿筘。

（8）输入电子纹板。

（9）描经。

（10）做纬线。

（11）缂织。

（12）修毛头。

（13）装裱。

基于现代多臂小样织机的学生优秀缂丝作品见彩图 105。

缂丝织造

任务三　壮锦设计与织造

壮锦与云锦、蜀锦、宋锦并称中国四大名锦，是中华民族文化瑰宝。这种利用棉线或丝线编织而成的精美工艺品，图案生动，结构严谨，色彩斑斓，充满热烈、开朗的民族格调。忻城县是广西壮锦的起源地之一，有着悠久的历史和深厚的文化底蕴，忻城壮锦曾是壮锦中的精品。

一、纤维原料

壮锦所用的原料主要是蚕丝和棉纱，靠工生产。

丝绒：从种桑养蚕，到拣、夹、纺、漂、染，均由织锦者自己完成。

棉纱：从种棉到纺纱，经过去籽、弹花、纺、染、浆等工序。

染料：利用当地植物和有色土来进行。红色用土朱、胭脂花、苏木，黄色用黄泥、姜黄，蓝色用蓝靛，绿色用树皮、绿草，灰色则用黑土、草灰。用土料搭配可染出多种颜色。

二、竹笼织机

壮锦的织机结构简单，机织轻便，易于操作，使用方便，但是效率颇低。全机由机身、装纱、提纱、提花和打花五部分组成。机身包括机床、机架、坐板；装纱包括卷经纱机头、纱笼、布头轴、绑腰、压纱棒；提纱包括纱踩脚、纱吊手、小综线；提花包括花踩脚、花吊手、花笼、编花竹、大综线、综线梁、重锤；打花包括筘、挑花尺、筒、绒梭、纱梭。

以宾阳竹笼机为例（图7-36，彩图106），机台长173cm，从前端到后端呈倒梯形，前端宽65cm，后端宽79cm，机架高109cm。机架中部和上部有两个杠杆结构，分别用来提拉地综和悬挂、提拉编结有花本的竹笼，竹笼机因此而得名。悬挂竹笼的杠杆长约150cm，后端吊有重物以保持平衡。竹针编排在竹笼周围，整个竹笼就是花本。织花时根据编好的程序顺次取下竹针，拉起一组提花通丝就能牵动经线形成开口。竹笼机上的竹针数可达100余根，少的也有30多根，根据织锦图案的繁简增删。竹笼机只用一片地综，配以踏杆，就能完成平纹地的织制。这片地综由综丝与综杆组成，每根综丝带动一根地经。综杆上连杠杆，杠杆后端连着踏杆。竹笼机地综形成梭口的过程是，在卷经轴稍前的位置有一个直径约14cm的分经筒，使地经和面经上下分开，形成第一次梭口；踏动踏杆，因杠杆作用提起地综，地经跟随而起，变成面经，这样形成的第二次梭口很小，还需要通过一个竹筒以加大梭口，便于引纬；取出竹筒，放开踏杆，便回复原来的形态，又形成第一次梭口。

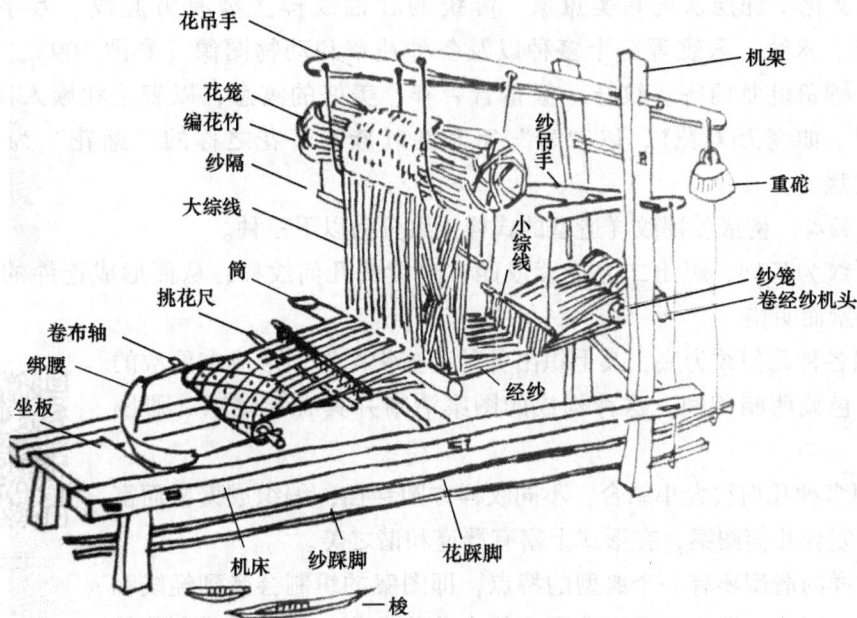

图7-36 竹笼机示意图

三、织造方式

1. 织造特色 棉丝交织，织造时一般以棉纱为经，彩色丝绒为纬，采用通经断纬的方式，交织成幅宽30~40cm的织物，正反面可形成对称花纹，这使壮锦具有结实耐磨的实用优势以及色泽鲜亮的艺术效果，既具使用价值，又体现了艺术价值。

2. 织造方法 织锦时，艺人按着设计好的图案，用挑花尺将花纹挑出，再用一条条编花竹和大综线编排在花笼上。织造时，就按照花笼上的编花竹一条条地逐次转移，通过纵线牵引，如此往复，便把花纹体现在锦面上（彩图107）。

壮锦可分为织锦和绣锦两类。若把织锦称为是传统壮锦的精华，那绣锦就是织锦基础上的再创造。织锦类的传统壮锦，主要采用"三梭法"织造，即第一梭为起花纬，第二梭为地纹纬，第三梭为平布纹，这样不断循环而成。地纬与花纬采用的是未加捻的丝绒，平布纹起加固作用，被丝绒的地纹与花纹紧紧夹住并完全覆盖，不露于织物表面，则整个锦面呈现精美的艺术效果。"三梭法"织造的壮锦非常美观耐用，但是由于既费工时又费材料，现已经很少采用。现在的壮锦一般采用"二梭法"，即第一梭为平布纹，第二梭为起花纬，省去了地纹纬，使用的部分原料也发生了变化，其艺术效果已不能与传统织锦相比，显得较为简单，不够精致。而绣锦是在土布或织锦的基础上，再运用平绣、剪贴绣、挑绣、包绣、缠丝扣绣、贴布绣等工艺手法刺绣出别具特色的绣品。

四、壮锦的纹样

1. 纹样　主要是将大自然中的形象进行抽象和概括，如花、鸟、鱼、虫等，将这些具体形象经过加工提炼、夸张变形，造型以写意为主，强调神似重于形似，耐人寻味。反映出少数民族风俗文化中深层次的审美意象。传统的壮锦纹样主要有方胜纹、万字纹（彩图108）、回纹、水纹、云纹等三十多种以及各种花草和动物图像（彩图109），如蝶恋花、双龙戏珠、鲤鱼跳龙门等。纹样一般富含吉祥、美好的寓意，以表达壮族人民热爱幸福生活的愿望。如《万寿花》，以"寿"字和在壮族有寿花之称的"菊花"为主要题材，体现长寿之意。

2. 图案构成　构成壮锦纹样造型的式样大致分为以下三种。

（1）平纹为基础，织出二方连续或四方连续的几何纹样，从而形成连绵的几何图案，图案显得朴素而明快。

（2）以各种几何纹为底，其上织出各种动植物图案，形成多层次的复合图形，色调明暗相间，这种构成的图案清晰并具有浮雕感（彩图109）。

（3）用多种几何纹大小结合，不同纹样方圆穿插，编织成繁密而富于韵律感的复合几何图案，在形式上富有严谨和谐之美。

壮锦织造

壮锦纹样的造型还有一个典型的特点，即图案的织制会受到经线和纬线的限制，因此，无论是几何造型还是自然物造型，都会形成别致的几何折线造型特色（彩图110），具有现代格律美，有的图案还类似于马赛克效果，与现代一些电脑设计的形式相似，这种限制留给壮民们无限的遐想空间，可以组合出变化丰富的纹样图形（彩图111）。

任务四　侗锦设计与织造

侗锦是侗族人民的传统手工艺品，湖南通道侗族的传统侗锦，编织技艺精湛，富含深厚的文化底蕴。艳丽的色彩、和谐的设色以及民族特色的纹样奇异变幻、浑然天成，具有极高的艺术性。

一、侗锦的分类

传统的侗锦有素锦（彩图 112、彩图 114）和彩锦（彩图 113、彩图 115、彩图 117）两种。素锦是由黑白棉线织成的；彩锦是由黑白线和彩线交织而成的。

二、侗锦的图案及其文化内涵

侗锦图案有几十种，分为植物纹、动物纹和抽象符号几何纹三大类，包括绣锦的服饰纹样。因侗族挑花细致繁密，纹样风格与侗锦极其相似，因此，常与织锦混称，实为"绣锦"而非"织锦"。侗锦纹样比较抽象，大多都呈几何形，其中又以菱形纹样居多。素锦图案连续而有规律，纹样也比较粗犷、朴素大方；彩锦图案细腻、色彩柔和，结构密满严谨。侗锦纹饰中最有特色的为太阳纹、月亮纹、龙纹、凤纹（彩图 114）、乌纹、蛇纹、鱼纹（彩图 115）、蜘蛛纹（彩图 116）、马纹、竹根纹、榕树纹、葫芦纹（彩图 117）、井纹等。长期以来，这些几何纹图案流传下来，人们在原有基础上不断完善，使之更加精益求精，使侗锦艺术不断升华，日趋成熟完美。正是这种程式化的传统图案和花纹，使得侗锦保持着鲜明的民族风格和特色，显得古老而神秘。

三、侗锦竹笼提花工艺织造步骤

侗锦竹笼织机织造如彩图 118 所示，织造步骤如下。

（1）利用丫板从左至右引过纬纱（图 7-37）。

（2）将竹笼中预置的分经压尺往身前拉，梳理下一个提经综束的开口；竹编花笼每条竹签所开经口控制着每一道色纬的提经开口（图 7-38）。

（3）竹笼机竹签因重力自然掉落，综线开口（图 7-39）。

图 7-37　侗锦提花步骤 1　　　　图 7-38　侗锦提花步骤 2　　　　图 7-39　侗锦提花步骤 3

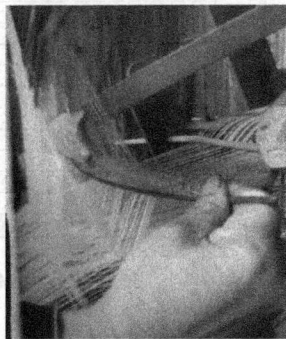

（4）用竹平尺平压梳理提经束综的另一岔口（图 7-40）。

（5）用左手手指推压上部的分经压尺，右手用竹平尺拉压提经综束，形成综束更大的下部开口，右手取出后端提经综束口掉落的编花竹签（图 7-41）。

（6）将取出的后端编花竹签换位，插入前端的提经综束开口；然后回复到第一步（图 7-42），完成织入通纬的过程。

图7-40 侗锦提花步骤4　　图7-41 侗锦提花步骤5　　图7-42 侗锦提花步骤6

四、侗锦的织物组织

侗锦是经纬异色、通经通纬的纬起花组织，纬二重组织（图7-43），在此基础上，在织造中加手工挑经夹断纬彩纬，为纬三重组织，即素锦为纬二重、彩锦为纬三重组织，另外，侗锦彩经起花的花带织品为经二重组织。

竹笼机织素锦局部夹彩纬与纯手工挑织断色纬的织物组织有差异，前者夹彩纬，但是织物组织结构未变，只是点缀式的将断纬色线覆盖于纬线上显彩，而后者通纬的纬地线，除纬起花外，凡需经线显彩时，纬纱陈于织物背面，依靠彩色经线起花，即经起花（图7-44）。

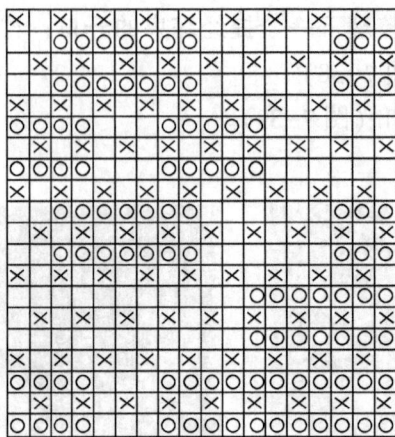

图7-43 侗锦纬起花组织

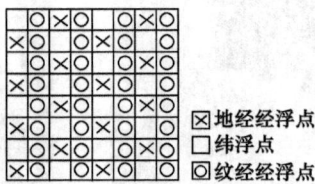

☒地经经浮点
☐纬浮点
◎纹经经浮点

图7-44 侗锦经起花组织

任务五　蜀锦设计与织造

蜀锦起源于战国时期，代表为中国四川省成都市所出产的锦类丝织品。

蜀锦面料与织造

一、蜀锦的特色

蜀锦大多以彩色经线起彩、彩条添花，经起花的锦称为经锦（彩图123、彩图124、彩

图 129），此外，还有纬线起花的纬锦（彩图 126、彩图 127）以及经纬起花的蜀锦（彩图 125）。有彩条锦群，方形、条形、几何骨架添花，具有对称纹样、四方连续、色调鲜艳、对比性强的特点，是一种具有中华民族特色和地方风格的多彩织锦。

二、蜀锦的设计织造

与云锦不同之处是，蜀锦采用小花楼织机（彩图 119，图 7-45）织造，从纹样设计、挑花结本到挽花工、织工合作生产，从程序上说，主要需经历初稿设计、定稿、点意匠、挑花结本、装机、织造等几个重要过程。每一道程序又涉及很多独特的技艺。主要织造操作要领如下。

图 7-45　蜀锦织造的小花楼织机

1. 打竽儿　最注重身体协调性的技能。左手拽着线做短距离的前后运动，右手转动纺轮。根据需要打出不同股数的竽儿以做纬线。

2. 拉花　也称拽花（彩图 120），实际上就是经纱开口，根据花本（花本实际上是花型中不同纬纱序号的纹板，一根花本相当于一纬的纹板），将对应花型中一纬相应经纱拉起，形成梭口。

在万千根稍粗于丝的线中拉花提起织机上的经线。力量要合适，经线不能提得太高，易断；不能太矮，梭过不去。放线要干脆，否则许多纤线会搅在一起。

3. 投梭　见彩图 121，脚变换着踩竖脚竽将 16 面综框轮换升降，双手左右开弓投梭，其间每投一梭都要用扣压纬。两者所用力量均非常重要，若力量过重，另一只手很难接到梭；过轻，梭过不去，会割断经线造成经线断裂，以致成千上万根经线需要人工捞头手工打结。用扣压纬时，由于力量掌握不均会令锦面图案时紧时松而变形。

4. 转下曲　织工经常必做的一项检查。下到一米深的机坑，转动下曲签防止纤线断裂和缠绕，这项工作一般需一天的时间。

5. 接头　织造蜀锦时，丝线会根据天气的变化热胀冷缩，或织造时成千上万次自然摩擦产生丝线疲劳断裂。在遇到经线断裂的情况时，织工就要在让人眼花缭乱的上万根线中找出断掉的丝线并运用所学到的打结技能将其接上。

三、蜀锦的纹样

蜀锦大多以经向彩条为基础起彩，并彩条添花，其图案繁华、织纹精细、配色典雅、独具一格，是一种具有民族特色和地方风格的多彩织锦。蜀锦质地坚韧而丰满，纹样风格秀丽，配色典雅不俗，如唐代蜀锦的图案有格子花、纹莲花、龟甲花、联珠、对禽、对兽等，十分丰富；在唐末，又增加了天下乐、长安竹、方胜、宜男、狮团、八答晕等图案；在宋元时期，发展了纬起花的纬锦，其纹样图案有庆丰年锦、灯花锦、盘球、翠池狮子、云雀以及瑞草云鹤、百花孔雀、宜男百花、如意牡丹等。在明代末年，蜀锦受到限制，到了清代又恢复生产，此时的纹样图案有梅、竹、牡丹、葡萄、石榴等。

四、蜀锦的种类

1. 方方锦　如彩图 122 所示，方方锦特点是八枚缎地纬浮花，再单一地色上，以彩色经纬线配以等距不同色彩的方格，方格内饰以不同色彩的圆形或椭圆形的古朴典雅的花纹图案，如梅鹊争春、凤穿牡丹、望江楼、百花潭等。方方锦为蜀锦"晚清三绝"之一。

2. 雨丝锦　如彩图 123 所示，织物组织为纬二重，八枚缎纹地上纬起花，属于蜀锦彩条晕间锦系列，锦面用白色和其他色彩的经丝组成，色经由粗渐细，白经由细渐粗，交替过渡，形成色白相间，呈现明亮对比的丝丝雨条状，雨条上再饰以各种花纹图案，粗细匀称，既调和了对比强烈的色彩，又突出了彩条间的花纹，具有烘云托月的艺术效果，给人以一种轻快而舒适的韵律感。图案丰富多彩，包括芙蓉白凤、翔凤游龙、莲池鸳鸯、蝶舞花丛、葵花、牡丹、梅竹、龙凤等。雨丝锦是蜀锦"晚清三绝"之一。

3. 月华锦　如彩图 124 所示，织物组织为纬二重，八枚缎纹地上纬起花，属蜀锦彩条晕间锦系列，继承了古代织锦同色叠晕染色工艺，在牵经（整经）时，采用色经进行色相或明度渐变排列形成晕色效果，如月白色向明黄色渐变过渡、向湖蓝色渐变过渡等，有朦胧美、韵律美和诗意。

4. 浣花锦　如彩图 125 所示，特点是地组织采用平纹或缎纹，以曲水纹、浪花纹与落花组合成图案，纹样图案简练古朴、典雅大方。

5. 通海缎　如彩图 126 所示，通海缎也称"满花锦""杂花"或"散花锦"，采用五枚或者八枚缎纹作地，纬线起花，图案为单色或复色，特点是花纹布满锦地，常见的图案有如意牡丹、瑞草云鹤、百鸟朝凤、五谷丰登、龙爪菊、云雁等，富于浓厚的地方色彩和民族风格。

6. 民族缎　如彩图 127 所示，一般采用多色彩条嵌入金银丝织成，多用于民族服饰。其特点是锦面上的图案从经纬线交织中显现出自然光彩，富有光泽。常见的图案有团花、葵花、"万"字、"寿"字、"龙"纹等。

7. 铺地锦　如彩图 128 所示，铺地锦又称"锦上添花"，其特点是在缎纹组织上用几何纹样或细小的花纹铺满地子，再在花纹上嵌织大朵花卉（有的加嵌金线），如宝相花等。织物色彩丰富、层次分明，显得格外富丽堂皇。

任务六　宋锦设计与织造

苏州宋锦色泽华丽、图案精致、质地坚柔、它与南京云锦、四川蜀锦一起被誉为中国三大名锦。

宋锦介绍

一、宋锦的特色

在纹样组织上，宋锦精密细致、质地坚柔、平服挺括；在图案花纹上，对称严谨而有变化、丰富而又流畅生动；在色彩运用上，艳而不火、繁而不乱，富有明丽古雅的韵味。

宋锦是彩纬显色，属纬锦（蜀锦为经锦），以三枚斜纹组织、两种经丝（面经为生白丝，地经用色熟丝）、三种纬丝（纹与地兼用的色纬，纹、地专用的色纬）织成。织造中采用分段调换色纬的方法，使得宋锦绸面色彩丰富，纹样色彩的循环增大，有别于云锦和蜀锦。

二、宋锦的种类

宋锦分为重锦、细锦、匣锦。重锦和细锦有全真丝宋锦、交织宋锦、真丝古锦、仿古宋锦等，常用于装裱名贵书画和高级礼品盒，或装裱一般书画的立轴、屏条等。匣锦包括月华锦、万字锦和水浪锦三种，多用于装裱小件工艺品的包装盒。

1. 重锦　质地厚重精致，花色层次丰富，在纬线上大量使用捻金线或片金线，并采用多股丝线合股的长抛梭、短抛梭和局部特抛梭的织造工艺技术。

在三枚斜纹的地组织上，由特经与纹纬交织成三枚纬斜纹花。花纹一般用很多把各色长织梭来织，在某些局部用短跑梭配合。图案更为丰富，常用图案有植物花卉纹、龟背纹、盘绦纹、八宝纹等，产品主要用于宫廷、殿堂里的各类陈设品及巨幅挂轴等（彩图130）。

例如，北京故宫博物院保存的清康熙"云地宝相莲花重锦"，地经和特经是月白色的，长织纹纬用墨绿、浅草绿、湖蓝、玉色（带有淡青色的白）、宝蓝、月白（极浅的浅蓝）、沉香（发黄的棕色）、黄色、雪青（浅青莲色）、棕黄、粉红、浅粉、白色、捻金线等14把长织梭与1把大红色特跑梭（每隔一段距离才织的）来织制，色彩绚烂，这种重锦是宫廷制作铺垫及陈设的用料。

2. 细锦　细锦是最常见的宋锦之一，其风格、织物组织和工艺与重锦相似，在原料选用、纬线重数等方面要比重锦简单一些，长抛梭重数较少，常以短抛梭构成主体花。

细锦的组织与重锦相似，也采用特经来结接纹纬和背组织。地经与特经的配置有3∶1、6∶1、2∶1等3种。多以分段换色的短跑梭来织主花，用长跑梭织花叶枝茎或花的包边线及锦地几何纹。花纹色彩有时多达20余种，按照花纹分布来变换颜色，有"活色"之称。

近代开始采用蚕丝与人造丝交织以降低成本，由于织物厚薄适中，易于生产，因此，广泛用于服饰、高档书画及贵重礼品的装饰装帧等。细锦图案一般以几何纹为骨架，内填以花卉、八宝（方胜、古钱、书、画、琴、棋等）、八仙（扇子、宝剑、葫芦、柏枝、笛子、绿枝、荷花等）、八吉祥（宝壶、花伞、法轮、百结、莲花、双鱼、海螺等）、瑞草等纹样，典型品种有"花卉盘绦锦"。宋锦有很高的科学性、技术性、艺术性和实用性，见彩图131~彩图133。

3. 匣锦　又称小锦，常见的组织有两种：一种配有特经，经斜纹地，纬斜纹花；另一种是不用特经，而在不规则六枚经缎纹地上起长纬浮花。匣锦纹样多为小型几何填花纹或小型写实形花纹。纬丝一般用两梭长跑纬与一梭短跑纬作纹纬，另有一梭地纬。经纬配置稀松，常于背面刮一层糊料使其挺括，专作装裱囊匣之用，见彩图134。

三、宋锦纹样与色彩

宋锦的纹样具有特定的风格，其纹样多为几何纹骨架，内填以花卉、藻井等，几何框架中加入折枝小花，或间饰的团花或折枝小花、瑞草、八宝、八仙或八吉祥。几何纹有八达晕、连环、飞字、龟背等。

在色彩应用方面，多用调和色，一般很少用对比色，配色典雅和谐。

四、宋锦织造

1. 织造特点　宋锦在组织上既不同于云锦的绸纹，也不同于一般锦缎的缎纹，采用"三枚斜纹组织"，两经三纬，经分为面经和地经二重，所以又称重锦。地经用有色熟经，作地纹组织，面经用本色生丝，作纬线的接结经，地经与面经的比例是3:1。纬线与多种色彩真丝熟经或染色人造丝交织而成。纬线三种；一纬纹与地兼用，二纬专作纹纬，分段换色织造。

2. 制作流程　包括组织设计、图案设计、花本制造、原料检验、整理染色和经纬准备等，然后才能上机织造。织造完成以后，又需经过整理、检验、修补，然后包装出厂。

3. 织造流程　原料用蚕丝或黏胶纤维交织的、经二重（地经、面经）和纬三重组织（地纬、常抛纬、特抛纬）用传统织锦工艺织制而成的宋锦织造工艺程序举例（彩图140、彩图141）：

甲经：厂丝→挑剔→浸泡→络丝→打捻→并丝→复捻→定型→成绞→染色→挑剔→返丝→牵经→接头或穿经→织造

乙经：厂丝→挑剔→浸泡→返丝→牵经→穿经或接头→织造

纬：1/120且有光人丝→成绞→染色→挑拣→络丝→摇纡→织造

可用双经轴将地经与特经（纹经）分开，以地经织经面斜纹或平纹的地组织。特经每隔二、三、六根地经牵入一根，在花部与纹纬平织或织成纬斜纹，无花处织入背面，用以固结浮纬。纬丝由长织梭与分段换色的短跑梭配合。宋锦织造采用小花楼织机与蜀锦织机基本相同（图7-46，彩图119），拽花时花本（相当于纹板）与纤线（相当于通丝）连接（图7-47）。

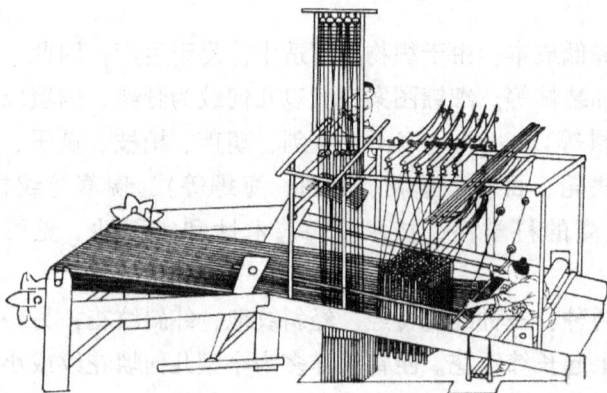

图7-46　小花楼织机　　　　　　　　　　图7-47　花本对纤线控制

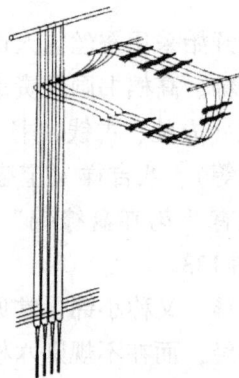

任务七　漳绒设计与织造

漳绒织造

漳绒是江苏省丹阳市的地方传统丝织品之一。漳绒是以绒为经，以丝为纬，用绒机编织，使织物表面构成绒圈或剪切成绒毛的丝织物，可用作服装、帽子和装饰物等。因起源于福建省漳州市，故名"漳绒"，亦称"天鹅绒"（彩图 135、彩图 136）。

一、漳绒的特色

花漳绒分亮花和暗花两种，花纹图案多清地团龙、团凤、五福捧寿、花鸟及博古等，织地常用凹凸来表现，色彩以黑色、紫酱色、杏黄色、蓝色、棕色为主。漳绒的绒毛或绒圈紧密耸立，色光文雅，织物坚牢耐磨，不易褪色，回弹性好。

二、漳绒的形成原理

漳绒有花漳绒和素漳绒二种。花漳绒是指将部分绒圈按花纹割断成绒毛，使之与未断的线圈联同构成纹样；而素漳绒则其表面全为绒圈。一般漳绒用蚕丝作原料或作经线，以棉纱作纬线，再以桑蚕丝（或人造丝）起绒圈。织造时，每织四根绒线便织入一根起绒杆（即细铁丝），织到一定长度时即在机上用割刀沿铁丝剖割，即成毛绒。起毛绒方式由纹样设计决定。构成织物的纹样有两种形式：一是绒花缎地，即漳缎；另一是绒地缎花，即漳绒。其特点是少有织地，有单、双色或嵌金银线。

三、漳绒的设计

漳绒原料采用 22~30 茧甲级原丝，也采用蚕丝为经，棉纱为纬交织的"地"。以蚕丝或人造丝起绒圈。经丝和纬丝都先经脱胶或半脱胶、染色、加捻后织造。

1. 织物主要规格　成品幅宽为 72cm，地经经密为 43.8 根/cm，绒经经密为 21.7 根/cm，纬密为 36 根/cm，重量为 200.2g/m² （46.5 姆米），筘号为 10.94 齿/cm，筘外幅为 72cm，筘内幅为 70cm，每筘齿穿入数为 6 根经线（4 根地经、2 根绒经），地经为 3064 根，绒经为 1520 根，边经 64×2 根。

2. 纱线组合

（1）地经。地经线选用生染色桑蚕丝，以使质地挺括，其规格为（1/20/22 且 8T/S×2）6T/Z。

（2）绒经。绒经线采用熟染色桑蚕丝，以使绒毛柔软细腻，富有光泽，其规格为（1/20/22 且 T/S×2）6T/Z×3。由于绒经采用了加有一定捻度的丝线，使得绒毛挺立不倒伏。

（3）纬线。由两种不同的生染色丝组成，（1/20/22 且 T/S×2）6T/Z×3。

此外，起绒杆"假纬"的规格为直径 1mm 左右的不锈钢丝，可按不同需要的绒毛高度来选择所粗细适合的钢丝，但最细不能低于 0.5mm，以免给割绒工艺带来困难。

四、漳绒的织造

织造过程大致分为织绒、提花、割绒三部分。

织机也分为织绒车、提花车、送绒车（彩图 137~彩图 139）三部分。织造时至少要两人，一人织绒，一人要登上约 2m 高的提花车上提花，两人相互配合（彩图 139），日织 1m。其生产过程十分复杂细致：首先用一组圆形钢丝或具有沟槽的扁平金属杆作起绒杆，然后绒经和地经按 2∶1 排列，地纬与起绒杆的织入比为 4∶1 或 3∶1，即在每织入 4 纬或 3 纬后投入一根起绒杆；每嵌织一根起绒杆时，全部绒经或单、双数绒经提起形成绒圈；织物每织 10m 左右，便从织机上取下放在台板上抽出起绒杆，遂形成耸立平排环圈状的绒圈。花漳绒则是将织好的整匹织物从织机上取下置于台板上，用白粉先在织物表面上印、绘出花纹图案，然后用硬质钢刀将有花纹处的绒圈"刮处"（称为雕花），形成细密浓簇的毛绒花纹，再抽出起绒杆，未刮成的部分仍然保持环圈状，构成均匀紧密的绒圈地纹。绒毛、绒圈相互衬托，构成花地分明的花漳绒。

参考文献

[1] 张国辉，郭其生. 弧形织物与局部管状织物的生产[J]. 棉纺织技术，2006，34（1）：33-35.

[2] 乔硕. 泡泡纱送经机构的创新设计[J]. 现代纺织技术，2004，12（6）：7-9.

[3] 金壮，张弘. 纺织新产品设计与工艺[M]. 北京：中国纺织出版社，1992.

[4] 佟昀. 机织试验和设备实训[M]. 2版. 北京：中国纺织出版社，2015.1.

[5] 萧汉滨. 祖克浆纱机原理与使用[M]. 北京：中国纺织出版社，1999.1.

[6] 于勤，张春芳，倪春锋. 经向局部管状织物的生产实践[J]. 上海纺织科技，2010，38（2）：37-38.

[7] 王明涛. 纯棉纬弹织物幅宽的控制体会[J]. 棉纺织技术，2009，37（2）：56-58.

[8] 蔡陛霞. 织物结构与设计[M]. 北京：中国纺织出版社，2005.9.

[9] 马昀. 色织产品设计与工艺[M]. 北京：中国纺织出版社，2010.6.

[10] 佟昀，王平平，李影，等. 几种仿大提花织物的设计[J]. 棉纺织技术，2018（1），61.

[11] 佟昀. 局部经向管状织物的设计与生产[J]. 棉纺织技术，2016，44（8）：71-74.

[12] 佟昀. 纬向管状织物的设计与生产[J]. 棉纺织技术，2016，44（5）：67-70.

[13] 佟昀，秦一倩，龚倩. 不规则经向管状织物的设计及生产[J]. 棉纺织技术，2017，45（9）：31-34.

[14] 佟昀. 宽幅细特天丝贡缎面料的设计与生产[J]. 上海纺织科技，2013，41（11）：13-15.

[15] 佟昀，尹贺平. 天丝与亚麻混纺织物的开发实践[J]. 上海纺织科技，2007，35（6）：40-43.

[16] 佟昀. 超细特涤纶面料的设计与生产[J]. 上海纺织科技，2012，40（10）：33-34.

[17] 佟昀. 细特全棉莱卡直贡缎的开发实践[J]. 上海纺织科技，2007，35（4）：47-49.

[18] 佟昀. 上浆要素内在关系及其对高压上浆工艺的影响[J]. 纺织学报，2008，29（12）：30-33.

[19] 佟昀. 涤棉与纯棉经纱上浆的浸透与被覆[J]. 纺织学报，2006，27（5）：63-65.

[20] 宋波，佟昀. 阿尔巴卡顺毛呢的设计与生产[J]. 毛纺科技，2006（11）：25-28.

[21] H. Bauer. How to Optimize Warp Sizing[J]. Textile Asia，1987：50-54.

[22] 徐蕴燕. 毛织物设计与工艺[M]. 上海：东华大学出版社，2008.

[23] 白燕. 浮纹提花织物的结构特点及织造原理[J]. 棉纺织技术，2003，31（9）：49.

[24] 徐蕴燕. 毛织物设计与工艺[M]. 上海：东华大学出版社，2008.

[25] 祝永志. 面料设计[M]. 北京：中国劳动社会保障出版社，2011.

[26] 蔡永东. 新型机织设备与工艺[M]. 上海：东华大学出版社，2008.

[27] 谢光银. 装饰织物设计与生产[M]. 北京：化学工业出版社，2005.

[28] 钱小萍. 中国织锦大全[M]. 北京：中国纺织出版社，2014.